# TRAINING Grundwissen MATHEMATIK

W0272715

Alfred Müller

# Geometrie 8. Klasse

## Aufgaben mit Lösungen

STARK

**Bildnachweis**

Umschlag und S. 1: Jürgen Ebbinghaus, Januar 2001, Cervia, Italien; S. 9: Archiv bede-Verlag; S. 15: Augustus Verlag, München, 1998 Weltbild Verlag GmbH, Augsburg; S. 17: Blitz: Albert Sciesielski; S. 17: Traktor: Eidg. Forschungsanstalt (FAT) Tänikon/Schweiz; S. 20: Juniors Bildarchiv, Steimer; S. 23: Schwartauer Werke; S. 27: Medizinische Universität zu Lübeck Institut für Technische Informatik; S. 41: J. Michael Mehltretter; S. 45: Bildagentur IPO, Linsengericht; S. 46: M. Rupp, Lenzburg; S. 50: Jennifer Coldrey, Barrie Watts, Die Erdbeere, Dr. Hans Peters Verlag, Hanau 1989; S. 54: Roland Zumbühl, www.picswiss.ch; S. 62: Vereinigte Bühnen Wien 2001; S. 65: Badisches Landesmuseum; S. 66: Peter Kornherr, Dorfen; S. 77: Fachhochschule Liechtenstein; S. 84: B. Riel; S. 85: Globetrotter Ausrüstung; S. 86: Joe Schmid, Illnau/Schweiz; S. 91: Zauberkünstler: © sun21; S. 91: Rasenmäher: Herkules Motorgeräte/www.herkules-garten.de; S. 93: 2000 IMAX LTD; S. 98: Dupla Aquaristik GmbH; S. 112: YOH-ART, Home & Garden; S. 131: Peter Kornherr, Dorfen; S. 141: Sven Bacher, Universität Bern

ISBN: 3-89449-253-8


D-85318 Freising · Postfach 1852 · Tel. (08161) 1790
u 05-09

# Inhalt



*Fortsetzung siehe nächste Seite*

**Autor:** Alfred Müller

# Vorwort

**Liebe Schülerin, lieber Schüler,**

der Mathematikstoff der 8. Klasse bringt wieder eine Zweiteilung in Algebra und Geometrie. Während die Algebra das Rechnen mit Variablen fortsetzt, dringt die Geometrie neu in folgende Gebiete ein: Viereckslehre, Kreis und Gerade bzw. Kreis und Winkel, Flächenmessung und Flächenberechnung und Grundtatsachen der Raumgeometrie. Du hast bereits im Vorjahr bemerkt, dass die Geometrie zwar ein faszinierendes Teilgebiet der Mathematik ist, neben der bisherigen mathematischen Genauigkeit im logischen Denken aber eine ebenso große Exaktheit im Ausführen geometrischer Konstruktionen verlangt. Du benötigst nicht nur gutes und gepflegtes „Handwerkszeug", sondern auch den Willen, die geforderte Genauigkeit zu erfüllen.

Das vorliegende Buch hilft dir, den Geometriestoff der 8. Klasse Gymnasium durch Beispiele zu verstehen und an Aufgaben zu üben.

- Jeder Abschnitt beginnt mit Erklärungen und Regeln, durch die in übersichtlicher und kompakter Weise das notwendige **Grundwissen** vermittelt wird. Daran schließen sich vollständig ausgearbeitete **Beispiele** an.
- Mehr als 190 charakteristische und häufig umfangreichere Aufgaben ermöglichen **individuelles Üben**. Zu allen Aufgaben sind die **Lösungen** ausführlich vorgerechnet. Die Zeichnungen im Lösungsteil sind meist im Maßstab 1 : 1 abgedruckt.
- Neben dem Unterricht kannst du das Buch zur **Wiederholung und Festigung** des Lehrstoffs einsetzen.
- Du kannst dich damit auch gezielt auf **Klassen- bzw. Schularbeiten** vorbereiten.

Ich wünsche dir viel Freude und Erfolg in Geometrie!

Alfred Müller

# Vierecke

Welche Form hat dieser Drachen? Ein Viereck, das weiß jeder, aber kein gewöhnliches Viereck, sondern ein so genanntes Drachenviereck. Die Bezeichnung ist wirklich einfach, oder?

# 1 Allgemeines Viereck und Vieleckskonstruktionen

Werden vier Punkte der Zeichenebene, von denen nicht mehr als zwei auf einer Geraden liegen, miteinander verbunden, so entsteht ein Viereck.

Folgende Bezeichnungen sind üblich:
A und C bzw. B und D heißen **Gegenecken**, α und γ bzw. β und δ **Gegenwinkel**, a und c bzw. b und d **Gegenseiten**.

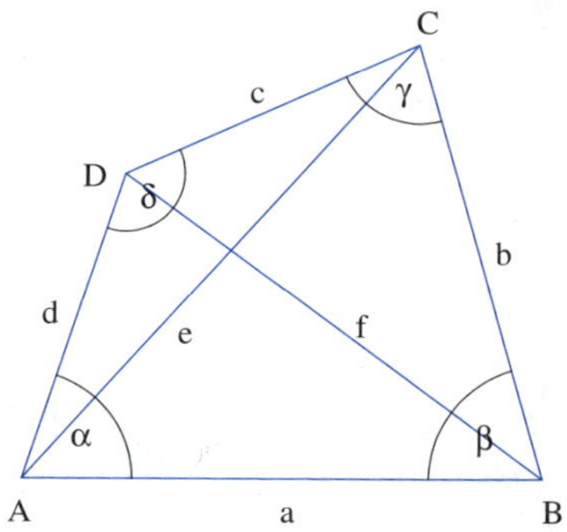


Die **Diagonalen** e = [AC] und f = [BD] zerlegen das Viereck in zwei Teildreiecke, daher beträgt die Innenwinkelsumme im Viereck 360°.

Man benötigt **fünf** Angaben zur Konstruktion eines (allgemeinen) Vierecks, denn durch eine Strecke (Seite oder Diagonale) sind zwei Eckpunkte des Vierecks festgelegt (1 Bedingung). Den dritten bzw. den vierten Eckpunkt erhält man als Schnitt von jeweils zwei Ortslinien (2 + 2 Bedingungen).

Die Konstruktion erfolgt über die Konstruktion von Teildreiecken. Aus der Überlegungsfigur ergibt sich die Konstruktion des 1. Teildreiecks, für die in der Vorüberlegung nur der entsprechende Kongruenzsatz angegeben wird.

Beispiel

Konstruiere ein Viereck ABCD aus:

1. a = 4 cm, b = 3,5 cm, c = 4,5 cm, d = 5 cm, e = 5,5 cm

   *Lösung:*

   *Vorüberlegung:*

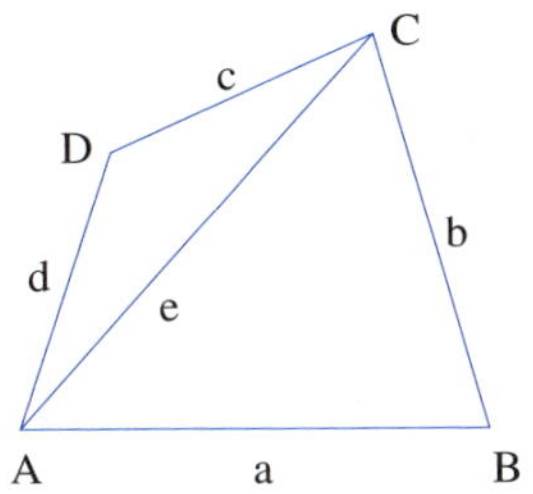


Teildreieck ABC aus sss (a; b; e) eindeutig konstruierbar.

D liegt
1. auf k(A; d)
2. auf k(C; c)

*Konstruktion:*

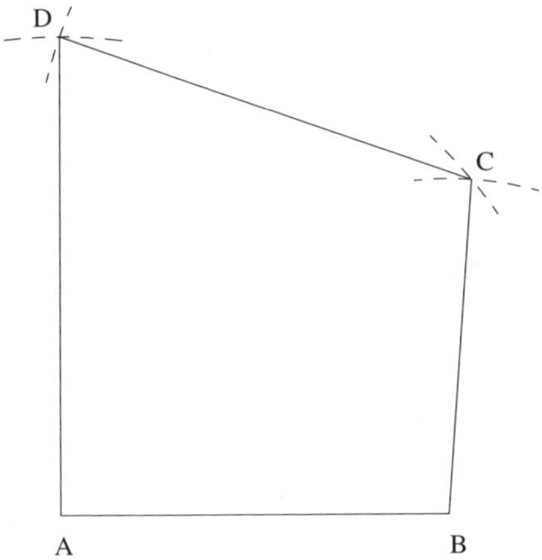

2. a = 5 cm, c = 3 cm, f = 5,5 cm, $\alpha = 75°$, $\beta = 75°$

*Lösung:*

*Vorüberlegung:*

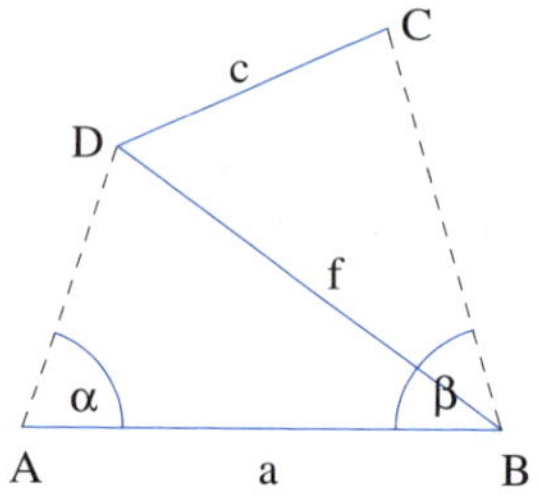


Teildreieck ABD aus $ssw_g$ (a; f; $\alpha$) eindeutig konstruierbar.

C liegt
1. auf $\beta$
2. auf k(D; c)

*Konstruktion:*

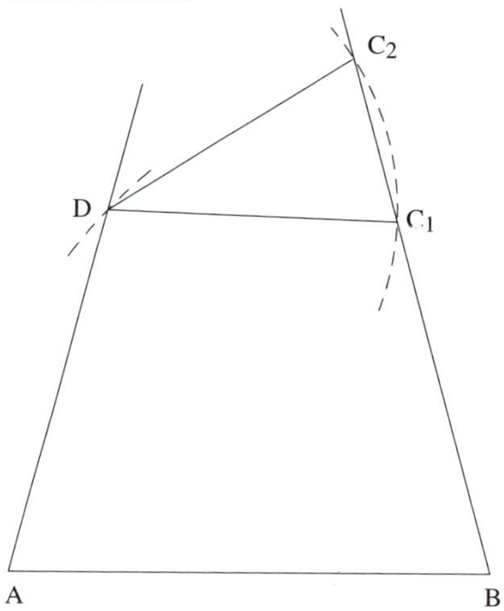


Es gibt zwei Lösungen!

3. b = 3,4 cm, c = 4 cm, d = 2,6 cm, e = 6,2 cm, α = 51°

*Lösung:*

*Vorüberlegung:*

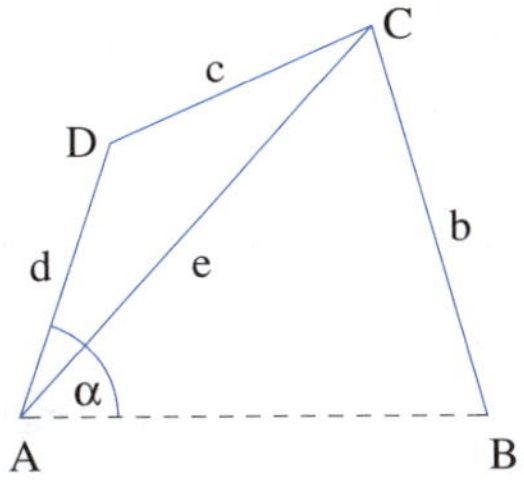


Teildreieck ACD aus sss (e; c; d) eindeutig konstruierbar.

B liegt
1. auf α
2. auf k(C; b)

*Konstruktion:*

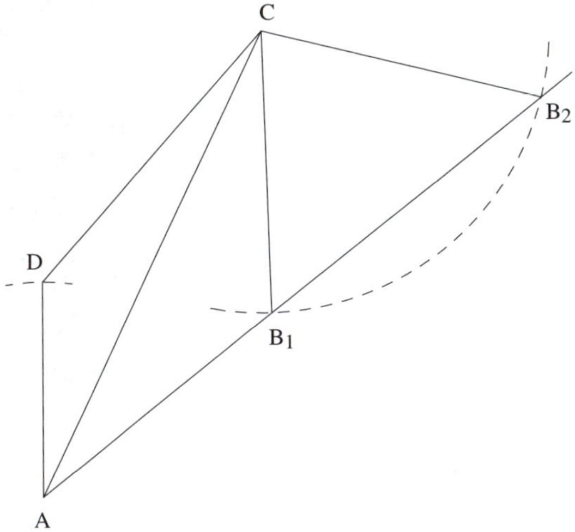


Es gibt zwei Lösungen.

**Aufgaben**

**1.** Konstruiere ein Viereck ABCD aus:

a) $a=4$ cm, $e=7$ cm, $f=6$ cm, $\alpha=80°$, $\beta=110°$

b) $a=4{,}5$ cm, $b=6$ cm, $d=5$ cm, $e=5{,}5$ cm, $\delta=85°$

c) $a=5{,}4$ cm, $f=7{,}3$ cm, $\alpha=90°$, $\beta=78°$, $\delta=85°$

d) $a=4{,}5$ cm, $b=3{,}5$ cm, $c=4$ cm, $e=3{,}8$ cm, $\alpha=68°$

**2.** Welche Bedingungen müssen die Seiten bzw. Diagonalen b, c, d, e und f erfüllen, damit sie eindeutig ein Viereck ABCD bestimmen?

**3.** Diese Bayernfahne besteht aus lauter Vierecken ABCD, für die gilt: $a=b=c=d=e=4$ cm. Konstruiere ein solches Viereck und gib an, welche besonderen Eigenschaften es besitzt.

# 2 Begründung geometrischer Sätze

## 2.1 Form mathematischer Sätze

### Grundbegriffe

In der Geometrie werden häufig Tatsachen oder Vermutungen über Eigenschaften von Figuren als Aussagen formuliert. Man unterscheidet:

**Definition**

Einem geometrischen Gebilde wird aufgrund einer besonderen Eigenschaft ein eigener Name gegeben.

Beispiel

Geraden, die sich nicht schneiden, heißen parallel.

**Axiom (Grundsatz, Fundamentalsatz, Postulat)**

Es wird eine Aussage über eine leicht einleuchtende (anschaulich gewonnene) Eigenschaft getroffen, die nicht weiter begründet wird.

Beispiel

Scheitelwinkel sind gleich groß.

**Satz (Lehrsatz, mathematischer Satz)**

Es wird eine Aussage über eine Eigenschaft eines geometrischen Gebildes getroffen, die mithilfe von Definitionen, Axiomen und vorher bekannten Lehrsätzen als wahr oder falsch nachgewiesen werden kann.

Beispiel

In einem gleichschenkligen Dreieck sind zwei Höhen gleich lang.

**Aufgaben**

**4.** Gib an, welche Aussage eine Definition, welche ein Axiom und welche einen Satz darstellt.

a) Ein Dreieck mit drei gleich langen Seiten heißt gleichseitig.

b) Nebenwinkel ergänzen sich zu 180°.

c) Die Winkelsumme im Dreieck beträgt 180°.

d) 1° ist der 360. Teil des Vollkreises.

e) Im rechtwinkligen Dreieck heißt die längste Seite Hypotenuse.

f) Eine gerade Zahl ist stets durch zwei teilbar.

## Aufbau eines Satzes

In dem obigen Beispielssatz *„In einem gleichschenkligen Dreieck sind zwei Höhen gleich lang.“* wird **vorausgesetzt**, dass das betrachtete Dreieck gleichschenklig ist. **Behauptet** wird dann, dass (unter der Voraussetzung der Gleichschenkligkeit) zwei Höhen gleich lang sind. Jeder **mathematische Satz** enthält diese beiden Teile, die **Voraussetzung** und die **Behauptung**.

Man kann jeden mathematischen Satz so in die **„Wenn …, dann …“-Form** umschreiben, dass der Wenn-Satz die Voraussetzung und der Dann-Satz die Behauptung enthält. Im Beispiel gilt dann: Wenn ein Dreieck gleichschenklig ist, dann sind zwei Höhen gleich lang.

Beispiele

Bringe auf die „Wenn-dann“-Form:

1. Ein Dreieck mit drei gleich großen Winkel ist gleichseitig.
2. Lebt man, so schlägt das Herz.
3. Eine natürliche Zahl mit der Quersumme 12 ist durch 3 teilbar.

*Lösung:*

1. Wenn ein Dreieck drei gleich große Winkel besitzt, dann ist es gleichseitig.
2. Wenn man lebt, dann schlägt das Herz.
3. Wenn eine natürliche Zahl die Quersumme 12 besitzt, dann ist sie durch 3 teilbar.

Aufgaben

**5.** Bringe auf die „Wenn-dann"-Form:

a) Basiswinkel im gleichschenkligen Dreieck sind gleich groß.

b) Die Kongruenzabbildung Spiegelung ist eine längentreue Abbildung.

c) Die Kongruenzabbildung Verschiebung ist eine gleichsinnig winkeltreue Abbildung.

d) Ein lachendes Kind ist glücklich.

e) Tiere mit Kiemen sind Fische.

f) Ein fleißiger Schüler erhält gute Noten.

## 2.2 Beweisverfahren

### Aufbau eines Beweises

Aufgrund der Unzuverlässigkeit unserer Anschauung (optische Täuschung) oder Messungen, müssen mathematische Sätze mithilfe von bekannten Tatsachen in einem logisch richtigen Ablauf als wahr oder falsch nachgewiesen werden.

*Aufbau eines (geometrischen) Beweises:*

1. Man geht von einer **Aussage** aus, die als wahr oder als falsch nachgewiesen werden soll.

Beispiel

Satz: Im gleichschenkligen Dreieck sind zwei Höhen gleich lang.

Das Beispiel wird deutlicher, wenn der Satz in die „Wenn-dann"-Form gebracht wird.
Satz: Wenn ein Dreieck gleichschenklig ist, dann sind zwei Höhen gleich lang.

2. Es wird nach dem **Gültigkeitsbereich** der Aussage gefragt, d. h. unter welchen **Voraussetzungen** der Satz gilt.

Im Beispiel: Vorausgesetzt sind **Höhen** im **gleichschenkligen Dreieck**.
Es wird stets eine Beweisfigur gezeichnet. Danach werden die Voraussetzungen in Kurzform angegeben.

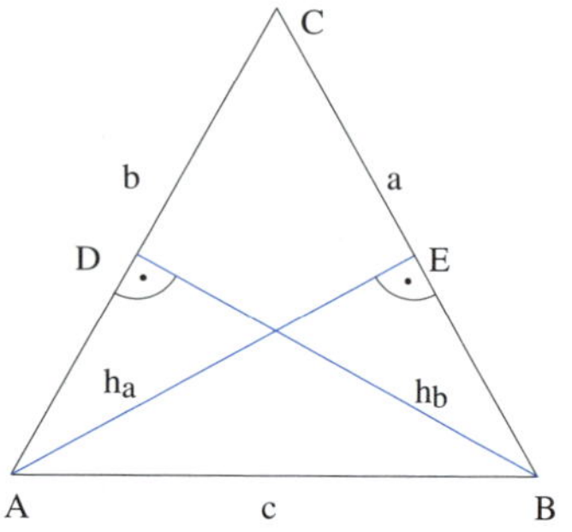


Voraussetzung:
(1) $\overline{AC} = \overline{BC}$
(2) $BD \perp AC \wedge AE \perp BC$

3. Es wird dann danach gefragt, was in dem Satz **behauptet** wird.
**Diese Aussage darf nicht als gültig betrachtet werden, sondern muss immer erst nachgewiesen werden.**

Zwei Höhen sind gleich lang.
In Kurzform:
Behauptung: $\overline{AE} = \overline{BD}$

4. Es folgt die **Begründung** oder der **Beweis**. Im Beweis sind diejenigen Sätze und Tatsachen anzuführen, aus denen unmissverständlich gefolgert werden kann, ob die Behauptung des Satzes wahr oder falsch ist.

Dazu dürfen verwendet werden:
(1) Alle Voraussetzungen des Satzes.
(2) Alle Axiome und bereits bewiesene Lehrsätze.
(3) Die Grundgesetze des Denkens, d. h. der Logik, wie z. B.
- Zwei widersprüchliche Aussagen können nicht beide gleichzeitig wahr oder falsch sein.
- Zwei Sätze, von denen der eine die Verneinung des anderen darstellt, können nicht beide gleichzeitig wahr oder falsch sein.
- Was allgemein gilt, muss auch im Spezialfall gelten.
- Jede mathematische Größe kann durch eine äquivalente Größe ersetzt werden.

In der Praxis wurden eine Reihe von Beweismethoden entwickelt.

## Kongruenzbeweis

Eine in der Geometrie oft angewandte Beweismethode beruht auf der Verwendung der **Kongruenzsätze** (Kongruenzbeweis).
Man zeichnet sich eine **Beweisfigur** und sucht sich in dieser (eventuell nach Einzeichnen von Hilfslinien) zwei Dreiecke, die die zu prüfenden Stücke enthalten und deren Kongruenz nachgewiesen werden kann.

Beispiele

1. Das gleichschenklige Dreieck ABC hat die gleich langen Seiten a und b. Begründe, dass $h_a = h_b$ gilt.

   *Lösung:*

   *Voraussetzung:*
   Dreieck ABC ist gleichschenklig.

   *Behauptung:*
   $h_a = h_b$

   *Begründung:*
   Man vermutet, dass die Dreiecke ABD und ABE kongruent sind. Wenn man aus der Voraussetzung und bekannten Sätzen dies nachweisen kann, dann weiß man, dass die beiden Dreiecke in allen Stücken übereinstimmen, also auch in $h_a = \overline{AD}$ und $h_b = \overline{BE}$.

   *Beweisfigur:*

   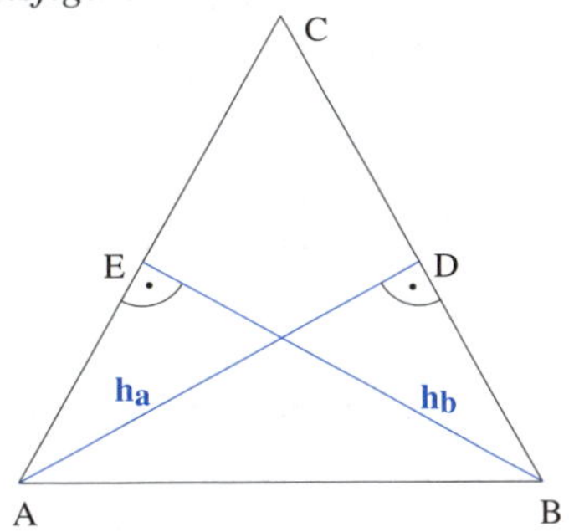
   

   In den genannten Dreiecken gilt:

   1. $\overline{AB} = \overline{AB}$
   2. $\sphericalangle BDA = \sphericalangle BEA = 90°$
   3. $\beta = \alpha$ (gleichschenkliges Dreieck)

   Nach dem wws-Satz sind die beiden Dreiecke kongruent, also stimmen sie in allen Stücken überein, d. h. insbesondere gilt $h_a = h_b$. Das ist das, was zu beweisen war.

Einen solchen Kongruenzbeweis formalisiert man häufig wie folgt:

***Voraussetzung:***

$\Delta ABC$ gleichschenklig

***Behauptung:***

$h_a = h_b$

***Beweis:***

$\Delta ABD \cong \Delta ABE$, weil

1. $\overline{AB} = \overline{AB}$
2. $\sphericalangle BDA = \sphericalangle BEA = 90°$
3. $\beta = \alpha$

---

wws-Satz $\Rightarrow$ $h_a = h_b$

*Beachte:* Auf **keinen** Fall dürfen die Strecken, deren Gleichheit nachgewiesen werden soll, zum Nachweis der Kongruenz verwendet werden.

2. Die Basis eines gleichschenkligen Dreiecks ABC wird auf beiden Seiten um die gleiche Länge x verkürzt. Beweise, dass das entstehende Dreieck DEC auch gleichschenklig ist.

*Lösung:*

*Voraussetzung:*

1. Dreieck ABC ist gleichschenklig.
2. $\overline{AD} = \overline{EB} = x$

*Behauptung:*

$\overline{DC} = \overline{EC}$

*Beweis:*

$\Delta ADC \cong \Delta EBC$, weil

1. $\overline{AC} = \overline{BC}$
   (nach Vorauss. gleichsch. $\Delta$)
2. $\alpha = \beta$
   (nach Vorauss. gleichsch. $\Delta$)
3. $\overline{AD} = \overline{EB} = x$ (nach Vor. 2)

---

sws-Satz $\Rightarrow$ $\overline{DC} = \overline{EC}$

*Beweisfigur:*

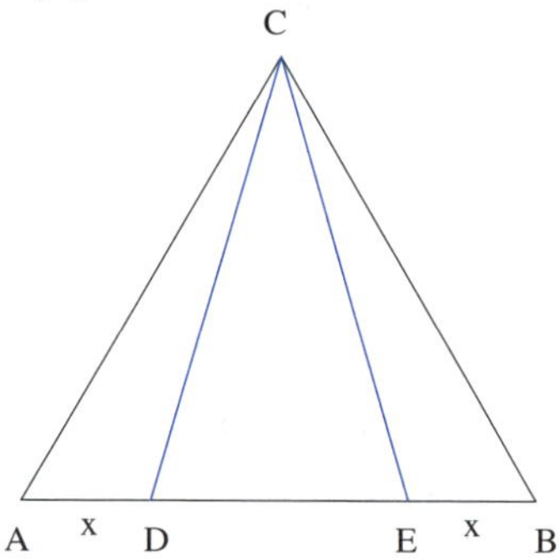

Aufgaben

6. In einem Dreieck ABC werden die Seiten c und a über B hinaus um sich selbst verlängert. Die Endpunkte heißen D und E. Beweise, dass die Dreiecke DEB und ABC kongruent sind.

7. Von der Mitte M der Basis [AB] eines gleichschenkligen Dreiecks werden die Lote $\ell_a$ und $\ell_b$ auf die Schenkel gezeichnet. Begründe, dass $\ell_a = \ell_b$ gilt.

8. In einem Dreieck ABC sind zwei Höhen gleich lang. Zeige, dass das Dreieck gleichschenklig ist.

9. Von zwei Ecken eines Dreiecks werden die Lote auf die Seitenhalbierende von der dritten Ecke gezeichnet. Begründe, dass diese Lote gleich lang sind.

10. In einem gleichschenkligen Dreieck ABC werden von der Spitze C aus auf den Schenkeln gleiche Stücke x abgetragen. Die entstehenden Punkte heißen $D \in [AC]$ und $E \in [BC]$. Beweise, dass $\overline{DB} = \overline{EA}$ gilt.

11. In einem Winkel $\gamma$ mit dem Scheitel S ist die Winkelhalbierende eingezeichnet. Ein Lot zur Winkelhalbierenden schneidet die Schenkel in den Punkten A und B. Begründe, dass das Dreieck ABS gleichschenklig ist.

12. In einem gleichschenkligen Dreieck ABC mit der Spitze C wird der Schenkel [BC] von B aus um eine Strecke x verkürzt (Endpunkt D). Der Schenkel [CA] wird über A hinaus um die gleiche Strecke x verlängert (Endpunkt E). Beweise, dass die Strecke [DE] von der Basis [AB] halbiert wird. (Hinweis: Zeichne durch D die Parallele zu [AC].)

## Direkter Beweis

### *Berechnungsbeweis*

Beispiel

Die Winkelhalbierenden einer Geradenkreuzung stehen aufeinander senkrecht.

*Lösung:*

*Voraussetzung:*

1. $w_1$, $w_2$ sind Winkelhalbierende
2. $\alpha + \beta = 180°$
   (gestreckter Winkel)

*Behauptung:*

$w_1 \perp w_2$ ($\gamma = 90°$)

*Beweis:*

$\gamma = \frac{1}{2}\alpha + \frac{1}{2}\beta = \frac{1}{2}(\alpha + \beta)$

$= \frac{1}{2} \cdot 180° = 90°$

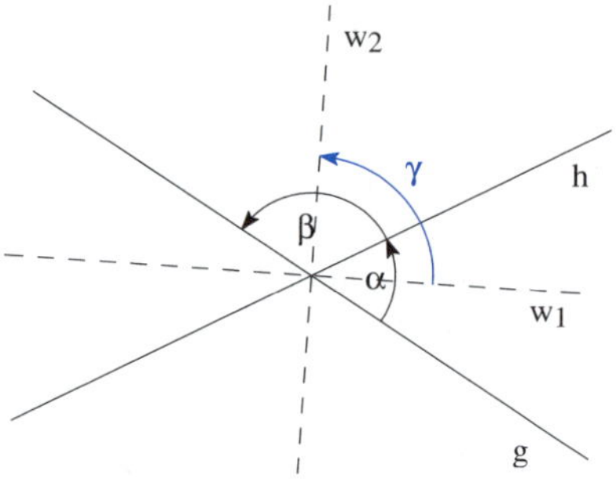


### *Angabe eines Gegenbeispiels*

Eine Aussage ist dann bereits falsch, wenn man auch nur **ein einziges** Gegenbeispiel angeben kann.

Beispiele

1. Wenn ein Tier einen Rüssel hat, dann ist es ein Elefant.
   **Gegenbeispiel:** Ein Tapier hat einen Rüssel, ist aber kein Elefant.
2. Wenn zwei Winkel gleich groß sind, dann stehen ihre Schenkel paarweise aufeinander senkrecht.
   **Gegenbeispiel:** Scheitelwinkel sind gleich groß, ohne dass die Schenkel der Winkel aufeinander senkrecht stehen.

Damit sind die Aussagen der Beispiele als falsch nachgewiesen.

Aufgaben

**13.** Zeige durch Berechnung: Es gibt Vierecke, die drei stumpfe Innenwinkel besitzen.

**14.** Widerlege durch ein Gegenbeispiel: Der Schnittpunkt der Mittelsenkrechten der Seiten eines Dreiecks liegt stets innerhalb des Dreiecks.

## Indirekter Beweis (Widerspruchsbeweis)

Der indirekte Beweis beruht auf der Tatsache, dass von zwei Aussagen, von denen eine die Verneinung der anderen darstellt, die eine wahr und die andere falsch sein muss.
In diesem Beweisverfahren verneint man die Behauptung und zeigt, dass diese Verneinung eine falsche Aussage darstellt. Dann kann man daraus folgern, dass die ursprüngliche Behauptung wahr war.

Beispiel

Wenn ein Dreieck gleichschenklig ist, dann sind die Basiswinkel spitze Winkel.

*Lösung:*

*Voraussetzung:*

1. $\overline{AC} = \overline{BC}$
2. $\alpha = \beta$

*Behauptung:*

$\alpha < 90°$, $\beta < 90°$

*Beweis:*

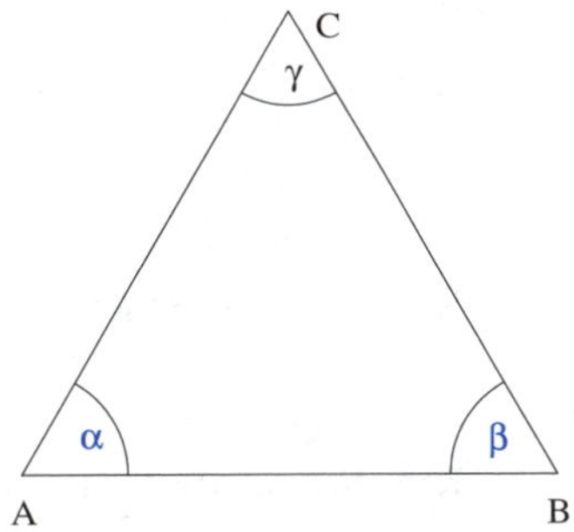


Man verneint die Behauptung, d. h. man nimmt an, dass $\alpha \geq 90°$ (und damit $\beta \geq 90°$) gilt.
Das führt aber zu einem Widerspruch zur Winkelsumme im Dreieck, da ja jetzt bereits $\alpha + \beta \geq 180°$ gelten würde, d. h. $\alpha + \beta + \gamma > 180°$.
Die Verneinung der Behauptung ist falsch, also ist die ursprüngliche Behauptung eine wahre Aussage.

Aufgaben

**15.** Beweise oder widerlege: Puppen leben nicht!

**16.** Beweise indirekt: Zwei echt parallele Geraden haben keinen gemeinsamen Schnittpunkt.

**17.** Beweise direkt: In einem rechtwinkligen Dreieck ABC mit der Hypotenuse [AB] ist die Seitenhalbierende $s_c$ eingezeichnet. Zeige, dass $s_c$ halb so lang ist wie die Hypotenuse.

## 2.3 Satz und Kehrsatz

### Bilden des Kehrsatzes

Ein mathematischer Satz hat die Form „Wenn V, dann B“ (Kurzform: $V \Rightarrow B$), wobei V die Voraussetzung und B die Behauptung des Satzes sind. V und B enthalten dabei Aussagen über zusammengehörende Objekte, weil sonst ein sinnloser Satz entstehen würde.
Vertauscht man Voraussetzung und Behauptung eines Satzes, so erhält man den **Kehrsatz**.
Satz (S): Wenn V, dann B. ($V \Rightarrow B$)
Kehrsatz (KS): Wenn B, dann V. ($B \Rightarrow V$)

Beispiele

Bilde jeweils den Kehrsatz und stelle den **Wahrheitswert** von Satz und Kehrsatz fest. Gib für jede falsche Aussage ein **Gegenbeispiel** an.

1. S: Wenn ein Dreieck gleichschenklig ist, dann sind zwei Winkel gleich groß. (w)
   KS: Wenn in einem Dreieck zwei Winkel gleich groß sind, dann ist es gleichschenklig. (w)
2. S: Wenn Neumond ist, dann ist der Mond nicht zu sehen. (w)
   KS: Wenn der Mond nicht zu sehen ist, dann ist Neumond. (f; Gegenbeispiel: bewölkter Himmel)
3. S: Wenn ein Dreieck rechtwinklig ist und einen 30°-Winkel besitzt, dann ist die kleinste Seite halb so groß wie die größte Seite. (w)

   *Beachte:* Wenn nur ein *Teil* der Voraussetzung mit der Behauptung vertauscht wird, gibt es zu einem Satz mehrere Kehrsätze.

   $KS_1$: Wenn ein Dreieck rechtwinklig ist und die kleinste Seite halb so groß ist wie die größte Seite, dann besitzt es einen 30°-Winkel. (w; „halbes“ gleichseitiges Dreieck)

   $KS_2$: Wenn ein Dreieck einen 30°-Winkel besitzt und die kleinste Seite halb so groß ist wie die größte, dann ist es rechtwinklig. (f; Gegenbeispiel siehe Skizze)

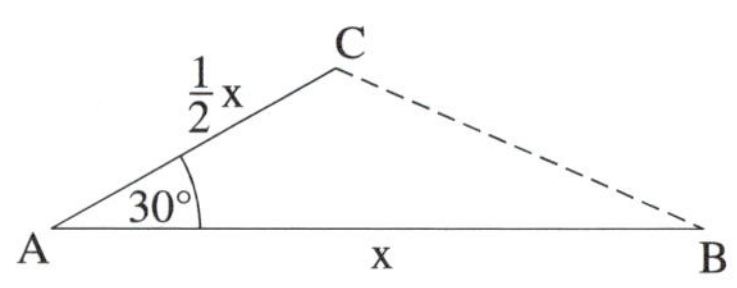

Aufgaben

**18.** Formuliere den angegebenen Satz in der „Wenn-dann"-Form und bilde jeweils den Kehrsatz (die Kehrsätze). Welche Aussagen sind wahr (w), welche falsch (f)? Gib zu falschen Aussagen jeweils ein Gegenbeispiel an.

| | w | f |
|---|---|---|
| a) Zwei parallele Geraden haben überall gleichen Abstand voneinander. | ☐ | ☐ |
| b) So lange man lebt, schlägt das Herz. | ☐ | ☐ |
| c) Nichtparallele Geraden stehen aufeinander senkrecht. | ☐ | ☐ |
| d) Ein gleichschenkliges Dreieck mit einem 60°-Winkel ist gleichseitig. | ☐ | ☐ |
| e) Wer nicht sät, der kann nicht ernten. | ☐ | ☐ |
| f) Kein Blitz ohne Donner! | ☐ | ☐ |

## Wahrheitswerte und Bezeichnungen

Wie aus den Beispielen zu sehen ist, können Satz und Kehrsatz unterschiedliche Wahrheitswerte haben. Es sind folgende Fälle möglich:

### *1. Satz (wahr) – Kehrsatz (falsch)*

Beispiel

S: Wenn ein Mensch kurzsichtig ist, dann braucht er eine Sehhilfe. (w)
KS: Wenn ein Mensch eine Sehhilfe braucht, dann ist er kurzsichtig. (f)

Die Voraussetzung der Kurzsichtigkeit des Satzes **reicht aus** für die Behauptung, dass eine Sehhilfe benötigt wird. Dass eine Sehhilfe benötigt wird, ist aber kein Kriterium für Kurzsichtigkeit.

S: $V \Rightarrow B$ (w)
KS: $B \Rightarrow S$ (f)

Die Voraussetzung V heißt in diesem Fall eine **ausreichende** oder **hinreichende Bedingung** für die Behauptung B des Satzes. V reicht für die Gültigkeit von B aus.

### *2. Satz (falsch) – Kehrsatz (wahr)*

Beispiel

S: Wenn Schüler lesen können, dann bestehen sie das Abitur. (f)
KS: Wenn Schüler das Abitur bestehen, dann können sie lesen. (w)

Die Voraussetzung des Lesenkönnens des Satzes ist zwar **notwendig** für die Behauptung, dass das Abitur bestanden wird, ist aber (allein) nicht ausreichend.

S: $V \Rightarrow B$ (f)
KS: $B \Rightarrow V$ (w)

Die Voraussetzung V heißt in diesem Fall eine **notwendige Bedingung** für die Behauptung B des Satzes. V ist notwendig für die Gültigkeit von B, aber nicht ausreichend.

### *3. Satz (wahr) – Kehrsatz (wahr)*

Beispiel

S: Wenn eine Zahl durch 10 teilbar ist, dann hat sie an der Einerstelle die Ziffer 0. (w)

KS: Wenn eine Zahl an der Einerstelle die Ziffer 0 hat, dann ist sie durch 10 teilbar. (w)

Die Voraussetzung der Teilbarkeit durch 10 des Satzes **reicht** nicht nur für die Behauptung B der Ziffer 0 an der Einerstelle **aus**, sondern ist auch für B **notwendig**.

S: $V \Rightarrow B$ (w)
KS: $B \Rightarrow V$ (w)

} Die Voraussetzung V heißt in diesem Fall eine **notwendige und zugleich hinreichende Bedingung** für die Behauptung B des Satzes.

Man schreibt kurz: $V \Leftrightarrow B$: Voraussetzung V und Behauptung B sind **äquivalente** Aussagen.

*Beachte:* Sind Satz und Kehrsatz wahr, dann formuliert man beide Sätze in einem unter Verwendung der Ausdrücke **dann und nur dann** bzw. **genau dann**.
Im Beispiel: Eine Zahl ist **genau dann (dann und nur dann)** durch 10 teilbar, wenn sie an der Einerstelle die Ziffer 0 besitzt.

### *Satz (falsch) – Kehrsatz (falsch)*

Beispiele

1. S: Wenn es regnet, dann wird man nass. (f)
   KS: Wenn man nass wird, dann regnet es. (f)
2. S: Wenn ein Dreieck rechtwinklig ist, dann hat es einen stumpfen Winkel. (f)
   KS: Wenn ein Dreieck einen stumpfen Winkel besitzt, dann ist es rechtwinklig. (f)

Diese Konstellation ist für die Geometrie ohne Bedeutung, da nur Lehrsätze formuliert werden, die wahr sind.

Aufgaben

**19.** Bilde zu den folgenden Sätzen die Kehrsätze und gib an, ob die Voraussetzung V des Satzes hinreichend, notwendig oder notwendig und hinreichend (oder keines) für die Behauptung B ist.

a) Wenn es kräftig regnet, dann ist der Himmel bewölkt.

b) Wenn ein Satz wahr ist, dann ist der Kehrsatz wahr.

c) Wenn ein Hund gestreichelt wird, dann freut er sich.

d) Wenn eine Zahl durch 2 teilbar ist, dann ist sie auch durch 4 teilbar.

e) Wenn in einem Dreieck die Summe zweier Winkel 80° beträgt, dann ist das Dreieck stumpfwinklig.

f) Wenn sie nicht gestorben sind, dann leben sie noch heute.

g) Wenn man eine Gummischnur belastet, dann dehnt sie sich aus.

h) Wer seine geometrischen Sätze gut lernt, der schreibt eine gute Note in der Mathematik-Klassenarbeit (in Geometrie).

# 3 Achsensymmetrische Vierecke

## 3.1 Diagonale als Symmetrieachse

Ein Viereck mit einer Diagonalen als Symmetrieachse heißt **Drachenviereck**.

Aus den Eigenschaften der Achsenspiegelung folgt:

1. Die Symmetrieachse halbiert die zweite Diagonale rechtwinklig.
2. Die Symmetrieachse halbiert zwei gegenüberliegende Winkel (hier $\beta$ und $\delta$).
3. Je zwei Seiten, die sich auf der Symmetrieachse treffen, sind gleich lang.
4. Die zur Symmetrieachse symmetrischen Winkel sind gleich groß (hier $\alpha$ und $\gamma$).

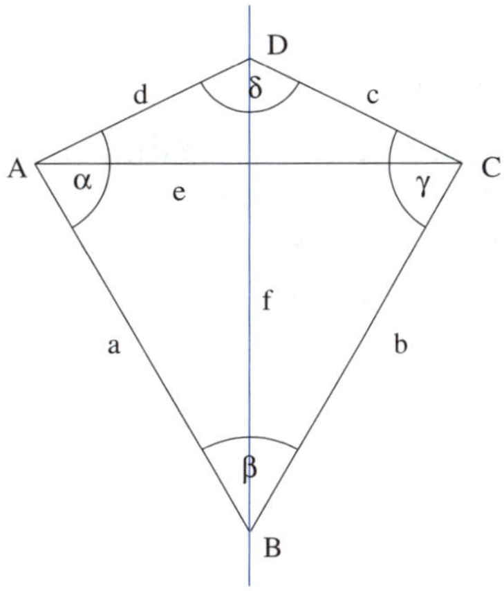


**Spezielle diagonalsymmetrische Vierecke**

1. Ein Viereck mit zwei Diagonalen als Symmetrieachsen bzw. ein Viereck mit vier gleich langen Seiten heißt **Raute** oder **Rhombus**.
   In einer Raute halbieren sich die Diagonalen gegenseitig rechtwinklig.

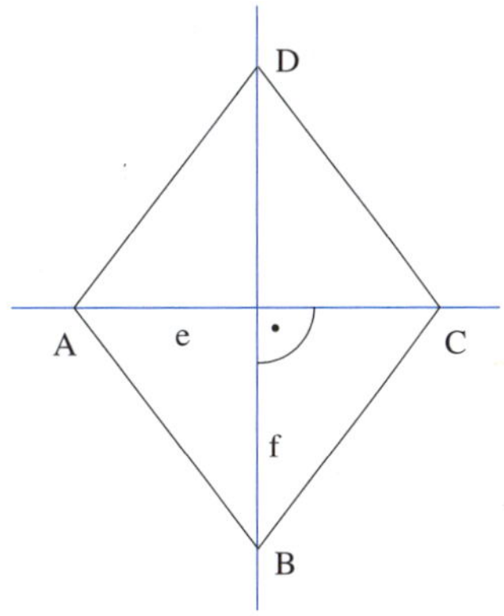

2. Ein Viereck mit vier gleich langen Seiten und vier gleich großen Winkeln heißt **Quadrat**.
Das Quadrat hat vier Symmetrieachsen.

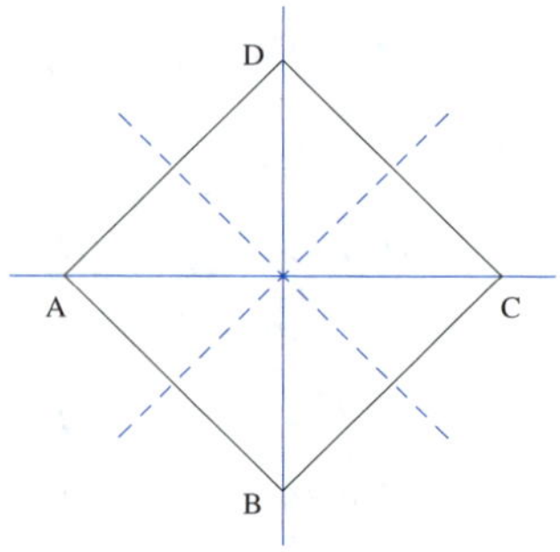


Beispiel

Konstruiere ein Drachenviereck ABCD mit der Symmetrieachse f = BD aus a = 3 cm, f = 5 cm, $\alpha = 120°$.

*Lösung:*

*Vorüberlegung:*

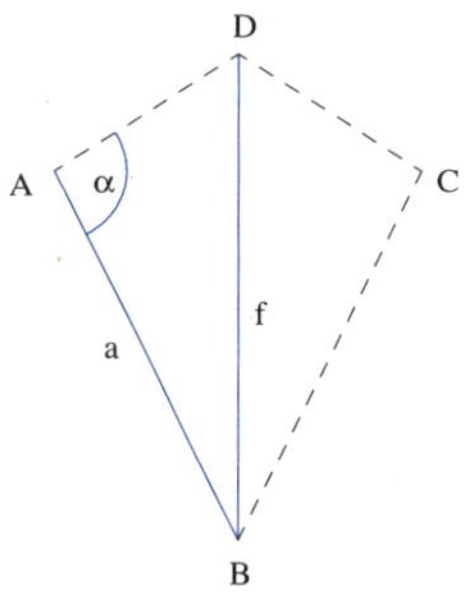


Teildreieck ABD aus **$ssw_g$** (a; f; α) eindeutig konstruierbar.

C liegt
1. auf k(D; $\overline{DA}$)
2. auf k(B; b = a)

*Konstruktion:*

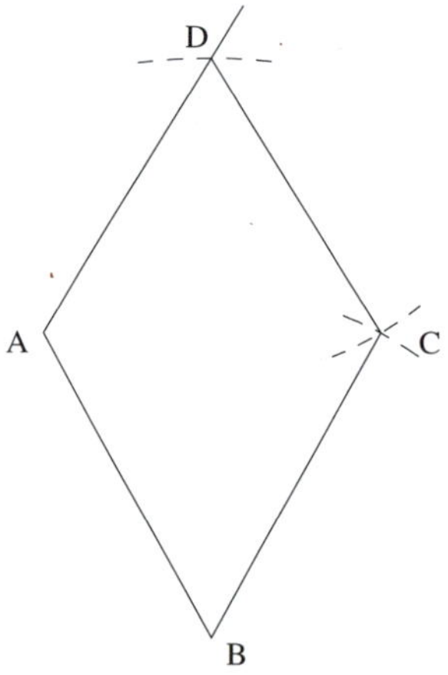

Aufgaben

**20.** Konstruiere ein Drachenviereck ABCD mit der Symmetrieachse BD aus:

a) $f = 5$ cm, $\beta = 60°$, $\gamma = 100°$

b) $a = 3$ cm, $e = 4$ cm, $f = 6$ cm

c) $b = 3$ cm, $d = 4$ cm, $f = 6$ cm

d) $a = 3{,}5$ cm, $d = 4$ cm, $e = 5$ cm

e) $e = 3$ cm, $f = 4{,}5$ cm, $\delta = 90°$

f) $e = 4{,}5$ cm, $\beta = 75°$, $\delta = 60°$

**21.** Benjamin möchte gerne Plätzchen in Rautenform ABCD backen. Wie könnte er sich eine passende Vorlage aus den angegebenen Stücken konstruieren?

a) $a = 4$ cm, $\alpha = 60°$

b) $b = 3$ cm, $f = 4{,}6$ cm

**22.** Wie viele unabhängige Angaben benötigt man, um

a) ein Drachenviereck,

b) eine Raute,

c) ein Quadrat eindeutig konstruieren zu können?

**23.** a) Gib eine hinreichende, aber nicht notwendige Bedingung dafür an, dass ein Viereck eine Raute ist.

b) Nenne Eigenschaften, die für ein Quadrat notwendig, aber nicht hinreichend sind.

## 3.2 Lot zu parallelen Seiten als Symmetrieachse

Ein Viereck, in dem zwei Gegenseiten parallel zueinander sind, heißt **Trapez**. Ein Viereck, in dem die Symmetrieachse ein Lot zu den beiden parallelen Seiten ist, heißt **gleichschenkliges Trapez** oder **lotsymmetrisches Viereck**.

Aus den Eigenschaften der Achsenspiegelung folgt für das **lotsymmetrische Viereck**:

1. $a \parallel c$
2. $b = d$
3. $\alpha = \beta$, $\gamma = \delta$
4. $e = f$
5. e und f schneiden sich auf der Symmetrieachse.

Der Abstand der parallelen Seiten heißt **Höhe h** des Trapezes.

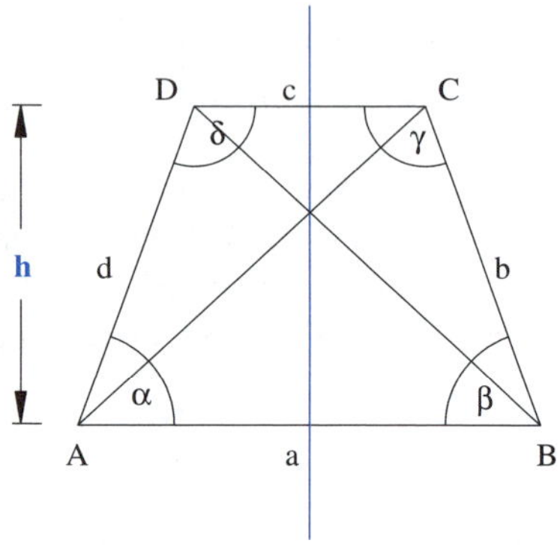


### Besondere lotsymmetrische Vierecke

1. Ein Viereck mit vier rechten Winkeln heißt **Rechteck**.
   Das Rechteck hat zwei Lote als Symmetrieachsen.

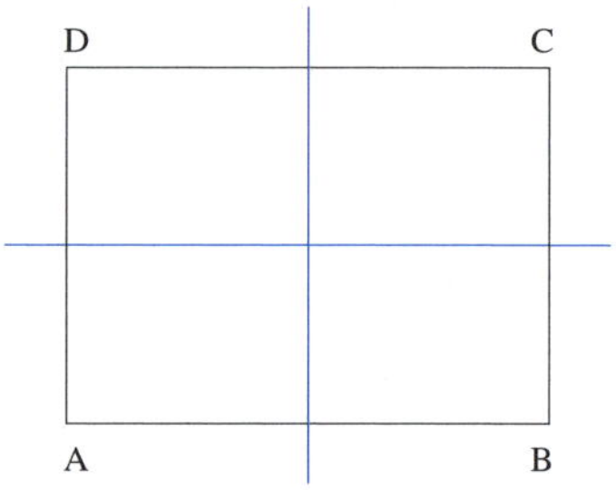


2. Das **Quadrat** ist ein Rechteck mit vier gleich langen Seiten.
   Das Quadrat besitzt vier Symmetrieachsen, zwei Diagonale und zwei Lote.

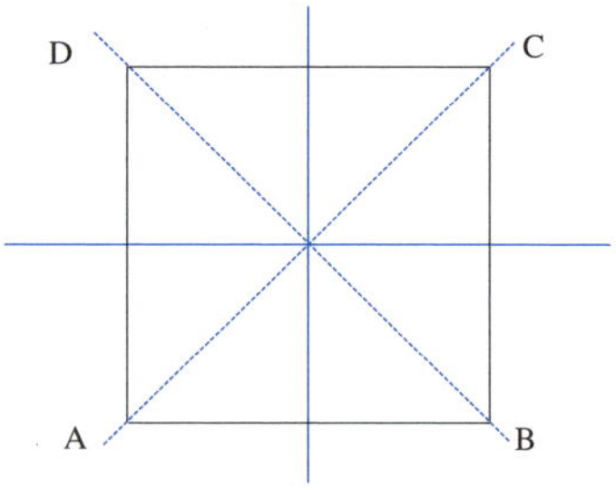

Beispiele

1. Konstruiere ein Trapez mit a || c aus b = 3 cm, c = 5 cm, γ = 80°, δ = 65°.

   *Lösung:*

   *Vorüberlegung:*

   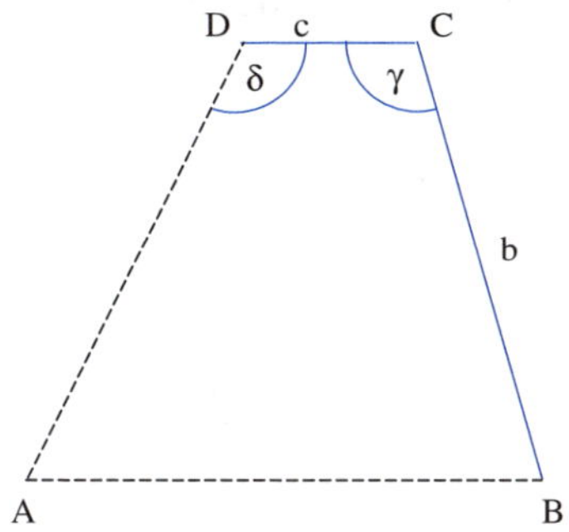


   Teildreieck BCD aus **sws** (b; γ; c) eindeutig konstruierbar.

   A liegt:
   1. auf δ
   2. auf der Parallelen zu c durch B

   *Konstruktion:*

   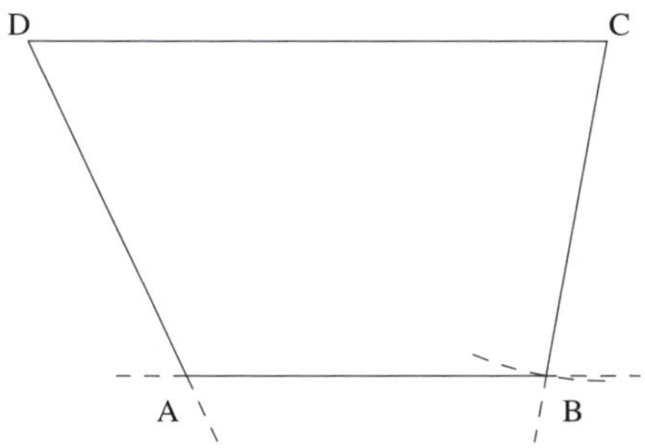

2. Konstruiere ein gleichschenkliges Trapez ABCD mit $a \parallel c$ aus $a = 4$ cm, $b = 5$ cm, $\beta = 80°$

*Lösung:*

*Vorüberlegung:*

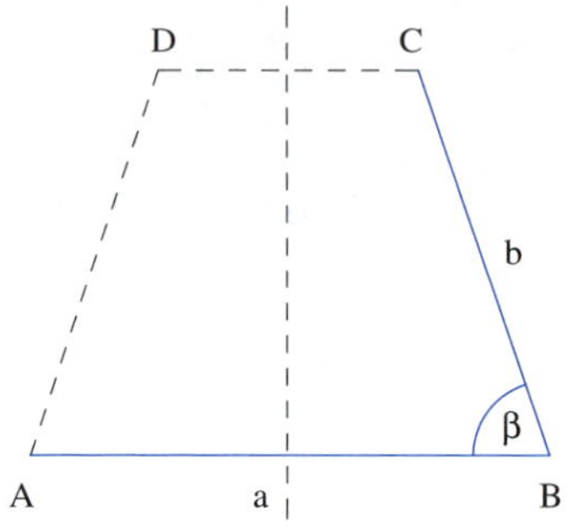


Teildreieck ABC aus sws (a; β; b) eindeutig konstruierbar.

D liegt:

1. auf k(A; d = b)
2. auf α = β

*Konstruktion:*

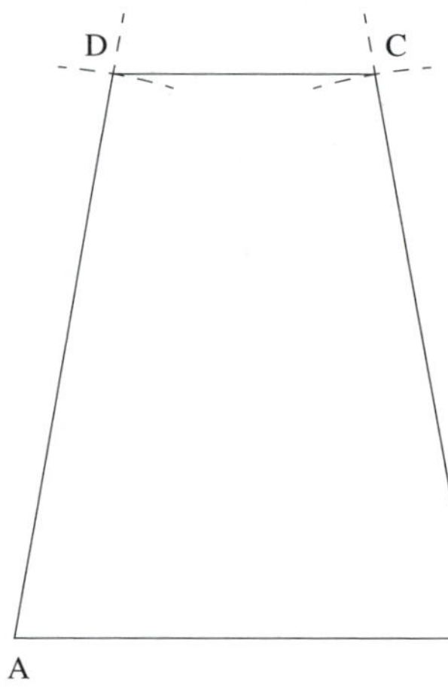

ufgaben

**24.** Konstruiere ein Trapez ABCD mit $a \parallel c$ aus:

a) $a = 5$ cm, $b = 3$ cm, $c = 4$ cm, $\beta = 50°$

b) $a = 5$ cm, $b = 4$ cm, $h = 4$ cm, $\alpha = 60°$

c) $a = 4$ cm, $b = 5$ cm, $\sphericalangle(a; e) = 30°$, $\sphericalangle(e; f) = 100°$

**25.** Eine Seitenfläche eines Hausdaches hat die Form eines gleichschenkligen Trapezes ABCD mit den parallelen Seiten $a \parallel c$. Konstruiere jeweils das Trapez ABCD.

a) $a = 6$ cm, $b = 4$ cm, $\delta = 75°$

b) $a = 6$ cm, $b = 4$ cm, $h = 3{,}5$ cm

c) $a = 4$ cm, $b = 5$ cm, $\sphericalangle(a; e) = 30°$

d) $a = 4$ cm, $b = 4$ cm, $e = 5$ cm

**26.** Gib eine notwendige, aber nicht hinreichende Bedingung dafür an, dass ein Viereck ein Rechteck ist.

**27.** Formuliere den Kehrsatz in der „Wenn-dann"-Form und gib im Falle, dass er falsch ist, ein Gegenbeispiel an.

a) Ein Rechteck hat einen 90°-Winkel.

b) In einem Quadrat stehen die Diagonalen senkrecht aufeinander.

c) Ein Quadrat hat vier gleich lange Seiten.

**28.** Ein Trapez heißt rechtwinklig, wenn es mindestens einen rechten Winkel besitzt.

a) Begründe, dass jedes rechtwinklige Trapez mindestens zwei rechte Winkel besitzt.

b) Wie heißt ein gleichschenklig rechtwinkliges Trapez noch?

**29.** In einem lotsymmetrischen Viereck ABCD gilt: $\gamma = 90°$.
Beweise, dass das Viereck ABCD ein Rechteck ist.

**30.** Beweise:

a) Die Seitenmitten eines lotsymmetrischen Vierecks (gleichschenkligen Trapezes) bilden ein diagonalsymmetrisches Viereck (Drachenviereck).

b) Die Seitenmitten eines diagonalsymmetrischen Vierecks bilden ein lotsymmetrisches Viereck.

c) Jedes Viereck, dessen Diagonalen sich rechtwinklig halbieren, ist eine Raute.

# 4 Punktsymmetrische Vierecke (Parallelogramme) und Vektoren

## 4.1 Parallelogramme

In einem punktsymmetrischen Viereck ABCD werden die Gegenecken durch **Spiegelung** an einem **Zentrum Z** aufeinander abgebildet.

Aus den Eigenschaften der Punktspiegelung folgt mit $A \to C$ und $C \to A$ bzw. $B \to D$ und $D \to B$:

[AB] || [DC]

[AD] || [BC]

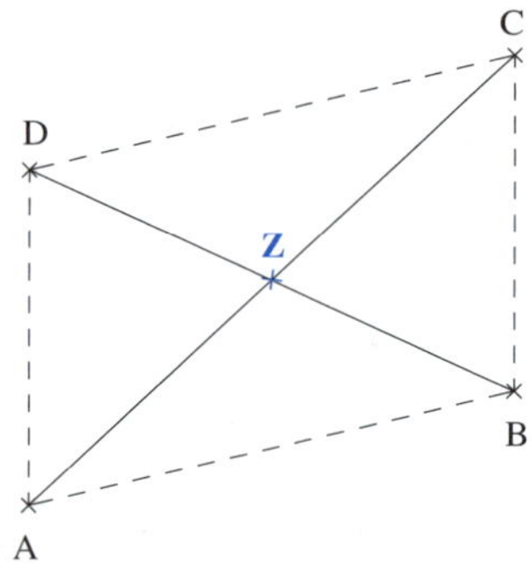


Ein Viereck mit paarweise parallelen Seiten heißt ein **Parallelogramm**.

Der Schnittpunkt der Diagonalen ist das Symmetriezentrum. Aus den Eigenschaften der Punktspiegelung folgt für das punktsymmetrische Viereck (Parallelogramm):

1. $a \parallel c$, $b \parallel d$
2. $a = c$, $b = d$
3. $\alpha = \gamma$, $\beta = \delta$
4. $\alpha + \beta = \gamma + \delta = \alpha + \delta = \beta + \gamma = 180°$
5. e halbiert f und umgekehrt.

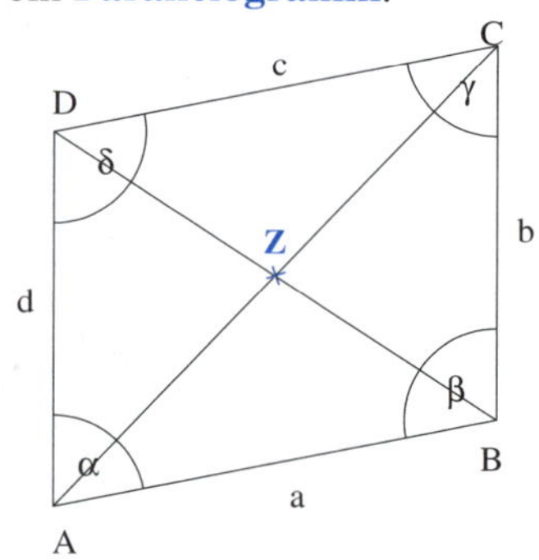


Es gilt der **Satz vom punktsymmetrischen Viereck (Parallelogramm):**
Trifft **eine** der Eigenschaften 1 bis 5 auf ein Viereck ABCD zu, so gelten auch die **restlichen vier** Eigenschaften.

## Spezielle punktsymmetrische Vierecke (Parallelogramme)

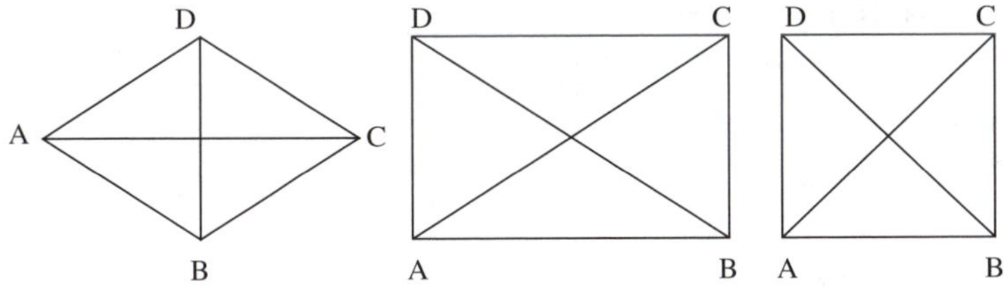


Raute, Rechteck und Quadrat
sind spezielle punktsymmetrische Vierecke (Parallelogramme).

Beispiel

Konstruiere ein Parallelogramm ABCD aus $a=5$ cm, $b=4$ cm, $\alpha=50°$.

*Lösung:*

*Vorüberlegung:*

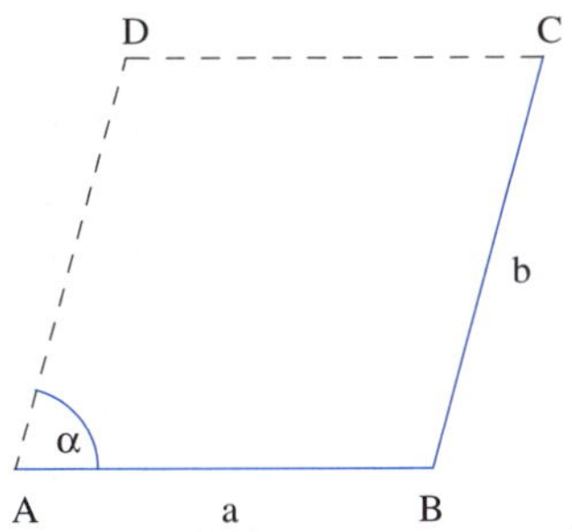


Teildreieck ABD aus **sws**
(a; α; d = b) eindeutig konstruierbar.

C liegt:

1. auf k(B; b)
2. auf k(D; c = a)

*Konstruktion:*

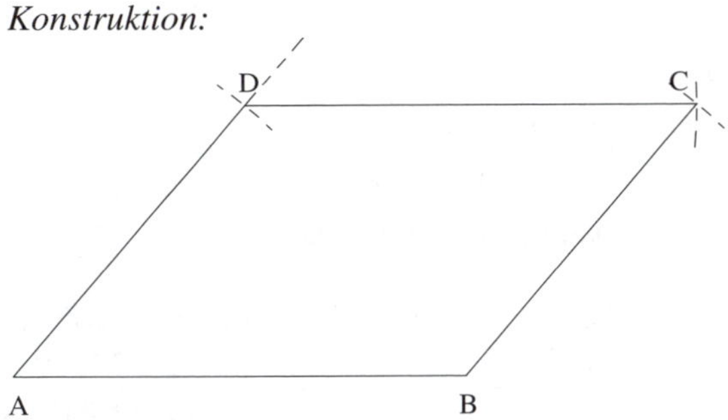


ufgaben **31.** Konstruiere ein Parallelogramm ABCD aus:

a) $a=6$ cm, $b=4$ cm, $\beta=60°$

b) $c=5$ cm, $d=3{,}5$ cm, $e=4$ cm

c) $a=4{,}5$ cm, $e=6{,}2$ cm, $f=5{,}8$ cm

d) $e=3$ cm, $f=8$ cm, $\sphericalangle(e; b)=80°$

**32.** Welche Vierecke besitzen:

a) zwei gleich lange Diagonalen,
b) zwei sich senkrecht halbierende Diagonalen,
c) vier gleiche Winkel,
d) zwei parallele Seiten,
e) eine Diagonale als Symmetrieachse,
f) vier Symmetrieachsen,
g) je zwei parallele Seiten,
h) vier gleich lange Seiten,
i) je zwei gleich große Gegenwinkel,
j) ein Lot als Symmetrieachse?

**33.** Welche Aussagen sind wahr (w), welche falsch (f)?

a) Ein Viereck mit zwei gleich großen Winkeln ist ein Drachenviereck.
b) Ein Viereck mit zwei zueinander senkrechten Diagonalen ist ein Drachenviereck.
c) Eine Raute ist aus einer Seite und einem Winkel eindeutig konstruierbar.
d) Zur Konstruktion eines Parallelogramms sind drei unabhängige Angaben nötig.
e) Jedes Parallelogramm ist auch ein Drachenviereck.
f) Drachenvierecke sind bezüglich des Diagonalenschnittpunktes symmetrisch.
g) Jedes Parallelogramm ist auch ein Trapez.
h) Eine Raute hat gleich lange Gegenseiten.
i) Eine Raute besitzt zwei gleich lange Diagonalen.
j) Ein Rechteck besitzt zwei einander halbierende Diagonalen.

**34.** a) Nenne eine hinreichende, aber nicht notwendige Bedingung dafür, dass ein Viereck diagonalsymmetrisch ist.
b) Nenne eine notwendige, aber nicht hinreichende Bedingung dafür, dass ein Viereck eine Raute ist.
c) Nenne ein hinreichende, aber nicht notwendige Bedingung dafür, dass ein Viereck ein gleichschenkliges Trapez ist.
d) Nenne eine notwendige und hinreichende Bedingung dafür, dass ein Viereck ein Parallelogramm ist.

**35.** Gib jeweils an, ob die Voraussetzung V für die Behauptung B hinreichend, notwendig oder notwendig und hinreichend ist.

a) V: Das Viereck ist ein Quadrat.
B: Das Viereck ist ein Rechteck.

b) V: Das Viereck hat zwei Symmetrieachsen.
B: Das Viereck ist ein Rechteck.

c) V: Das Viereck hat zwei parallele Seiten.
B: Das Viereck ist ein Rechteck.

**36.** Satz: In einer Raute sind gegenüberliegende Seiten gleich lang.
Bilde den Kehrsatz und zeige, dass dieser eine falsche Aussage darstellt.

**37.** Satz: Im Parallelogramm sind zwei Seiten gleich lang.

a) Gib den Satz in der „Wenn-dann"-Form an und entscheide, ob er wahr oder falsch ist.

b) Formuliere den Kehrsatz und begründe kurz, ob er wahr oder falsch ist.

**38.** a) Beweise den folgenden Satz in einem Kongruenzbeweis.
Satz: Wenn in einem Viereck die Gegenseiten jeweils gleichlang sind, dann ist das Viereck ein Parallelogramm.
(*Hinweis:* Zeichne in die Beweisfigur die Diagonale $e = [AC]$ ein.)

b) Bilde zum Satz in a den Kehrsatz und beurteile seine Gültigkeit.
Gib dann an, ob die Voraussetzung des Satzes für die Behauptung hinreichend, notwendig oder notwendig und hinreichend ist.

**39.** Satz: Wenn ein Viereck ein Parallelogramm ist, dann halbieren sich die Diagonalen gegenseitig.
Beweise diesen Satz mithilfe eines Kongruenzbeweises.

**40.** Das **Mittenviereck** ist ein Viereck, dessen Ecken die Seitenmitten eines beliebigen Vierecks sind.

a) Beweise: Jedes Mittenviereck ist ein Parallelogramm.

b) Beweise: Das Mittenviereck eines Rechtecks ist eine Raute.

**41.** Beweise folgende Sätze:

a) Ein Parallelogramm, das einen rechten Winkel besitzt, ist ein Rechteck.

b) Ein Parallelogramm, das gleich lange Diagonalen besitzt, ist ein Rechteck.

## 4.2 Vektoren

Ein **Parallelogramm** entsteht auch, wenn eine beliebige Strecke [AB] mit einem **Vektor** $\vec{v} \nparallel [AB]$ **verschoben** wird.

$V_{\vec{v}}: [AB] \rightarrow [A'B']$

AA'B'B ist ein Parallelogramm.

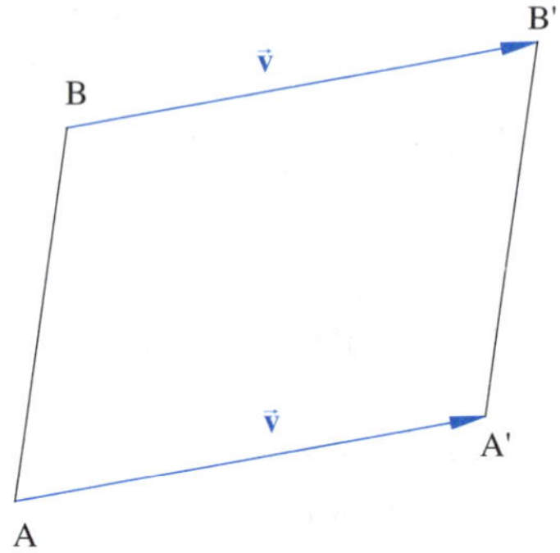


Bei der Kongruenzabbildung **Verschiebung** $V_{\vec{v}}$ wird der Begriff des (Verschiebungs-)**Vektors** $\vec{v}$ eingeführt. Ein **Vektor** $\vec{v}$ umfasst alle Pfeile, die gleich lang, parallel und gleich gerichtet sind. Jeder dieser Pfeile heißt ein **Repräsentant** des Vektors.

Die **Verkettung** $V_{\vec{v}} = V_{\vec{b}} \circ V_{\vec{a}}$ zweier Verschiebungen kann durch eine Verschiebung ersetzt werden. Für deren Verschiebungsvektor $\vec{v}$ schreibt man:

$\vec{v} = \vec{a} + \vec{b}$

Damit wird der Begriff der Addition bzw. Subtraktion von Vektoren eingeführt.

**Addition von Vektoren**

Die Vektoren $\vec{a}$ und $\vec{b}$ werden addiert, indem man an die Spitze des Vektors $\vec{a}$ den Anfangspunkt des Vektors $\vec{b}$ ansetzt. Der Summenvektor zeigt dann vom Anfangspunkt des Vektors $\vec{a}$ zur Spitze des Vektors $\vec{b}$.

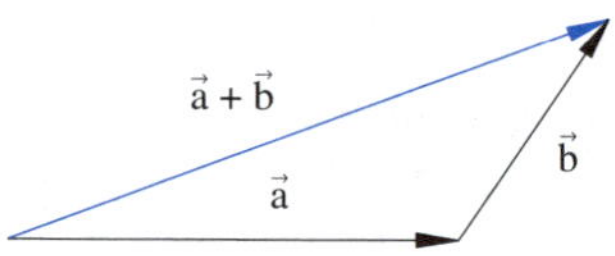


**Subtraktion von Vektoren**

Die Vektoren $\vec{a}$ und $\vec{b}$ werden subtrahiert, indem man zum Vektor $\vec{a}$ den **Gegenvektor** $-\vec{b}$ von $\vec{b}$ addiert.

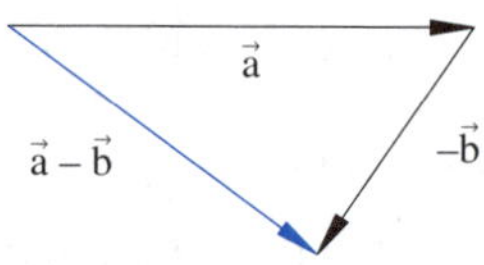

Der Gegenvektor $-\vec{b}$ ist gleichlang und parallel zu $\vec{b}$, aber entgegengesetzt gerichtet. Es gilt:

$\vec{a} - \vec{b} = \vec{a} + (-\vec{b})$

Der **Nullvektor** $\vec{0}$ ergibt sich als Addition von Vektor und Gegenvektor:

$\vec{a} + (-\vec{a}) = \vec{0}$

Für die Addition von Vektoren gelten die folgenden Gesetze:

**Kommutativgesetz**

$\vec{a} + \vec{b} = \vec{b} + \vec{a}$

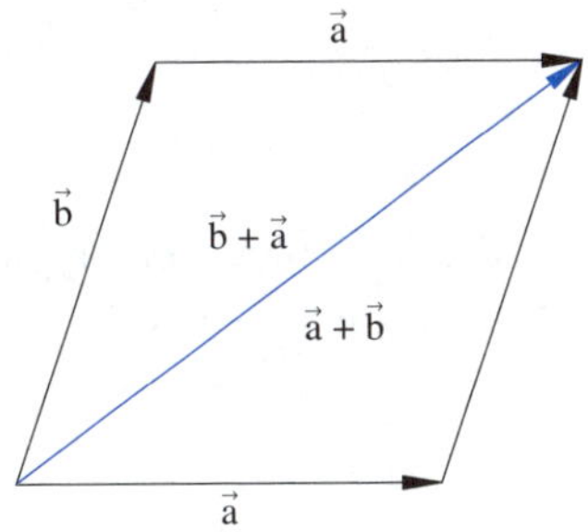


**Assoziativgesetz**

$\vec{a} + (\vec{b} + \vec{c}) = (\vec{a} + \vec{b}) + \vec{c}$

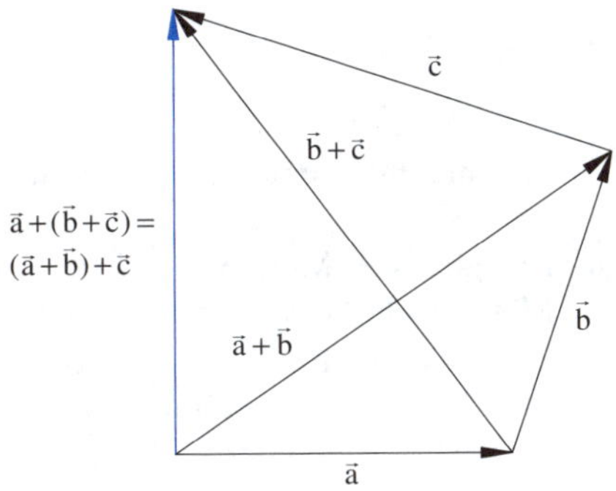


Beispiel

Bestimme den Summenvektor $\vec{x} = \vec{a} + \vec{b} + \vec{c} + \vec{d}$ !

*Lösung:*

Man setzt die Vektoren wie in der Skizze aneinander. Der Summenvektor $\vec{x}$ zeigt dann vom Anfangspunkt des 1. Vektors zum Endpunkt des letzten Vektors.

Im Bild gilt auch:

$\vec{a} + \vec{b} + \vec{c} + \vec{d} + (-\vec{x}) = \vec{0}$

Die Vektoren bilden eine **geschlossene Vektorkette**, wenn der Summenvektor der Nullvektor $\vec{0}$ ist.

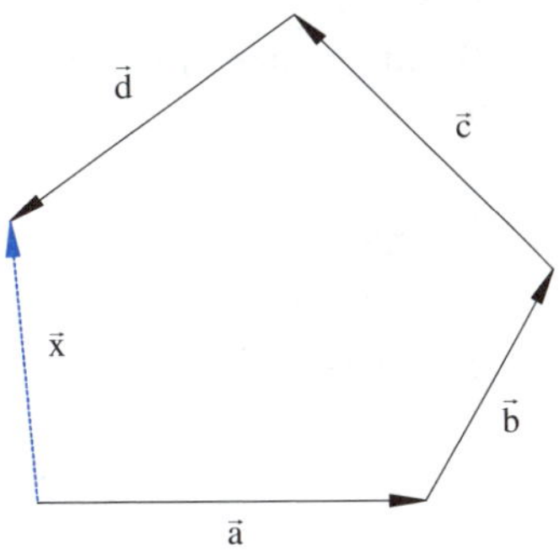

**Aufgaben**

**42.** Zeichne den Summenvektor
$\vec{x} = \vec{a} + \vec{b} + \vec{c} + \vec{d}$

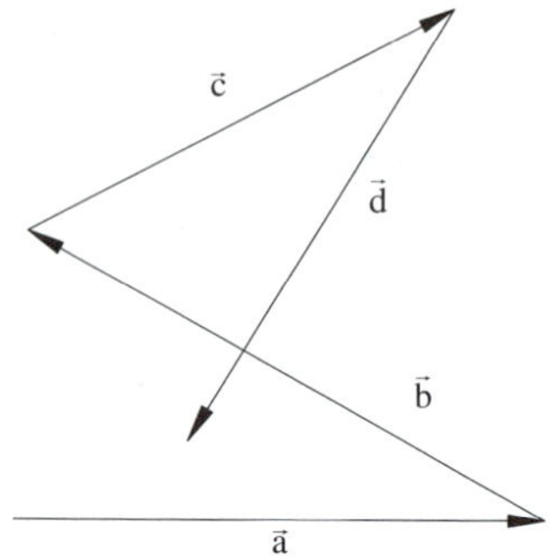


**43.** Zeichne einen Vektor $\vec{y}$ so, dass
$\vec{a} + \vec{b} + \vec{c} + \vec{y} = \vec{0}$ gilt.

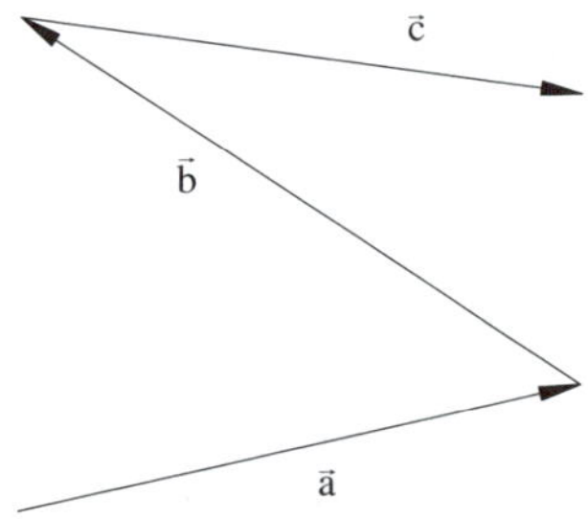


**44.** Zeichne drei Vektoren $\vec{a}, \vec{b}, \vec{c}$ mit $\vec{a} + \vec{b} + \vec{c} = \vec{0}$

**45.** Eva geht vier Meter nach Norden, fünf Meter nach Südwesten, zwei Meter nach Süden, drei Meter nach Osten und zwei Meter nach Norden. Wo steht sie jetzt? (Löse zeichnerisch!)

**46.** Es sei $\overrightarrow{MC} = \vec{a}$ und $\overrightarrow{BM} = \vec{b}$
Bestimme dann in Abhängigkeit von $\vec{a}$ und $\vec{b}$

a) $\overrightarrow{MA} =$

b) $\overrightarrow{AB} =$

c) $\overrightarrow{DA} =$

d) $\overrightarrow{CD} =$

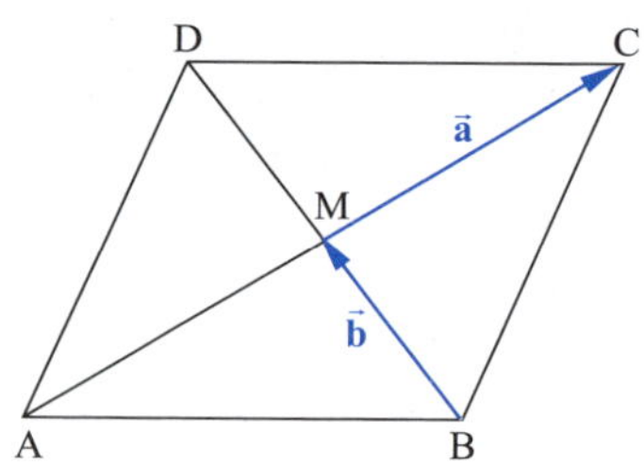

## 4.3 Vektoren im Koordinatensystem

### Koordinatenschreibweise

Beispiel

Bilde die Strecke [AB] mit A(1 | 1) und B(4 | 2) in die Strecke [A'B'] mit A'(2 | 4) und B'(x | y) durch eine Verschiebung $V_{\vec{v}}$ mit $\vec{v} = \overrightarrow{AA'}$ ab.

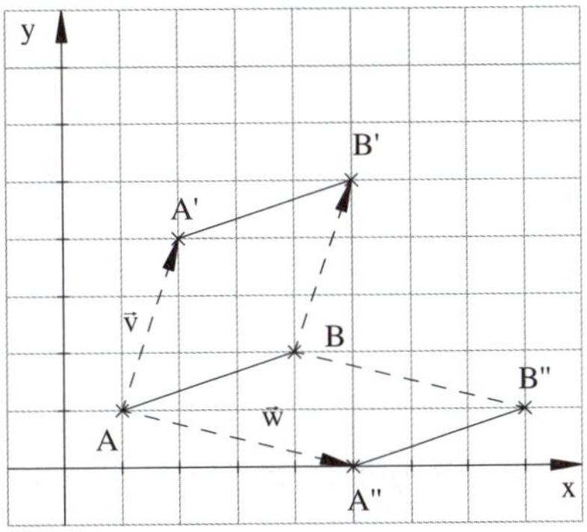


*Lösung:*
Von A nach A':
1 nach **rechts**, 3 nach **oben**

Im Koordinatensystem verwendet man dafür die abgekürzte Schreibweise:
$\vec{v} = \begin{pmatrix} 1 \\ 3 \end{pmatrix}$

1 und 3 heißen die **Koordinaten** von $\vec{v}$.
B' erhält man durch den gleichen Vorgang aus B:
Von 4 geht man 1 nach **rechts**: $x = 5$
Von 2 geht man 3 nach **oben**: $y = 5 \Rightarrow$ B (5 | 5)

Bildet man die gleiche Strecke [AB] durch eine Verschiebung $\vec{w} = \begin{pmatrix} 4 \\ -1 \end{pmatrix}$ in [A''B''] ab, so erhält man:
A'': Von 1 geht man 4 nach **rechts**: $x = 5$
Von 1 geht man 1 nach **unten** (= –1 nach oben): $y = 0 \Rightarrow$ A''(5 | 0)
Für B'' erhält man mit gleicher Überlegung: B''(8 | 1)

Aufgaben

**47.** Bestimme nur durch Rechnung die Koordinaten des Punktes A', wenn A(–1 | 2) ist und es gilt:

a) $\overrightarrow{AA'} = \begin{pmatrix} 2 \\ 3 \end{pmatrix}$  b) $\overrightarrow{AA'} = \begin{pmatrix} 5 \\ -4 \end{pmatrix}$

c) $\overrightarrow{AA'} = \begin{pmatrix} -2 \\ 1 \end{pmatrix}$  d) $\overrightarrow{AA'} = \begin{pmatrix} 1 \\ -2 \end{pmatrix}$

**48.** Die Punkte A' sind Bildpunkte des Punktes A(3 | 2). Bestimme jeweils rechnerisch den (Verschiebungs)vektor.

a) A'(8 | 4)  b) A'(0 | 2)

c) A'(2 | 5)  d) A'(–3 | –1)

## Addition in der Koordinatenschreibweise

Für die Addition von Vektoren im Koordinatensystem ergibt sich aus nebenstehender Skizze:

$$\vec{a} + \vec{b} = \begin{pmatrix} a_1 \\ a_2 \end{pmatrix} + \begin{pmatrix} b_1 \\ b_2 \end{pmatrix} = \begin{pmatrix} a_1 + b_1 \\ a_2 + b_2 \end{pmatrix}$$

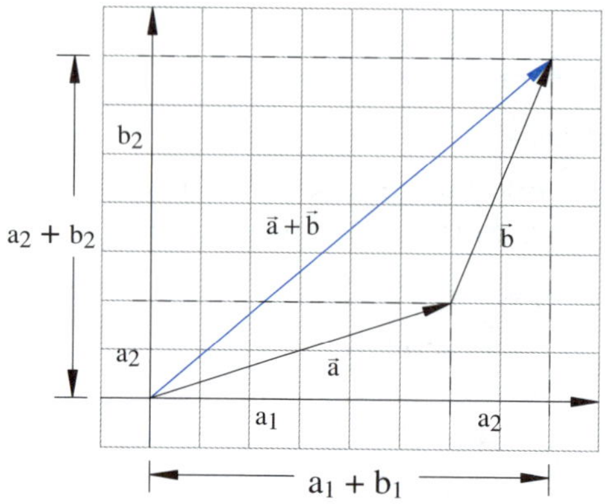


Beispiel

Gegeben sind die Vektoren $\vec{a} = \begin{pmatrix} 3 \\ 5 \end{pmatrix}$, $\vec{b} = \begin{pmatrix} -2 \\ 4 \end{pmatrix}$, $\vec{c} = \begin{pmatrix} 1 \\ -2 \end{pmatrix}$.

1. Bestimme die Gegenvektoren zu $\vec{a}$, $\vec{b}$ und $\vec{c}$.

   *Lösung:*

   $-\vec{a} = \begin{pmatrix} -3 \\ -5 \end{pmatrix}$; $-\vec{b} = \begin{pmatrix} 2 \\ -4 \end{pmatrix}$; $-\vec{c} = \begin{pmatrix} -1 \\ 2 \end{pmatrix}$

2. Bestimme $\vec{x} = \vec{a} + \vec{b}$, $\vec{y} = \vec{a} - \vec{c}$ und $\vec{z} = -\vec{a} + \vec{b} + \vec{c}$.

   *Lösung:*

   $\vec{x} = \begin{pmatrix} 3 \\ 5 \end{pmatrix} + \begin{pmatrix} -2 \\ 4 \end{pmatrix} = \begin{pmatrix} 1 \\ 9 \end{pmatrix}$ $\vec{y} = \begin{pmatrix} 3 \\ 5 \end{pmatrix} + \begin{pmatrix} -1 \\ 2 \end{pmatrix} = \begin{pmatrix} 2 \\ 7 \end{pmatrix}$ $\vec{z} = \begin{pmatrix} -3 \\ -5 \end{pmatrix} + \begin{pmatrix} -2 \\ 4 \end{pmatrix} + \begin{pmatrix} 1 \\ -2 \end{pmatrix} = \begin{pmatrix} -4 \\ -3 \end{pmatrix}$

3. Bestimme einen Vektor $\vec{v}$ so, dass $\vec{a}, \vec{b}, \vec{c}$ und $\vec{v}$ eine geschlossene Vektorkette bilden.

   *Lösung:*

   $\vec{a} + \vec{b} + \vec{c} + \vec{v} = \vec{0} \Rightarrow \vec{v} = -\vec{a} - \vec{b} - \vec{c} = \begin{pmatrix} -3 \\ -5 \end{pmatrix} + \begin{pmatrix} 2 \\ -4 \end{pmatrix} + \begin{pmatrix} -1 \\ 2 \end{pmatrix} = \begin{pmatrix} -2 \\ -7 \end{pmatrix}$

Aufgaben

**49.** Für eine Verschiebung $V_{\vec{v}} = V_{\vec{b}} \circ V_{\vec{a}}$ gilt: $\vec{v} = \begin{pmatrix} 3 \\ -6 \end{pmatrix}$, $\vec{a} = \begin{pmatrix} -4 \\ 3 \end{pmatrix}$.

a) Bestimme den Vektor $\vec{b}$ der Verschiebung $V_{\vec{b}}$.

b) Bestimme den Vektor $\vec{a}'$, der die Verschiebung $V_{\vec{a}}$ rückgängig macht.

**50.** Die Vektoren $\vec{a} = \begin{pmatrix} 5 \\ -2 \end{pmatrix}$ und $\vec{b} = \begin{pmatrix} -3 \\ -4 \end{pmatrix}$ geben jeweils eine Verschiebung an. Durch welchen Vektor $\vec{v}$ lässt sich die Verkettung $V_{\vec{v}} = V_{\vec{b}} \circ V_{\vec{a}}$ darstellen?

**51.** Bestimme zeichnerisch den Vektor $\vec{x} = \vec{a} - \vec{b} - \vec{c}$ mit $\vec{a} = \begin{pmatrix} 3 \\ 1 \end{pmatrix}$, $\vec{b} = \begin{pmatrix} -4 \\ 1 \end{pmatrix}$ und $\vec{c} = \begin{pmatrix} 5 \\ -4 \end{pmatrix}$.

**52.** In einem rechtwinkligen Koordinatensystem sind die Punkte A(1 | 1), B(4 | 3) und C(2 | 4) gegeben. Berechne:

a) $\overrightarrow{AB} + \overrightarrow{AC} - \overrightarrow{BC} =$

b) $\overrightarrow{AB} + \overrightarrow{BA} =$

c) $\overrightarrow{AC} - \overrightarrow{BC} =$

**53.** Zeichne die Punkte A(1 | 2), B(5 | 4), C(–2 | 1) und D(–3 | 4) in ein rechtwinkliges Koordinatensystem.
Zeichne dann je einen Repräsentanten der Vektoren $\vec{x} = \overrightarrow{CD} + \overrightarrow{AB}$ und $\vec{y} = \overrightarrow{AB} - \overrightarrow{CD}$ und überprüfe das Ergebnis rechnerisch.

**54.** Gegeben sind die Vektoren $\vec{a} = \begin{pmatrix} 3 \\ -2 \end{pmatrix}$, $\vec{b} = \begin{pmatrix} 0 \\ 4 \end{pmatrix}$, $\vec{c} = \begin{pmatrix} -3 \\ 0 \end{pmatrix}$ und $\vec{d} = \begin{pmatrix} -2 \\ 4 \end{pmatrix}$.

a) $\vec{a} + \vec{b} =$

b) $\vec{b} - \vec{c} =$

c) $\vec{a} + \vec{c} + \vec{d} =$

d) $\vec{a} - \vec{b} + \vec{c} - \vec{d} =$

# 5 Überblick über alle Vierecksformen

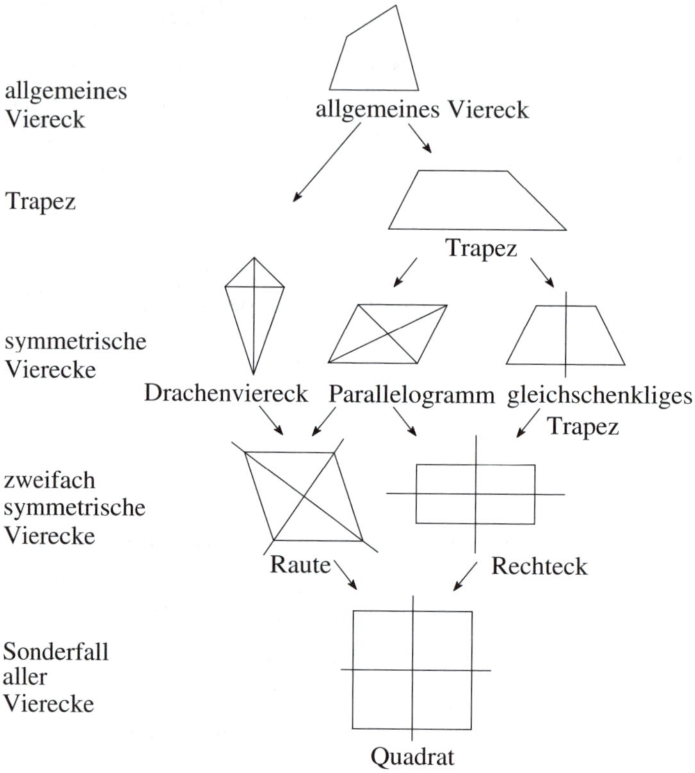

Aufgaben

**55.** Gib eine hinreichende, eine notwendige und eine hinreichende und notwendige Bedingung an, dass ein Viereck

a) ein Drachenviereck,

b) eine Raute,

c) ein Rechteck,

d) ein Parallelogramm,

e) ein gleichschenkliges Trapez,

f) ein Quadrat ist.

**56.** Zeige durch die Angabe eines Gegenbeispiels, dass die folgenden Sätze falsche Aussagen darstellen.

a) Ein Viereck mit vier gleich langen Seiten ist ein Quadrat.

b) Ein Viereck mit vier gleich großen Winkeln ist ein Quadrat.

c) Ein Viereck mit gleich langen Diagonalen ist ein Rechteck.

**57.** a) Beweise: Wenn ein Viereck ein Parallelogramm ist, dann sind die Lote von zwei Gegenecken auf die Diagonale gleich lang.

b) In einem Quadrat mit der Seitenlänge a wird von jeder Ecke aus im gleichen Drehsinn auf der Seite a eine Strecke b ($b < a$) abgetragen. Beweise, dass die Endpunkte dieser Strecken wieder ein Quadrat bilden.

# Kreis und Gerade

Die Räder einer Lokomotive und die Schienen zeigen, wie gut Kreise und Geraden sich auch im Alltag ergänzen. Wer möchte sich schon auf eckigen Rädern durch die Gegend schütteln lassen …

# 6 Gegenseitige Lage zweier Kreise

Zwei Kreise mit unterschiedlichen Radien $r_1$ und $r_2$ haben höchstens zwei Punkte gemeinsam. Die Verbindungsstrecke $[M_1M_2]$ der Mittelpunkte heißt **Zentrale**, die Verbindungsstrecke $[P_1P_2]$ der Schnittpunkte **Chordale**.

$k_1 \cap k_2 = \{P_1, P_2\}$:

Zwei Kreise $k_1(M_1; r_1)$ und $k_2(M_2; r_2)$ haben zwei Schnittpunkte, wenn die Zentrale größer als die Differenz und kleiner als die Summe der beiden Radien ist.

$|r_1 - r_2| < \overline{M_1M_2} < r_1 + r_2$

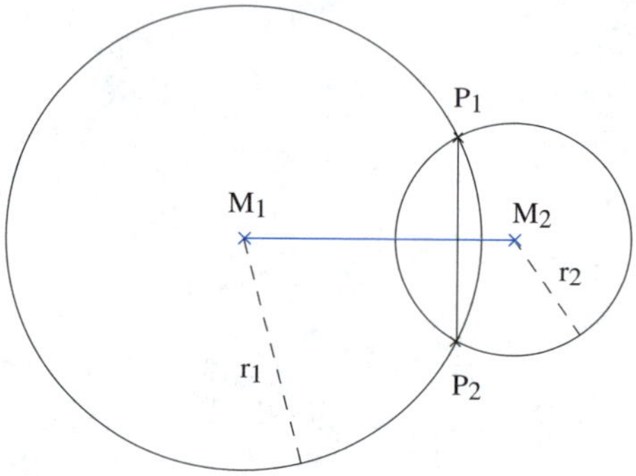


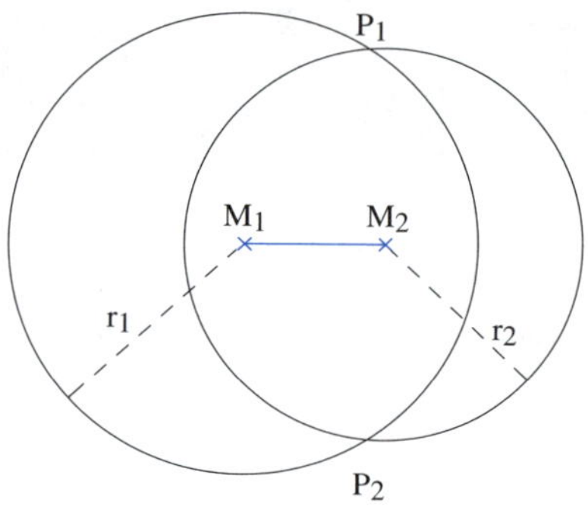

$k_1 \cap k_2 = \{P\}$:

Zwei Kreise $k_1(M_1; r_1)$ und $K_2(M_2; r_2)$ berühren sich in einem Punkt, wenn die Zentrale gleich der Differenz oder gleich der Summe der beiden Radien ist.

$|r_1 - r_2| = \overline{M_1M_2} = r_1 + r_2$

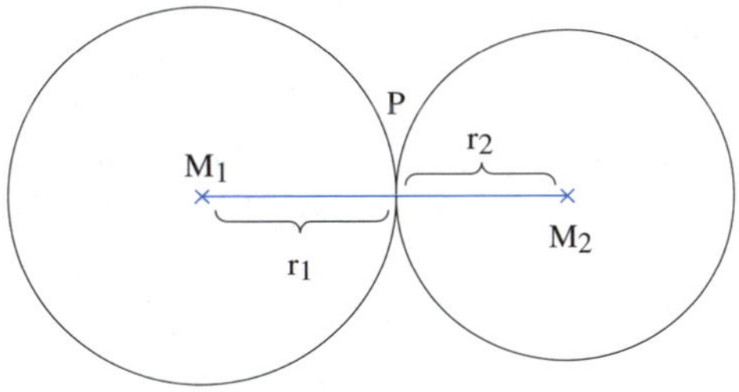


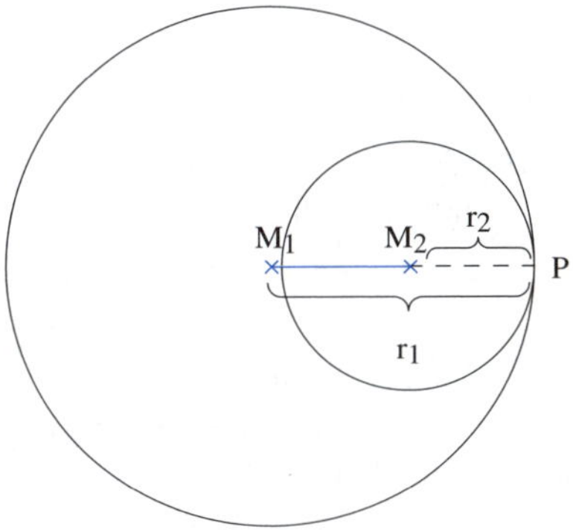


$k_1 \cap k_2 = \{\ \}$:

Zwei Kreise $k_1(M_1; r_1)$ und $k_2(M_2; r_2)$ haben keinen gemeinsamen Punkt, wenn die Zentrale kleiner als die Differenz oder größer als die Summe der beiden Radien ist.

$\overline{M_1M_2} < |r_1 - r_2|$ oder

$\overline{M_1M_2} > r_1 + r_2$

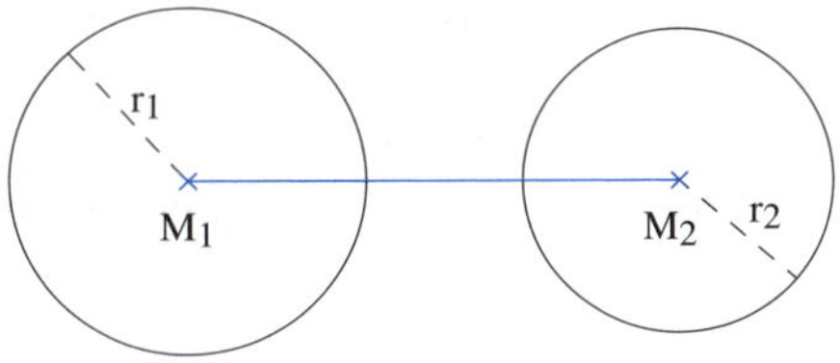


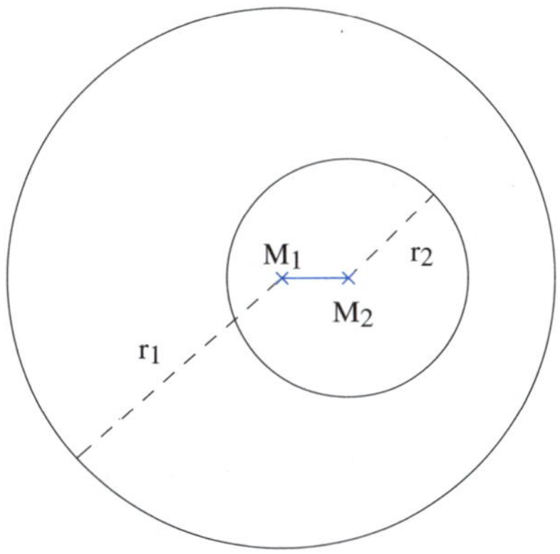

Beispiel

Die Zentrale zweier Kreise ist 6 cm lang. Der eine Kreis hat den Radius 2 cm. Innerhalb welcher Grenze ist der zweite Radius zu wählen, damit sich die beiden Kreise in zwei Punkten schneiden?

*Lösung:*
Wegen $r_2 - 2\text{ cm} < 6\text{ cm} < r_2 + 2\text{ cm}$ folgt: $4\text{ cm} < r_2 < 8\text{ cm}$

Aufgaben

**58.** Beschreibe in Worten:

a) Welchen Radius hat der kleinste Kreis k', der den Kreis k(M; 2 cm) von außen berührt und durch einen Punkt P mit $\overline{MP} = 10$ cm geht?

b) Der Umkreismittelpunkt eines Dreiecks liegt auf einer Dreiecksseite. Um was für ein Dreieck handelt es sich?

c) Gegeben sind der Kreis k(M; 3 cm) und der Punkt P mit $\overline{PM} = 5$ cm. Welchen Radius hat der kleinste Kreis k', der durch P geht und den k von innen berührt?

d) Der Umkreis und der Inkreis eines Dreiecks sind konzentrische Kreise. Um was für ein Dreieck handelt es sich?

**59.** Beschreibe in Worten:
Welche gegenseitige Lage haben zwei Kreise k und k' zueinander, wenn gilt:

a) $k_i \cap k'_i = k_i$,

b) $k_a \cap k'_a = k'_a$,

c) $k_a \cap k'_i = \{\ \}$,

d) $k_i \cap k'_a = \{\ \}$?

**60.** Wo liegen die Mittelpunkte aller Kreise mit Radius $r_0$, die

a) eine Gerade g berühren,

b) eine Gerade g in einem Punkt P berühren,

c) zwei parallele Geraden berühren,

d) zwei sich schneidende Geraden berühren,

e) durch zwei Punkte A und B gehen,

f) einen Kreis mit Radius r von innen berühren,

g) einen Kreis mit Radius r von außen berühren?

**61.** Stefans Schäferhund muss an die Leine. Die beiden Nachbarszäune bilden im hinteren Teil des Gartens einen Winkel von 100° und da beide Nachbarn Angst vor dem Hund haben, muss Stefan ihn so anbinden, dass er an keinen der beiden Zäune gelangen kann.
In welchem Bereich muss Stefan den Pflock für die 3 m lange Leine anbringen, wenn der Pflock aber nicht weiter als 5 Meter von der Zaunecke entfernt stehen soll?

**62.** Welche gegenseitige Lage haben zwei Kreise k(M; 6 cm) und k'(M'; 4 cm), wenn gilt:

a) $\overline{MM'} = 2$ cm　　b) $\overline{MM'} = 1$ cm

c) $\overline{MM'} = 10$ cm　　d) $\overline{MM'} = 5$ cm

e) $\overline{MM'} = 12$ cm　　f) $\overline{MM'} = 8$ cm

**63.** Beschreibe nur in Worten:
Konstruiere den Kreis, der die Gerade h im Punkt P berührt und dessen Mittelpunkt auf der Geraden g liegt.

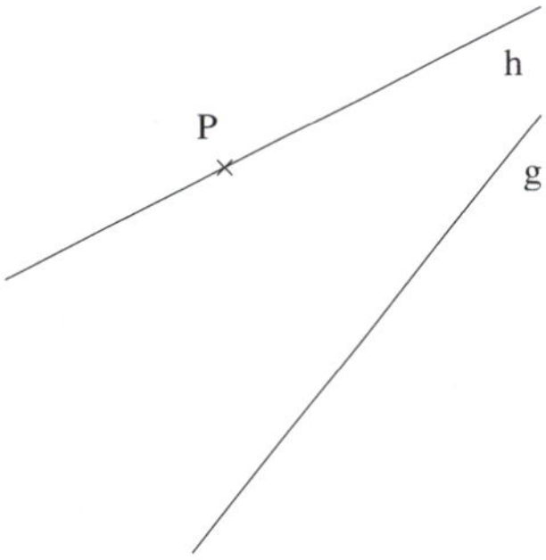


**64.** Zeichne zwei Kreise k(A; 3 cm) und k'(B; 1 cm) mit $\overline{AB} = 5$ cm.

a) Konstruiere einen Kreis $\overline{k}$, der k und k' von außen berührt.

b) Konstruiere einen Kreis $\tilde{k}$, den k und k' von innen berühren.

**65.** Im rechtwinkligen Koordinatensystem ist die Gerade h = AB mit A(2 | 1) und B(7 | 3) gegeben. Konstruiere die Menge M aller Punkte P, die von h mindestens 2 cm, aber höchstens 3,5 cm entfernt sind und zugleich von B einen geringeren Abstand als 3 cm besitzen. Gib M in der Mengenschreibweise an.

**66.** Annabells Familie, die Sellers, sucht eine Wohnung, die nicht weiter als 300 Meter vom Bahnhof entfernt sein soll, da ihr Vater zur Arbeit pendeln muss. Ihre Mutter arbeitet im Krankenhaus, deshalb möchte sie nicht weiter als 400 Meter davon entfernt wohnen. Krankenhaus und Bahnhof liegen 500 Meter auseinander und genau in der Mitte liegt eine gefährliche Kreuzung. Da Annabells Bruder noch klein ist, wollen die Sellers mindestens 50 Meter davon entfernt wohnen. Schraffiere den Bereich, in dem sich die Sellers eine Wohnung suchen könnten.

**67.** In einem rechtwinkligen Koordinatensystem sind die Geraden $g_1 = AB$ und $g_2 = CD$ mit $A(0|3)$, $B(7{,}5|0)$, $C(2|7)$ und $D(9{,}5|4)$ festgelegt. Dabei gilt, dass $g_1$ und $g_2$ parallel zueinander sind.

a) Konstruiere den Kreis, der die Geraden $g_1$ und $g_2$ berührt und durch den Punkt C geht.

b) Konstruiere die Kreise, die $g_1$ und $g_2$ berühren und durch den Punkt $P(6{,}5|1{,}5)$ gehen.

c) Ein Kreis um den Punkt P hat den Radius 5 cm. Innerhalb welcher Grenzen ist der Radius r' eines Kreises um den Ursprung $O(0|0)$ zu wählen, damit die Schnittmenge der beiden Kreislinien aus zwei Punkten besteht?

**68.** Beschreibe die Konstruktion der Kreismittelpunkte M, N und S mithilfe der Punkte A, B, C, D, E und F.

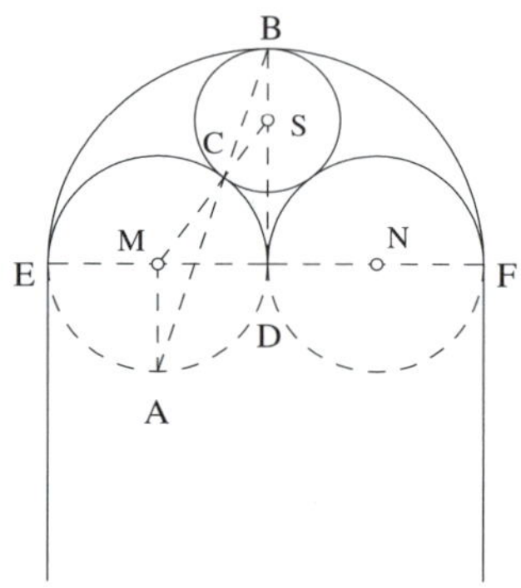


**69.** Beweise: Die Menge der Mittelpunkte aller Kreise, die zwei gegebene konzentrische Kreise mit den Radien r und r' berühren, ist der zu den beiden Kreisen konzentrische Mittelkreis mit dem Radius $R = \frac{r + r'}{2}$.

# 7 Kreis und Tangente

Eine Gerade heißt **Sekante s**, wenn sie zwei Punkte, **Tangente t**, wenn sie einen Punkt und **Passante p**, wenn sie keinen Punkt mit dem Kreis k(M; r) gemeinsam hat.

Es gilt:

s ist Sekante ⇔ $d(M; g) < r$

t ist Tangente ⇔ $d(M; g) = r$

p ist Passante ⇔ $d(M; g) > r$

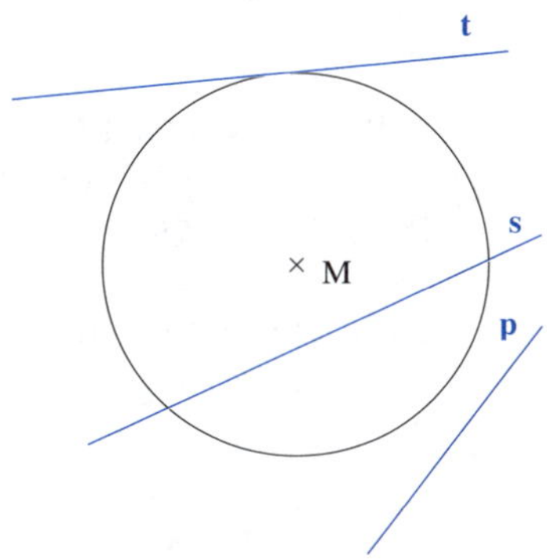


Betrachtet man die Tangente t genauer, so stellt man fest:

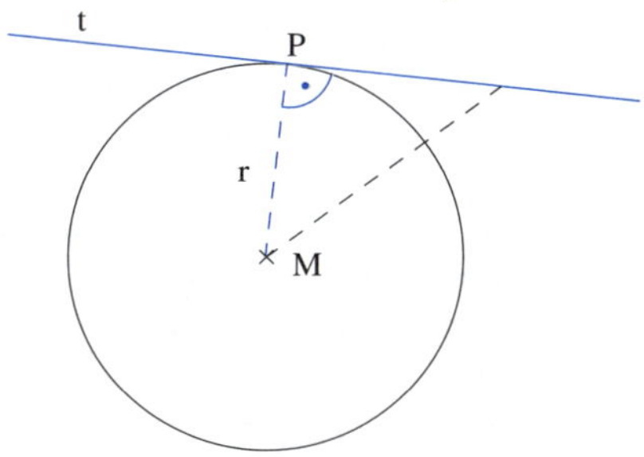


**Satz:**
Jede Kreistangente t steht auf dem Radius r durch den Berührpunkt P senkrecht.

**Begründung:** Es gilt: $\overline{MP} = r$.
Alle anderen Punkte von t liegen außerhalb des Kreises und haben damit von M eine größere Entfernung als r. Da das Lot die kürzeste Entfernung ist, gilt: $MP \perp t$.

Beispiele

1. Konstruiere die Tangente t an einen Kreis k(M; r) in einem Punkt $P \in k$.

   *Lösung:*

   Im Punkt P wird auf MP das Lot errichtet (siehe Anhang, Wiederholung Geometrie 7. Klasse, Grundkonstruktionen). Die Lotgerade ist die gesuchte Tangente t.

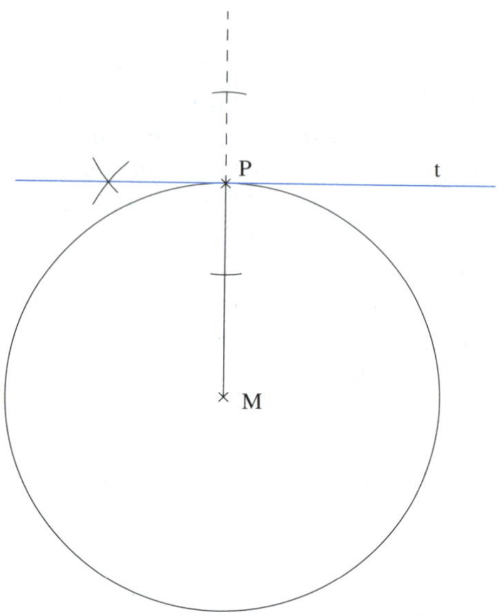


2. Konstruiere die Tangenten $t_1$, $t_2$ an einen Kreis k(M; r) von einem Punkt P aus, der außerhalb des Kreises liegt.

   *Lösung:*

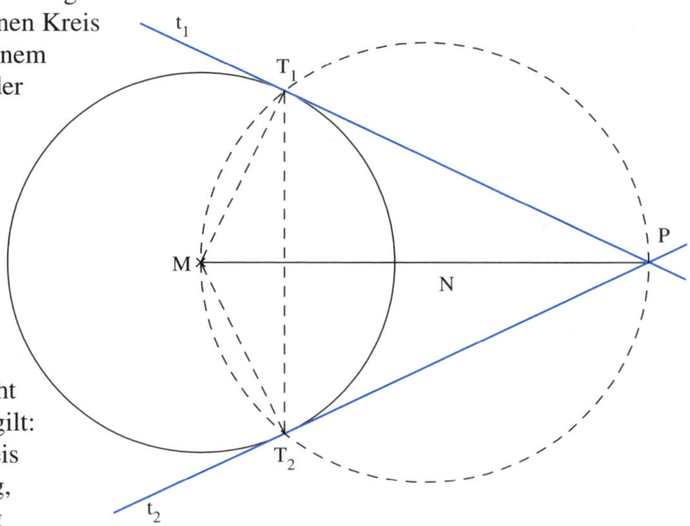


   Da in den Berührpunkten $T_1$, $T_2$ der Radius auf der Tangente senkrecht stehen muss, gilt: Der Thaleskreis (siehe Anhang, Wiederholung Geometrie 7. Klasse) über der Strecke [MP] schneidet den gegebenen Kreis in den Berührpunkten $T_1$, $T_2$ der gesuchten Tangenten, d. h. die Geraden $PT_1$ und $PT_2$ sind die gesuchten Tangenten.

Betrachtet man die Figur aus Beispiel 2, so stellt man fest:

**Satz:**

1. Der Schnittpunkt P der beiden Kreistangenten ist von den Berührpunkten $T_1$, $T_2$ gleich weit entfernt.
2. Die Verbindungsgerade PM des Tangentenschnittpunktes mit dem Kreismittelpunkt halbiert den Schnittwinkel, den zugehörigen Mittelpunktswinkel sowie die Berührsehne $[T_1T_2]$.

**Begründung:** Da die Punkte $T_1$ und $T_2$ auf dem Kreis liegen, geht die Symmetrieachse zur Sehne $[T_1T_2]$ durch den Mittelpunkt M des Kreises. Da $T_1$, $T_2$ aber auch auf dem Thaleskreis liegen, geht die Symmetrieachse auch durch den Mittelpunkt N des Thaleskreises, d. h. die Gerade MP ist Symmetrieachse und damit hat das Viereck $MT_1PT_2$ alle Eigenschaften eines Drachenvierecks. Dadurch sind die obigen Behauptungen bewiesen.

**Aufgaben**

**70.** a) Für zwei Kreise k und k' gilt: $k \cap k' = \{P\} \wedge k_i \cap k'_i = \{\ \}$.
Wie viele gemeinsame Tangenten haben k und k' (Skizze!)?

b) Wie viele gemeinsame Tangenten kann man allgemein an zwei Kreise zeichnen (Fallunterscheidung bezüglich der gegenseitigen Lage der beiden Kreise)?

**71.** Beschreibe in Worten:
Wie liegen Gerade g, Kreis k und Kreis k' zueinander, wenn gilt:
$k \cap k' = \{P\} \wedge k_a \cap k'_i = \{\} \wedge g \cap k = \{P\}$?

**72.** Konstruiere zu einem Kreis k(M; 2 cm) einen Punkt P so, dass die Tangenten von P an k einen Winkel von 50° miteinander bilden.

**73.** Konstruiere zu einem Kreis k(M; 2 cm) einen Punkt P so, dass die Strecken auf den Tangenten zwischen P und den Berührpunkten $T_1$ und $T_2$ jeweils 2 cm lang sind. Welchen Winkel schließen die beiden Tangenten miteinander ein?

**74.** Gegeben ist der Kreis k(M; r). Beschreibe in Worten, wie man den Punkt P so bestimmt, dass das Dreieck $PT_1T_2$ gleichseitig ist, wenn $T_1$ und $T_2$ die Berührpunkte der Tangenten sind.

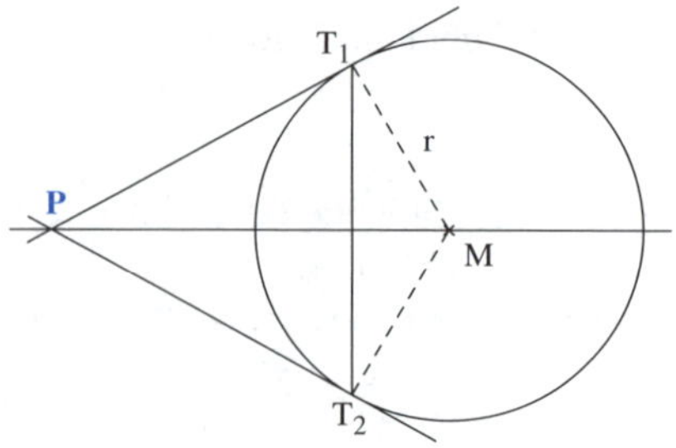


**75.** Zeichne einen Kreis k(M; 2 cm) und eine Gerade g mit d(M; g) = 4 cm. Konstruiere dann eine Tangente an k, die g unter einem Winkel von 45° schneidet. Wie viele solcher Tangenten gibt es?

**76.** Eine Maus, die 40 cm vor einer kreisrunden Pfütze (Radius 35 cm) sitzt, entdeckt genau auf der anderen Seite der Pfütze direkt am Wasser eine große Erdbeere, die sie natürlich ergattern möchte. Zeige ihr (mithilfe einer geeigneten Konstruktion) den kürzesten Weg zur Erdbeere, auf dem sie nicht nass wird.

**77.** Gegeben sind ein Kreis k(M; 2 cm) und eine Gerade g mit d(M; g) = 1 cm. Konstruiere alle Kreise mit r = 1,5 cm, die gleichzeitig den Kreis k und die Gerade g berühren.

**78.** Zeichne eine Strecke [CD] mit $\overline{CD} = 4$ cm und eine Gerade h so, dass $D \in h$ gilt und h mit der Strecke [CD] einen Winkel von 40° bildet.
Konstruiere einen Kreis k(M; r) so, dass [CD] Sehne des Kreises und h Kreistangente ist.

**79.** Gegeben sind eine Gerade g und ein Kreis k(M; 2 cm) mit d(M; g) = 6 cm. Konstruiere diejenigen Tangenten an k, die das Lot von M auf g halbieren.

**80.** Konstruiere einen Kreis k, der die parallelen Geraden $g_1$ und $g_2$ mit $d(g_1; g_2) = 4$ cm sowie eine Gerade h mit $h \nparallel g_1 \wedge h \nparallel g_2$ berührt.

**81.** In einem rechtwinkligen Koordinatensystem sind die Punkte A(2 | 6), B(6 | 1) und C(7 | 6) gegeben.

a) Konstruiere einen der möglichen Kreise k, die die Gerade g = AB berühren und durch den Punkt C gehen.

b) Konstruiere die 2. Tangente von A an den Kreis k.

**82.** Zwei Halbgeraden schneiden sich in einem Punkt P unter einem Winkel von $\alpha = 60°$.

a) Konstruiere einen Kreis k, der beide Halbgeraden so berührt, dass die Berührpunktsehne 5 cm lang ist.

b) Derjenige Schnittpunkt des Kreises k mit der Winkelhalbierenden $w_\alpha$, der näher an P liegt, wird mit Q bezeichnet. Konstruiere in Q die Tangente an den Kreis k.

c) Gibt es einen Kreis, der den Kreis k in Q und gleichzeitig die beiden Halbgeraden berührt (Begründung!)?

**83.** Beweise: Werden zwei konzentrische Kreise von einer Geraden geschnitten, so sind die zwei im Kreisring liegenden Strecken gleich lang.

# 8 Kreisvierecke

## 8.1 Tangentenviereck

Ein Viereck mit Inkreis heißt **Tangentenviereck**, weil die Seiten Tangenten an den Inkreis sind. Tangentenvierecke haben folgende Eigenschaft:

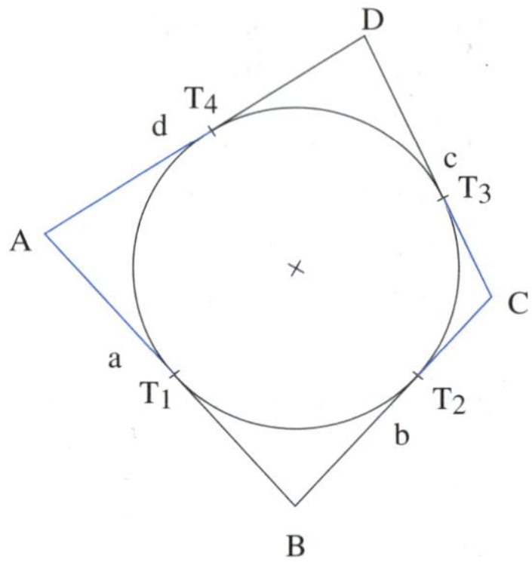


**Satz:**
Im Tangentenviereck ist die Summe der Längen von je zwei Gegenseiten gleich groß, d. h. $a+c=b+d$.

**Beweis:**

$a+c=\overline{AT_1}+\overline{BT_1}+\overline{CT_3}+\overline{DT_3}$

$b+d=\overline{BT_2}+\overline{CT_2}+\overline{DT_4}+\overline{AT_4}$

Da aber nach Kapitel 7 $\overline{AT_1}=\overline{AT_4}$ ; $\overline{BT_1}=\overline{BT_2}$ , $\overline{CT_2}=\overline{CT_3}$ und $\overline{DT_3}=\overline{DT_4}$ gilt, folgt die Behauptung, dass die Streckensummen $a+c$ und $b+d$ gleiche Strecken enthalten und damit gleich sind.

Auch der Kehrsatz stellt eine wahre Aussage dar, so dass insgesamt gilt:

Ein Viereck ist **genau dann** ein Tangentenviereck, wenn die Summen der Längen von zwei Gegenseiten gleich groß sind.

Beispiel

Konstruiere ein Tangentenviereck ABCD aus:
$c = 6$ cm, $d = 5$ cm, $\gamma = 78°$, $\delta = 57°$

*Lösung:*
*Vorüberlegung:*

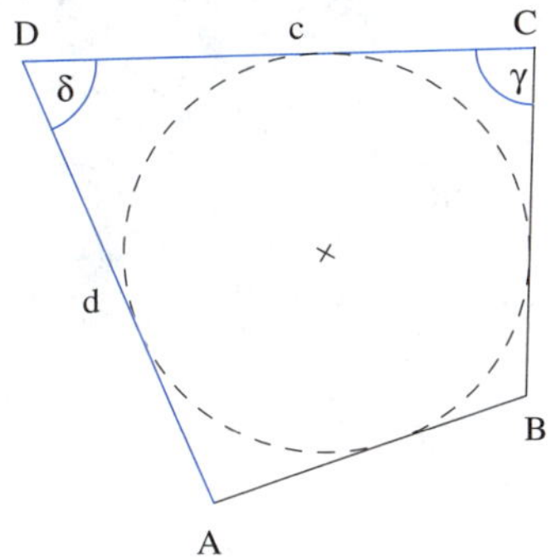


Dreieck ACD aus **sws** (d; δ; c) eindeutig konstruierbar.

B liegt:

1. auf γ
2. auf der Tangente von A an den Inkreis des Vierecks ABCD (Mittelpunkt ist der Schnittpunkt von $w_\gamma$ und $w_\delta$.)

*Konstruktion:*

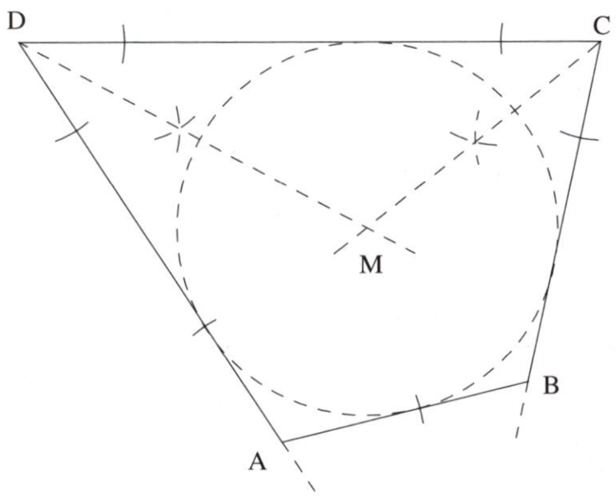

**Aufgaben**

**84.** Konstruiere ein Tangentenviereck ABCD aus:

a) $c = 4$ cm; $\gamma = 105°$, $\delta = 95°$, $\alpha = 100°$

b) $a = 6$ cm, $b = 5$ cm, $\alpha = 87°$, $\beta = 55°$

c) $a = 4{,}2$ cm, $\alpha = 100°$, $\beta = 105°$, $\gamma = 75°$

d) $b = 3$ cm, $c = 3{,}5$ cm, $d = 6$ cm, $\beta = 95°$

**85.** Eine gefräßige Ziege soll in einem Garten an einem 2 m langen Seil angebunden werden. Der Garten hat die Form eines Tangentenvierecks (mit den Daten von 84 a in m). Schraffiere den Bereich, in dem sich die Ziege bewegen kann, wenn sie im Mittelpunkt des Inkreises angebunden wird.

**86.** Gib nur die Vorüberlegung an!
Konstruiere ein Tangentenviereck ABCD aus:

a) a, d, $\alpha$, $\delta$

b) a, b, f, $\alpha$

c) b, c, $\rho$, $\gamma$ ($\rho$ = Inkreisradius)

**87.** a) Welche speziellen Vierecke sind Tangentenvierecke?

b) Welches Erkennungsmerkmal ist für ein Tangentenviereck notwendig und hinreichend?

c) Gibt es ein Tangentenviereck mit folgenden Längen:
$a = 3{,}5$ cm, $b = 5{,}5$ cm, $c = 6{,}5$ cm und $d = 6$ cm? (Begründung!)

**88.** Die Tangenten $t_1$, $t_2$, $t_3$ berühren den Kreis k in den Punkten P, Q, R.
Beweise:
$\overline{AB} = \overline{PA} + \overline{QB}$

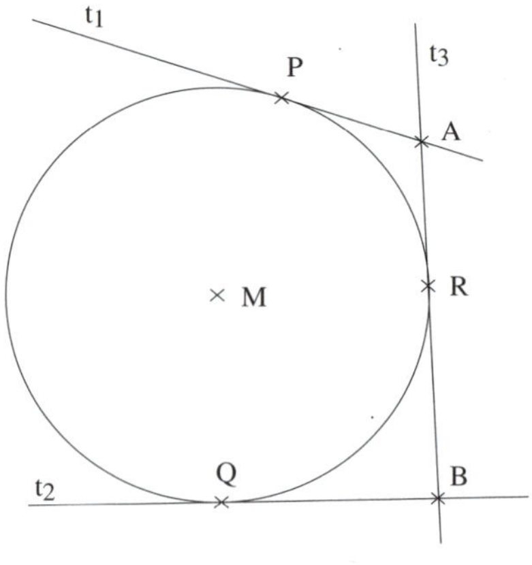


**89.** Beweise: Besitzt ein Parallelogramm einen Inkreis, so ist es eine Raute.

## 8.2 Sehnenviereck

Ein Viereck mit Umkreis heißt **Sehnenviereck**, weil die Seiten des Vierecks Sehnen des Kreises sind. Sehnenvierecke haben folgende Eigenschaft:

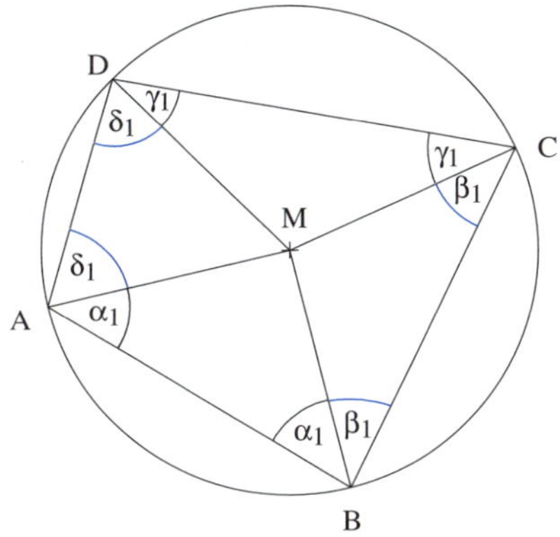


> **Satz:**
> Im Sehnenviereck ergeben je zwei Gegenwinkel zusammen 180°, d. h. $\alpha+\gamma=\beta+\delta=180°$.

**Beweis:**
Es entstehen vier gleichschenklige Dreiecke (siehe Skizze).

$\alpha+\beta+\gamma+\delta=360°$

$\alpha_1+\delta_1+\alpha_1+\beta_1+\beta_1+\gamma_1+\gamma_1+\delta_1=360°$

$2\cdot(\alpha_1+\beta_1+\gamma_1+\delta_1)=360° \Rightarrow \alpha_1+\beta_1+\gamma_1+\delta_1=180°$

Wegen $\alpha+\gamma=\alpha_1+\delta_1+\beta_1+\gamma_1=180°$ folgt die Behauptung.

Auch der Kehrsatz stellt eine wahre Aussage dar, sodass insgesamt gilt:

> Ein Viereck ist **genau dann** ein Sehnenviereck, wenn die Winkelsumme zweier Gegenwinkel 180° beträgt.

Beispiel

Konstruiere ein Sehnenviereck ABCD aus:
$a = 6{,}5$ cm, $b = 5{,}4$ cm, $\alpha = 70°$, $\beta = 105°$

*Lösung:*
*Vorüberlegung:*

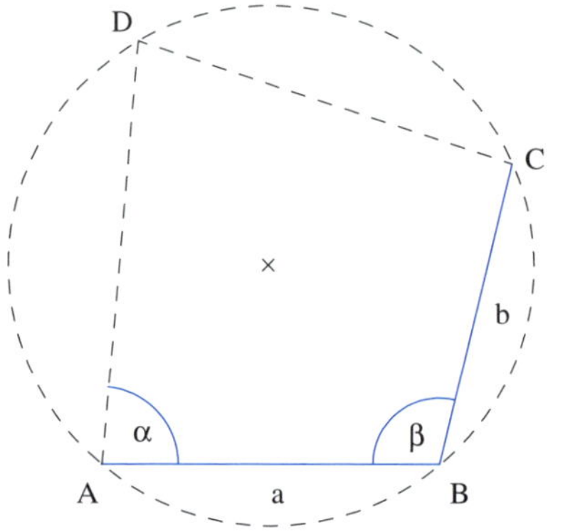


Dreieck ABC aus **sws** (a; β; b) eindeutig konstruierbar.

D liegt:
1. auf α
2. auf dem Umkreis des Dreiecks ABC (M ist der Schnittpunkt der Mittelsenkrechten $m_a$ und $m_b$)

*Konstruktion:*

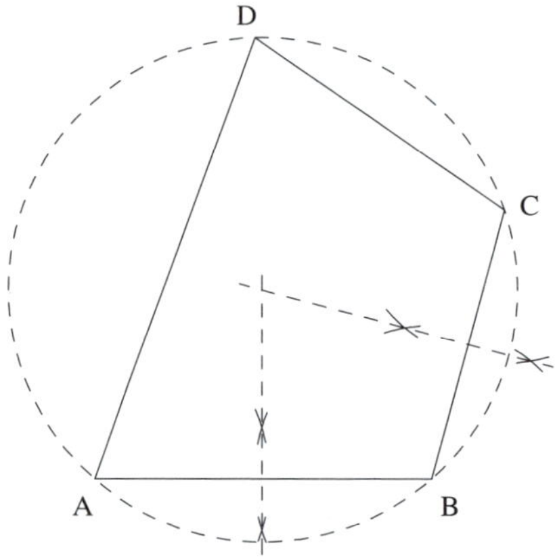


Maßstab 1 : 2

**Aufgaben** **90.** Konstruiere ein Sehnenviereck ABCD aus:

a) $a = 4$ cm, $d = 5$ cm, $c = 2$ cm, $\alpha = 60°$

b) $a = 6$ cm, $b = 5$ cm, $f = 7$ cm, $\alpha = 112°$

c) $a = 6$ cm, $b = 5$ cm, $c = 6{,}8$ cm, $\alpha = 110°$

d) $a = 5$ cm, $b = 6$ cm, $c = 4$ cm, $e = 7$ cm

**91.** Gib nur die Vorüberlegung an! Konstruiere ein Sehnenviereck ABCD aus:

a) a, b, c, $\beta$

b) a, r, $\alpha$, $\beta$ (r = Umkreisradius)

c) a, b, f, $\beta$

d) a, e, $\beta$, $\gamma$

**92.** a) Welche speziellen Vierecke sind Sehnenvierecke?

b) Welches Erkennungsmerkmal ist für ein Sehnenviereck notwendig und hinreichend?

c) Welche Vierecke sind zugleich Sehnen- und Tangentenvierecke?

d) Welche Gestalt hat ein Parallelogramm mit Umkreis?

**93.** Bestimme die fehlenden Winkel eines Sehnenvierecks, wenn gilt:

a) $\alpha = 70°$ und $\beta = 2\delta$

b) $\gamma = 2\alpha$ und $\delta = 2\beta$

c) $\beta = 5\delta$ und $\alpha = 3\gamma$

d) $\alpha = 4\beta$ und $\beta = 2\gamma$

**94.** Welche Aussage ist wahr (w), welche falsch (f)? Bilde dann jeweils den Kehrsatz und überprüfe dessen Wahrheitswert.

| | w | f |
|---|---|---|
| a) Jedes Sehnenviereck ist ein Rechteck. | ☐ | ☐ |
| b) Jedes punktsymmetrische Viereck ist ein Sehnenviereck. | ☐ | ☐ |
| c) Wenn sich in einem Viereck zwei gegenüberliegende Winkel zu 180° ergänzen, dann ist das Viereck ein Sehnenviereck. | ☐ | ☐ |
| d) Jedes Drachenviereck ist ein Sehnenviereck. | ☐ | ☐ |

**95.** Beweise: Die Endpunkte zweier paralleler Sehnen eines Kreises sind die Ecken eines gleichschenkligen Trapezes.

**96.** a) Konstruiere ein Sehnenviereck ABCD aus $a = 4{,}7$ cm, $b = 5{,}4$ cm, $\alpha = 100°$ und $\delta = 80°$.

b) Zeichne dann die Diagonalen in das Viereck aus Teilaufgabe a ein und beweise, dass diese das Viereck in vier Dreiecke zerlegen, von denen jeweils zwei in den Winkeln übereinstimmen. (Beweis nur für zwei Dreiecke!)

# 9 Umfangswinkelsatz und Fasskreisbogenpaar

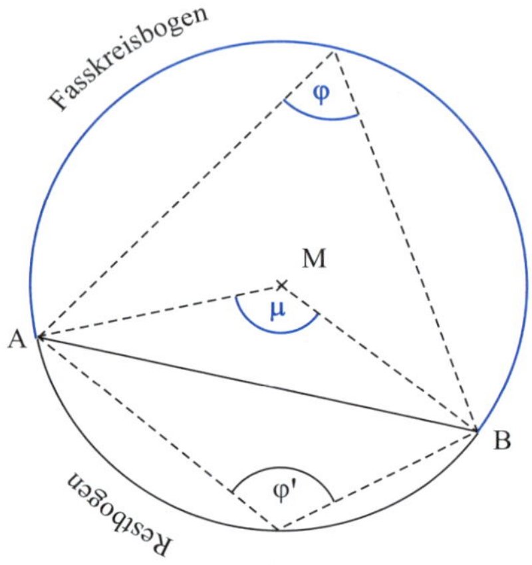


Folgende Bezeichnungen sind üblich:

**Mittelpunktswinkel $\mu$:**
Winkel, unter dem die Sehne [AB] vom Mittelpunkt M aus erscheint.

**Umfangswinkel $\varphi$:**
Winkel, unter dem die Sehne [AB] von einem Punkt P des Kreises aus erscheint.

**Fasskreisbogen $\overset{\frown}{AB}$:**
Kreisbogen von A nach B, der den Scheitel des Umfangswinkels $\varphi$ trägt (umfasst). Der zweite Kreisbogen (im Winkelfeld von $\varphi$) heißt der **Restbogen**. Er umfasst den Umfangswinkel $\varphi'$, d. h. ist dessen Fasskreisbogen.

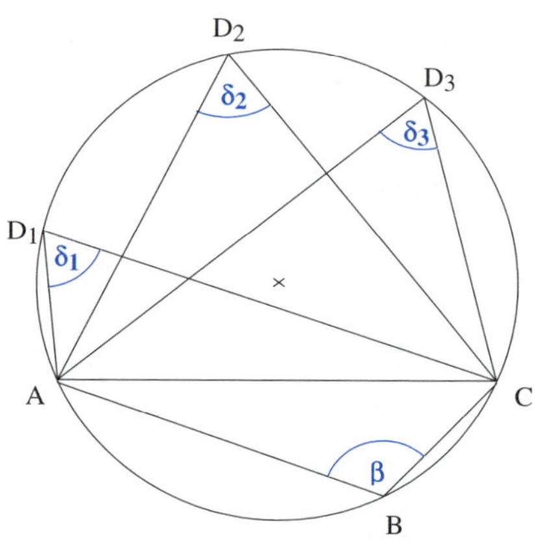


Die Vierecke $ABCD_1$, $ABCD_2$, $ABCD_3$ sind Sehnenvierecke mit dem gemeinsamen Winkel $\beta$. Da sich gegenüberliegende Winkel zu 180° ergänzen müssen, gilt $\delta_1 = \delta_2 = \delta_3$. Damit gilt der

> **Umfangswinkelsatz**
>
> Die Umfangswinkel zum selben Fasskreisbogen sind gleich groß.

**Sonderfall:**
Ist die Kreissehne ein Durchmesser, so ergibt sich der Satz des Thales.

Vergleicht man Mittelpunktswinkel $\mu$ und Umfangswinkel $\varphi$, so stellt man fest:

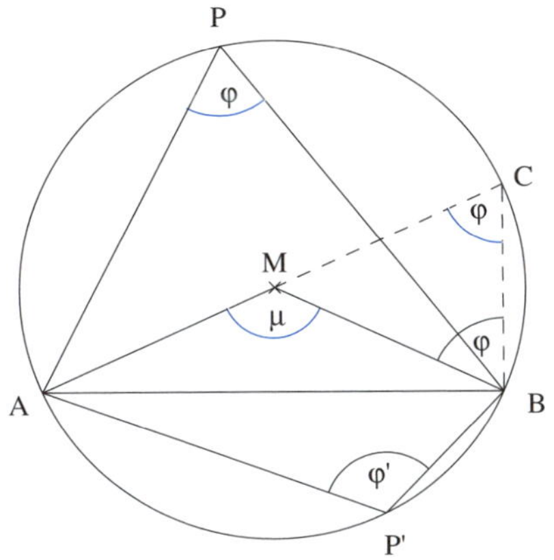


> **Satz:**
> Der Mittelpunktswinkel $\mu$ zu einer Sehne ist doppelt so groß wie der zum größeren Fasskreisbogen gehörende Umfangswinkel $\varphi$,
> d. h. $\mu = 2 \cdot \varphi$.

**Beweis:**
Verlängert man [AM] bis C, so ist [AC] ein Durchmesser des Kreises. Das Dreieck BCM ist gleichschenklig, da [CM] und [BM] Radien sind. Mit dem Satz vom Außenwinkel gilt die Behauptung $\mu = 2 \cdot \varphi$.

Aus der Eigenschaft des Sehnenvierecks folgt der **Satz:**

> Jeder Umfangswinkel zu einem Fasskreisbogen ergänzt den Umfangswinkel über dem Restbogen zu 180°, d. h. $\varphi + \varphi' = 180°$.

Mit den obigen Sätzen gilt, dass eine Sehne im Kreis von allen Punkten des Fasskreisbogens unter dem Winkel $\varphi$ und vom Restbogen unter dem Winkel $\varphi' = 180° - \varphi$ gesehen wird. Damit ergibt sich eine neue Punktmenge, die im folgenden Satz beschrieben wird.

> **Satz vom Fasskreisbogenpaar**
> Die Menge aller Punkte, von denen aus eine Strecke [AB] **unter einem Winkel $\varphi$** erscheint, ist das Fasskreisbogenpaar zum Winkel $\varphi$ über der Strecke [AB].

### Konstruktion des Fasskreisbogenpaares zum Winkel φ über der Strecke [AB]

Man zeichnet zur Strecke [AB] die Symmetrieachse und trägt in A (oder B) den Winkel $90° - φ$ an. Der Schnittpunkt der Symmetrieachse mit dem Schenkel des Winkels ist der Mittelpunkt M des einen Fasskreisbogens. Der zweite Bogen des Paares liegt symmetrisch bezüglich der Strecke [AB] zum ersten Fasskreisbogen, d. h. M' ist der Mittelpunkt des zweiten Fasskreisbogens.

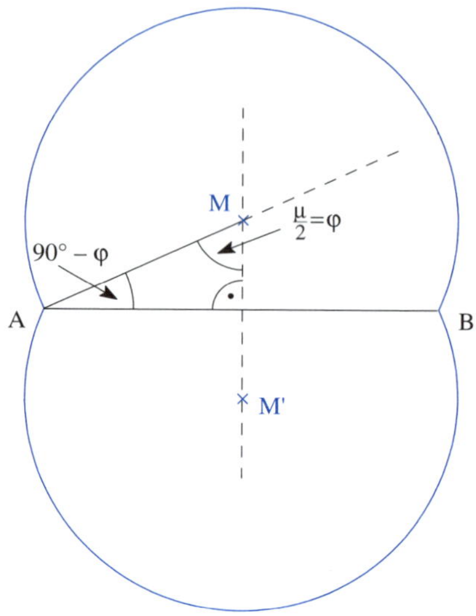

Beispiele

Konstruiere das Fasskreisbogenpaar über der Strecke [AB] mit AB = 4 cm:

1. zum Winkel 50°

   *Lösung:*

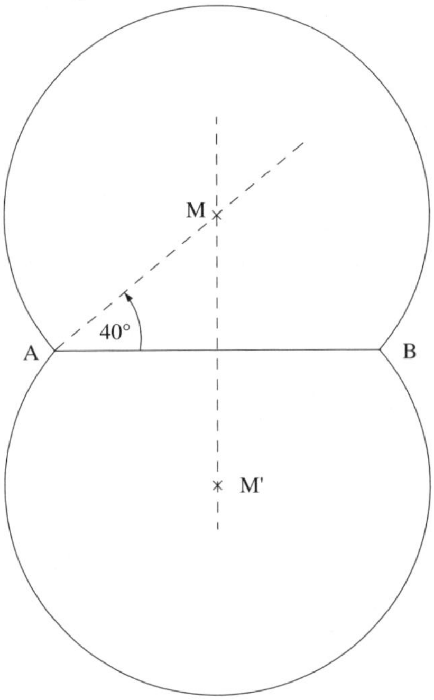


2. zum Winkel 120°

   *Lösung:*

   Man konstruiert die Mittelpunkte des Fasskreisbogenpaares zum Winkel 180° − 120° = 60° und zeichnet die Restbogen.

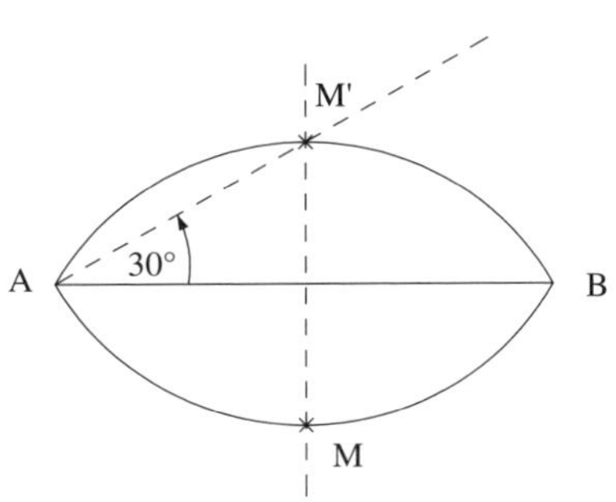

**Aufgaben**

**97.** Wo liegen alle Punkte, die eine gegebene Strecke [AB] unter einem

a) spitzen Winkel,

b) stumpfen Winkel sehen?

**98.** Von welchen Plätzen aus kann man die Bühne unter einem Winkel von 40° sehen?

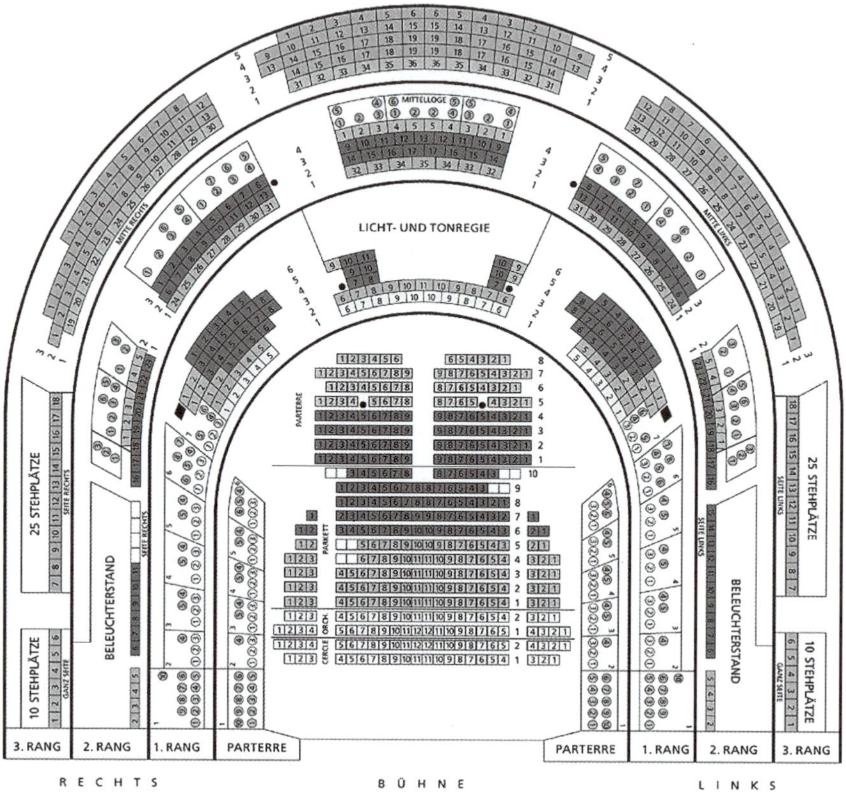


**99.** a) Bestimme die Maßzahl des Mittelpunktswinkels μ, der so groß ist wie der Umfangswinkel φ' über dem Restbogen.

b) Berechne den Mittelpunktswinkel μ, der nur ein Viertel so groß ist wie der Umfangswinkel φ' über dem Restbogen.

c) Ein Umfangswinkel φ und der zugehörige Mittelpunktswinkel μ ergeben zusammen 210°. Wie groß sind die Winkel?

d) In einem Kreis ist der Mittelpunktswinkel μ um 75° größer als der zum Restbogen gehörende Umfangswinkel φ'. Wie groß ist μ?

**100.** Konstruiere für die Strecke [AB] mit $\overline{AB} = 5$ cm die Punktemenge $M = \{P \mid \sphericalangle APB > 80° \wedge \overline{BP} > 3 \text{ cm}\}$ und kennzeichne sie.

**101.** Es sei $\overline{AB} = 4$ cm. Konstruiere die Punktemenge $M = \{P \mid \overline{PA} < \overline{PB} \wedge \sphericalangle APB \geq 90°\}$ und kennzeichne sie.

**102.** In einem rechtwinkligen Koordinatensystem sind die Punkte A(2|5) und B(8|2) gegeben.
Konstruiere die Punktemenge $M = \{P \mid 50° \leq \sphericalangle APB \leq 120°\}$ und kennzeichne sie.

**103.** In einem rechtwinkligen Koordinatensystem sind die Punkte A(6|7), B(9|3), C(4|8) und D(7|4) gegeben. Kennzeichne alle Punkte, von denen aus die Strecke [AB] unter einem Winkel von 40° und zugleich die Strecke [CD] unter einem Winkel von 100° erscheinen.

**104.** In einem rechtwinkligen Koordinatensystem sind die Punkte A(2|6), B(5|2) und C(10|2) gegeben. Konstruiere die Punktemenge $M = \{P \mid \sphericalangle APB \leq 60°\} \cap \{P \mid \sphericalangle BPC \geq 90°\}$ und kennzeichne sie.

**105.** Gib nur die Vorüberlegung an! Konstruiere ein Dreieck ABC aus:

a) $b, s_b, \beta$ b) $h_b, s_a, \gamma$

c) $b, h_b, \beta$ d) $b, h_c, \beta$

**106.** Konstruiere ein Parallelogramm ABCD aus:

a) $d = 5$ cm, $e = 8$ cm, $\alpha = 60°$ b) $e = 6$ cm, $f = 8$ cm, $\alpha = 110°$

**107.** Konstruiere im Inneren des Dreiecks einen Punkt P, von dem aus alle drei Seiten des Dreiecks unter dem gleichen Winkel gesehen werden.
Zeichne ein Dreieck ABC mit $a = 5$ cm, $b = 6$ cm und $c = 4$ cm.

**108.** Beschreibe in Worten: In einen Kreis k(M; r) ist eine Sehne s so einzuzeichnen, dass einer der beiden zugehörigen Umfangswinkel den Wert $\varphi$ besitzt.

**109.** Kaiser Augustus möchte von seiner Loge am Rand des kreisförmigen Amphitheaters aus die Bühne genau unter einem Winkel von 60° sehen. Beschreibe in Worten, wie die Bauherrn vorgehen mussten, um ihm seinen Wunsch zu erfüllen.

**110.** Berechne unter Verwendung der Sätze über *Winkel am Kreis* in Abhängigkeit vom Winkel $\varphi$ die Winkel $\alpha$, $\beta$ und $\gamma$.

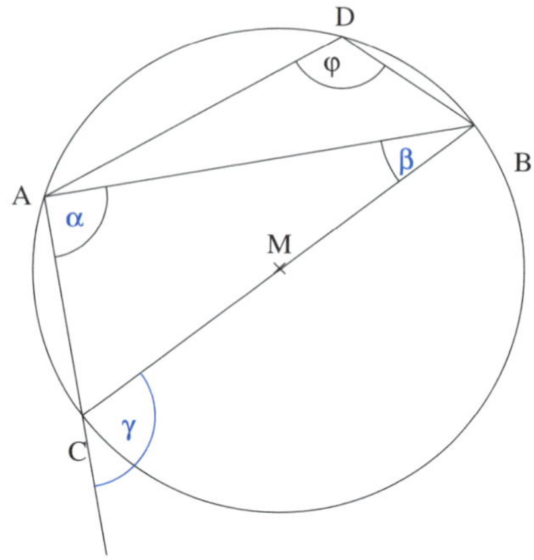


**111.** Von einem Sehnenviereck ABCD kennt man den Winkel $\beta$. Ferner gilt:
$\overline{AB} = \overline{AD} = \overline{DC}$
Berechne in Abhängigkeit von $\beta$ die Mittelpunktswinkel $\mu_1$, $\mu_2$, $\mu_3$, $\mu_4$ sowie die Innenwinkel $\alpha$, $\gamma$ und $\delta$ des Vierecks ABCD.

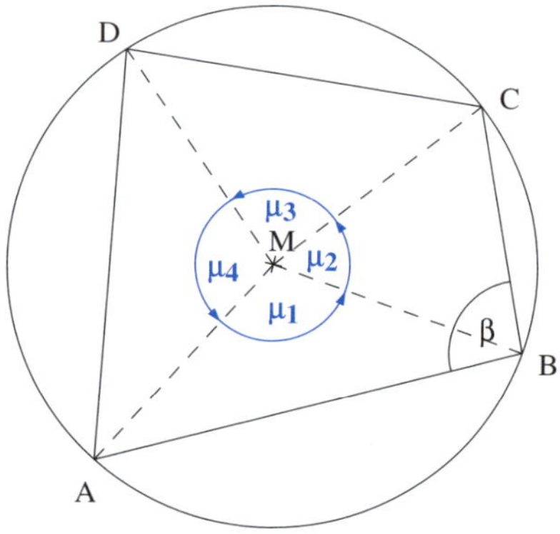


**112.** In einem rechtwinkligen Koordinatensystem sind die Punkte A(1 | 2) und B(6 | 1) gegeben.

a) Konstruiere das Fasskreisbogenpaar über der Sehne [AB] zum Umfangswinkel $\varphi = 50°$.

b) M sei der Mittelpunkt des oberen Fasskreisbogens. Konstruiere auf diesem Fasskreisbogen einen Punkt C so, dass $\overline{BC} = \overline{BM}$ gilt.

c) Gib die Größen der Winkel ∢ BMC und ∢ AMB an.

d) Konstruiere die Mittelsenkrechte m zur Seite [AC] und bestimme den Schnittpunkt S mit dem oberen Fasskreisbogen. Wie groß ist der Winkel ∢ ASC? (Begründung!)

**113.** In der nebenstehenden Skizze ist $\mu$ der Mittelpunktswinkel zur Sehne [AB]. Die Mittelsenkrechte zu [AB] schneidet den Kreis in C. D sei ein beliebiger Punkt auf dem Kreisbogen über [AB].

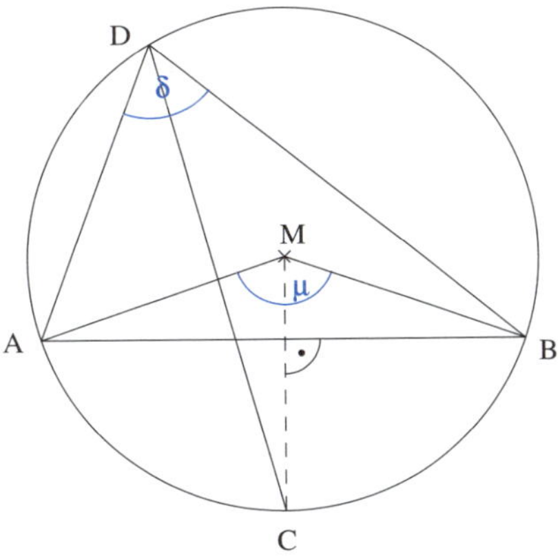


a) Welcher Zusammenhang besteht zwischen den Winkeln $\mu$ und $\delta$?

b) Begründe den ähnlich einfachen Zusammenhang zwischen $\mu$ und ∢ ADC.
Welche besondere Linie ist demnach [DC]?

**114.** Auf einer Landkarte haben drei Punkte die folgenden Koordinaten in einem rechtwinkligen Koordinatensystem: A(0 | 0), B(6 | 7,5), C(7 | 2,5).
Die Landkarte wurde auf einem alten Dachboden zusammen mit einem Zettel gefunden, der die Lage eines vergrabenen Schatzes wie folgt beschreibt:

- Der Schatz liegt von den Punkten B und C gleich weit entfernt.
- Steht man auf dem Lageplatz des Schatzes, so sieht man die Punkte A und B unter einem Winkel von 80°.
- Der Schatz befindet sich näher am Punkt C als am Punkt A.

Bestimme durch Konstruktion den Ort des Schatzes auf der Karte.

**115.** Auf der folgenden Skizze ist eine Schatzkarte abgebildet. Die Übersetzung des Textes auf ihrer Rückseite lautet: „Siehst du von deiner Position aus die Strecke vom *toten Baum* bis zum *Piratennest* unter dem Winkel 50° und die Entfernung von der *Schweinebucht* bis zur *Kanone* unter 120°, so fange an zu graben.“
Bestimme konstruktiv auf der Karte die Stelle, an der der Schatz versteckt ist. Welches Problem tritt auf?

**116.** Ein Feierabendkapitän findet sich im Novembernebel auf dem Bodensee nicht mehr zurecht. Er erkennt aber die hellen Notblinkleuchten von Immenstaad (I), Langenargen (L) und Romanshorn (R). Er stellt durch Peilung fest, dass er die Strecke [IR] unter 90° und die Strecke [RL] unter 120° sieht. Nun konstruiert er in der Karte seinen momentanen Standpunkt. Führe die Konstruktion auf der folgenden Karte aus.

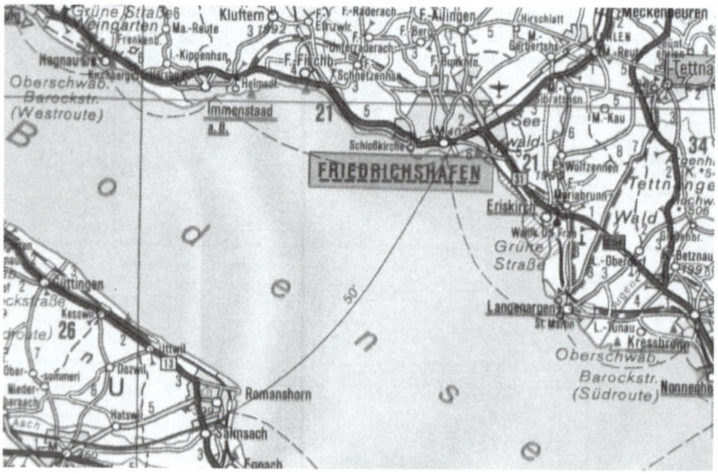

**117.** In der gegebenen Figur gilt für den Umfangswinkel $\varphi = 75°$.
Bestimme die Winkel $\alpha$ und $\beta$ und gib die dabei verwendeten Gesetzmäßigkeiten an.

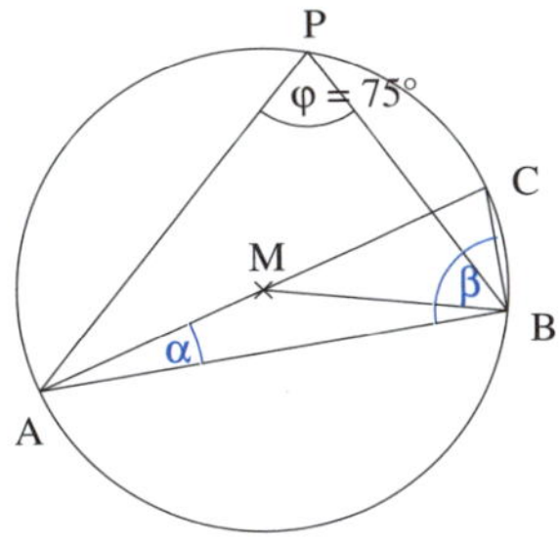


**118.** Beweise anhand der Skizze: Zieht man durch den Berührpunkt P zweier Kreise eine Gerade, so gehören zu den ausgeschnittenen Sehnen gleiche Mittelpunktswinkel $\mu$ und $\mu'$.

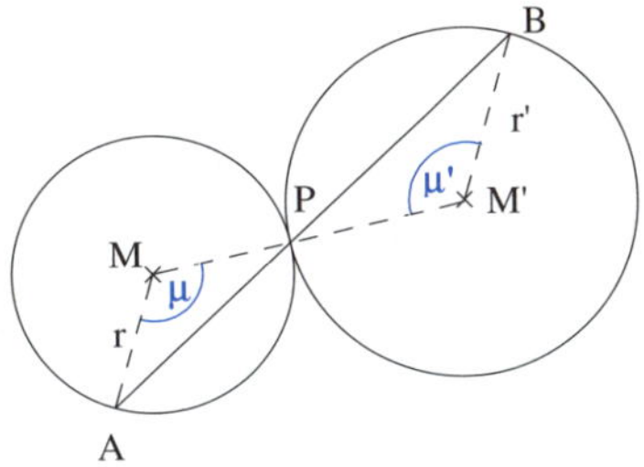


**119.** Beweise anhand der Skizze:

a) $\sphericalangle PBA = \frac{\mu}{2}$

b) $\sphericalangle CBA = \frac{\mu}{4}$

Gib die zur Begründung verwendeten Sätze in Stichpunkten an.

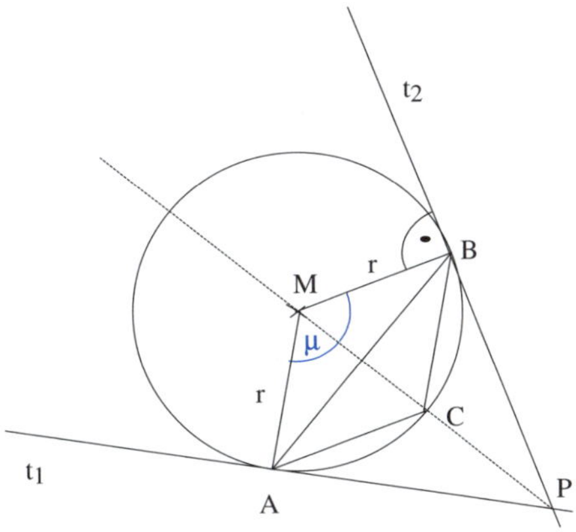

# 10 Reguläre (regelmäßige) Vielecke

Ein Vieleck heißt ein **reguläres n-Eck**, wenn es n gleiche Seiten und einen Umkreis besitzt. Verbindet man die Eckpunkte mit dem Mittelpunkt M, so entstehen nach dem sss-Satz n kongruente gleichschenklige Dreiecke. Da das reguläre Vieleck bereits durch ein solches Dreieck festgelegt ist, heißt dieses Dreieck auch **Bestimmungsdreieck**. Es gilt:

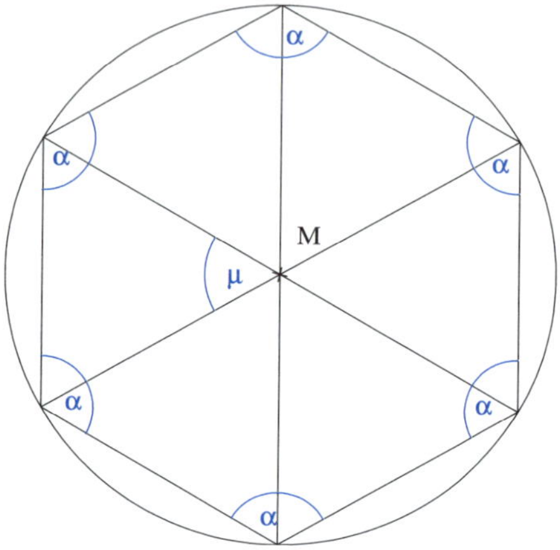


**Satz:**
In einem **regulären Vieleck** (n-Eck) gilt:
1. $\mu = \frac{360°}{n}$
2. $\alpha = \frac{(n-2) \cdot 180°}{n}$
3. Es besitzt einen Inkreis.

**Begründung:**

zu 1. Der volle Winkel 360° wird in n gleiche Teile geteilt, d. h. $\mu = \frac{360°}{n}$.

zu 2. In jedem Bestimmungsdreieck gibt es zwei gleiche Basiswinkel $\frac{\alpha}{2}$, für deren Summe gilt:

$$\alpha = 180° - \mu = 180° - \frac{360°}{n} = \frac{180° \cdot n - 360°}{n} = \frac{(n-2) \cdot 180°}{n}.$$

zu 3. Alle Seiten des n-Ecks haben vom Mittelpunkt M den gleichen Abstand, nämlich die Höhe des gleichschenkligen Dreiecks. Die ist auch der Radius des Inkreises.

Ein reguläres n-Eck ist bei vorgegebener Kantenlänge genau dann konstruierbar, wenn der Mittelpunktswinkel $\frac{360°}{n}$ und damit auch die Basiswinkel konstruierbar sind.
Da die Winkel aus den Reihen 90°, 45°, … sowie 60°, 30°, 15°, … konstruierbar sind, kann man reguläre Vier-, Acht-, Sechs-, Zwölf- und 24-Ecke konstruieren. Da es auch die Möglichkeit der Konstruktion der Winkel aus der Serie 72°, 36°, … gibt, kann man alle regulären Vielecke konstruieren, deren Winkel sich durch Halbierung, Verdopplung, Differenz- und Summenbildung aus den drei Serien ergeben.

Nicht konstruieren lassen sich z. B. reguläre n-Ecke für n=7, 9, 13. Dagegen lässt sich ein reguläres 17-Eck konstruieren, da der berühmte Mathematiker Carl Friedrich Gauß 1796 gezeigt hat, dass alle n-Ecke konstruierbar sind, wenn für die Eckenzahl n gilt:

$n = 2^{2^k} + 1$, d. h. konstruierbar sind n-Ecke für $n = 2^{2^1} + 1 = 4 + 1 = 5$,

$2^{2^2} + 1 = 16 + 1 = 17$, $2^{2^3} + 1 = 256 + 1 = 257$, $2^{2^4} + 1 = 65\,536 + 1 = 65\,537$, ...

Beispiele

1. Ein reguläres n-Eck hat einen Mittelpunktswinkel von 24°. Wie groß ist n?

   *Lösung:*

   $\mu = \frac{360°}{n} \Rightarrow n = \frac{360°}{\mu} = \frac{360°}{24°} = 15$

   $\Rightarrow$ Es handelt sich um ein reguläres 15-Eck.

2. Ein reguläres n-Eck hat eine Innenwinkelsumme von 3 600°. Wie groß ist n?

   *Lösung:*

   $(n-2) \cdot 180° = 3\,600° \Rightarrow n-2 = 3\,600° : 180° = 20 \Rightarrow n = 22$

   $\Rightarrow$ Es handelt sich um ein reguläres 22-Eck.

Aufgaben

**120.** Ein reguläres Vieleck hat eine Innenwinkelsumme von 1 800°. Wie groß ist ein Mittelpunktswinkel $\mu$?

**121.** a) Konstruiere ein reguläres Sechseck mit der Seitenlänge 2,5 cm, dessen Umkreis und dessen Inkreis.

b) Konstruiere in den gleichen Umkreis ein reguläres 12-Eck.

**122.** Konstruiere in einen Kreis mit Radius 3 cm eine verkleinerte Version des achteckigen Deckels der nebenstehenden Verpackung.

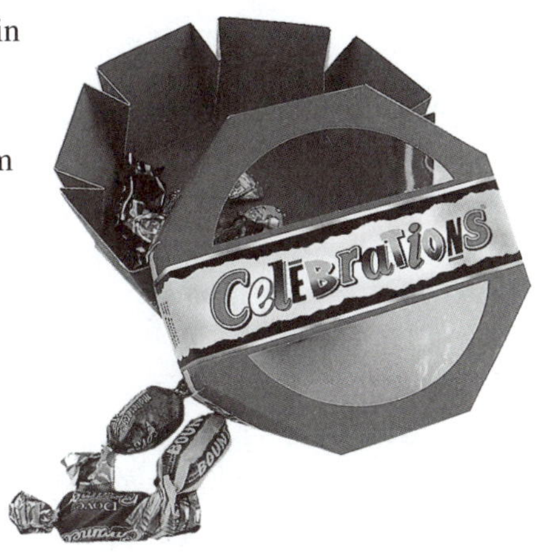

# Flächenmessung

Dass man Wohnungen, Häusern und Grundstücken eine bestimmte Fläche zuordnen kann, das weißt du bestimmt schon. Im folgenden Kapitel lernst du, wie man solche Flächen berechnen kann. Vielleicht vermisst du dann ganz schnell mal dein Zimmer ...

# 11 Flächeninhalt

Jede geschlossene Linie der Zeichenebene umgrenzt ein endliches **Flächenstück** mit einem bestimmten **Flächeninhalt**. Die Maßzahl des Flächeninhalts bekommt man durch Vergleich mit einer **Einheitsfläche**. Als Flächeneinheiten verwendet man Quadrate mit den Längeneinheiten als Seiten.

| Seitenlänge des Einheitsquadrates | 1 mm | 1 cm | 1 dm | 1 m | 10 m | 100 m | 1 km |
|---|---|---|---|---|---|---|---|
| Bezeichnung der Flächeneinheit | 1 $mm^2$ | 1 $cm^2$ | 1 $dm^2$ | 1 $m^2$ | 1 a | 1 ha | 1 $km^2$ |

Die Umwandlungszahl von einer Einheit in die andere ist 100, d. h.

$1\,km^2 = 100\,ha$

$1\,ha = 100\,a$

$1\,a = 100\,m^2$

$1\,m^2 = 100\,dm^2$

$1\,dm^2 = 100\,cm^2$

$1\,cm^2 = 100\,mm^2$

Bei Flächen, die sich aus Quadraten und Rechtecken zusammensetzen, kann man den Flächeninhalt durch Abzählen gewinnen. Bereits früher haben wir so den Flächeninhalt von Quadrat und Rechteck gewonnen. Dabei ergab sich:

$A_Q = a \cdot a = a^2$

(Umfang $u_Q = 4 \cdot a$)

$A_R = a \cdot b$

(Umfang $u_R = 2 \cdot (a + b) = 2a + 2b$)

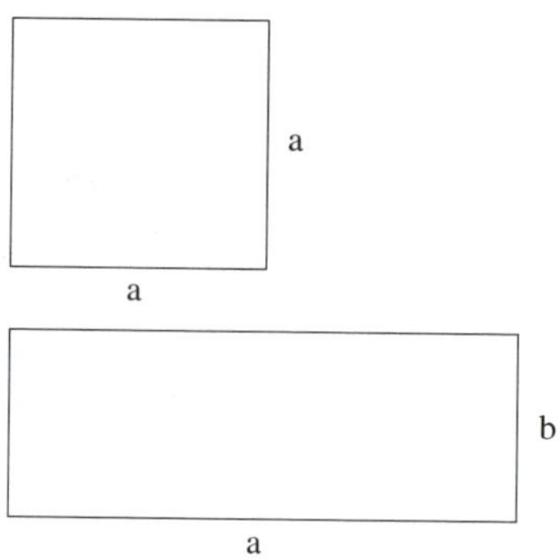

Da nicht jede Fläche mit Einheitsquadraten ausgelegt werden kann, muss man das **Messverfahren verallgemeinern**. Man verwendet dazu einige einsichtige Eigenschaften:

1. Sind zwei Flächenstücke kongruent, so besitzen sie gleichen Flächeninhalt.
2. Setzt sich eine Fläche aus zwei (oder mehreren) Teilflächen zusammen, so ist der Inhalt der Gesamtfläche gleich der Summe der Teilflächen. Daraus ergeben sich zwei nützliche Vergleichsmöglichkeiten:
   a) Zwei Flächen, die sich in gleich viele, paarweise kongruente Teilflächen zerlegen lassen, sind inhaltsgleich (**Zerlegungsgleichheit**).
   b)Zwei Flächen, die durch Hinzufügung gleich vieler, paarweise kongruenter Teilflächen zu inhaltsgleichen Flächen ergänzt werden können, waren schon (vorher) inhaltsgleich (**Ergänzungsgleichheit**).
3. Als Maßeinheit verwendet man weiterhin den Flächeninhalt eines Einheitsquadrates, z. B. 1 $m^2$. Die Maßzahl des Flächeninhalts ist nie negativ.

Beispiel

In einem rechtwinkligen Koordinatensystem wird die Fläche $A_1$ durch die Punkte A(0|0), B(6|0), C(4|3), D(5|5) und E(2|5) bestimmt, die Fläche $A_2$ durch A'(0|0), B'(5|2), C'(6|4), D'(3|4), E'(3|6) und F'(0|4).
Zeige, dass $A_1 = A_2$ gilt.

*Lösung:*

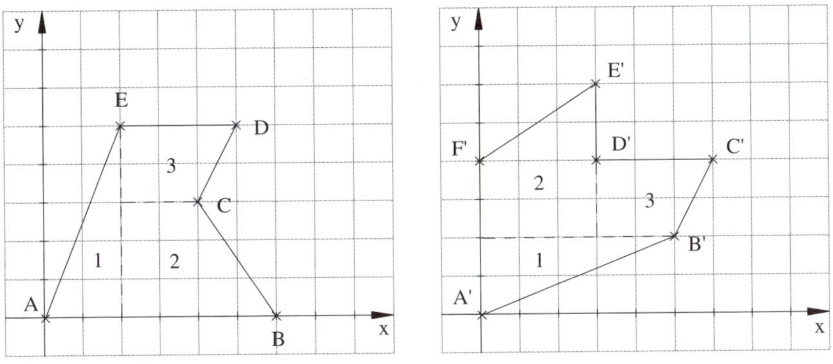


Da sich beide Flächen in die kongruenten Teilflächen 1, 2 und 3 zerlegen lassen, gilt mit dem Prinzip der Zerlegungsgleichheit $A_1 = A_2$.

Aufgaben

**123.** Nenne zwei Möglichkeiten, wie man erkennen kann, dass zwei Flächenstücke flächengleich sind. Zeichne die beiden Figuren auf dein Blatt und zeige die Flächengleichheit mit einer der beiden Möglichkeiten.

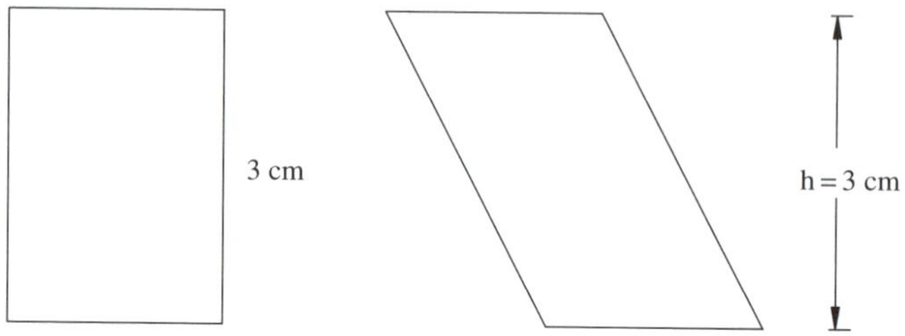


**124.** Carolin stanzt für das Bild ihrer Großeltern aus einer quadratischen Kunststoffplatte einen 4 cm breiten Rahmen heraus, der einen Flächeninhalt von 256 $cm^2$ besitzt. Welche Seitenlänge a hat die Kunststoffplatte?

**125.** Ergänze die Flächen $A_1$ und $A_2$ um kongruente Teilflächen. Zeige damit, dass $A_1 = A_2$ gilt.

a)

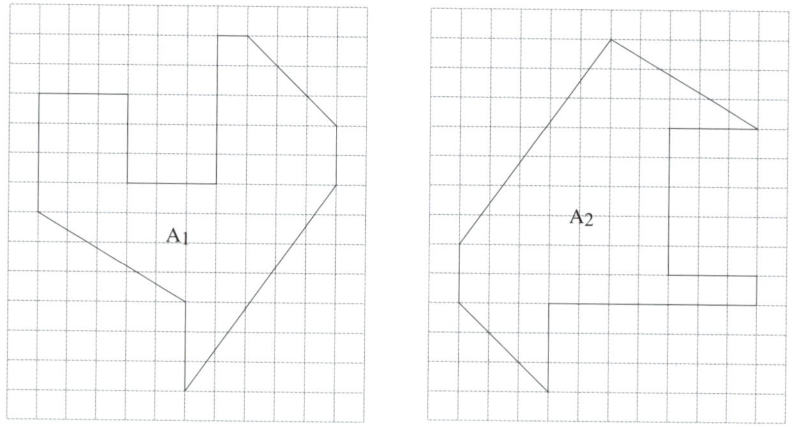

b)

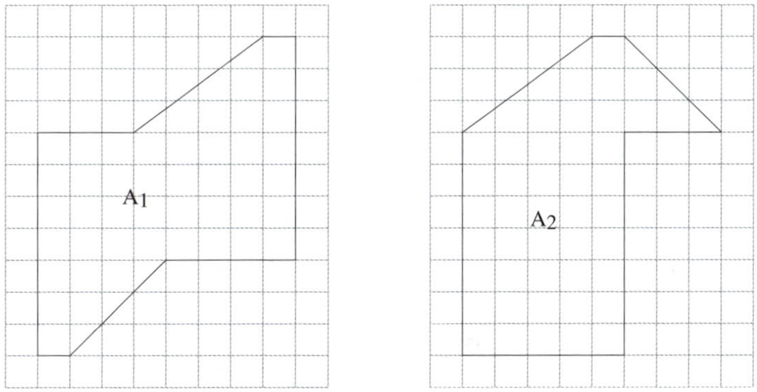


**126.** Begründe mit einem Prinzip der Zerlegungsgleichheit, dass die Flächensumme $A_1 + A_2$ der beiden Quadrate gleich dem Inhalt $A_3$ des anderen Quadrates ist.

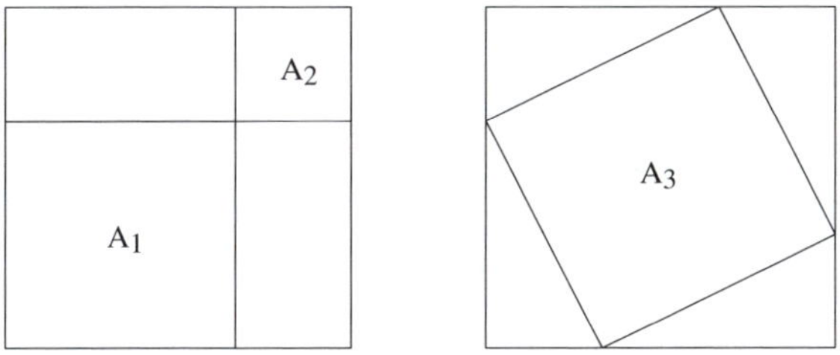

# 12 Flächenberechnungen

## 12.1 Fläche des Parallelogramms

Im Parallelogramm heiße die eine Seite **Grundlinie g** und die zugehörige **Höhe h**.
Die Dreiecke 1 und 3 sind nach dem sww-Satz kongruent, d. h. das Parallelogramm ABCD ist nach dem Prinzip der Zerlegungsgleichheit oder nach dem Prinzip der Ergänzungsgleichheit flächengleich dem Rechteck A'B'C'D', d. h. für die Fläche gilt $A_P = g \cdot h$.

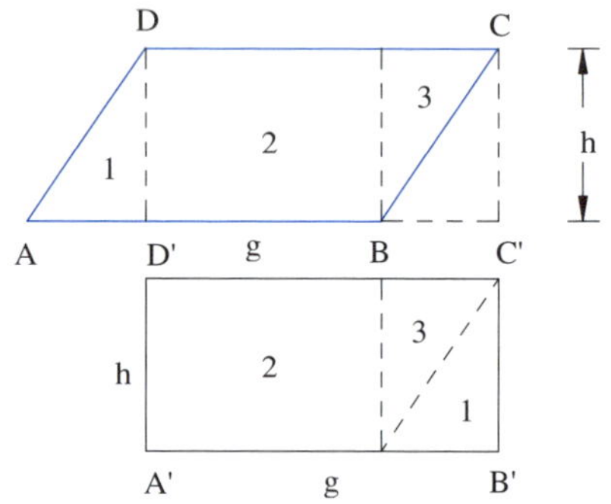


**Satz:**
Ein Parallelogramm ist flächengleich einem Rechteck, das eine Parallelogrammseite g und die Höhe h als Seiten besitzt.
$A_P = g \cdot h = a \cdot h_a = b \cdot h_b$

**Folgerung:** Alle Parallelogramme mit gleicher Grundlinie und gleicher Höhe sind flächengleich.

Beispiel

Ein Parallelogramm ABCD mit den Seiten $a = 5$ cm und $b = 4$ cm hat die Höhe $h_a = 2{,}8$ cm. Bestimme den Flächeninhalt des Parallelogramms sowie die Höhe $h_b$.

*Lösung:*

$A_P = a \cdot h_a = 5 \cdot 2{,}8\ \text{cm}^2 = 14\ \text{cm}^2$

$A_P = b \cdot h_b \Rightarrow h_b = \frac{A_P}{b} = \frac{14}{4}\ \text{cm} = 3{,}5\ \text{cm}$

Aufgaben

**127.** Ein Parallelogramm mit dem Flächeninhalt $A = 4{,}80\ dm^2$ besitzt die Höhen $h_1 = 12$ cm und $h_2 = 16$ cm. Welchen Umfang besitzt das Parallelogramm?

**128.** In einem Parallelogramm ABCD hat die Diagonale e = [AC] eine Länge von 7 cm. Die Abstände der Ecken B und D von dieser Diagonale betragen jeweils 2 cm.

a) Welchen Flächeninhalt A hat das Parallelogramm?

b) Welchen Abstand haben die beiden 6 cm langen Gegenseiten [AB] und [DC]?

**129.** Welche Höhe $h_a$ besitzt ein Parallelogramm mit der Seite a = 4,2 cm, wenn es einem Rechteck mit den Seitenlängen 6,6 cm und 4,9 cm flächengleich ist?

**130.** Ein Parallelogramm hat einen Flächeninhalt $A = 56\ cm^2$, einen Umfang u = 27 cm sowie eine Höhe h = 8 cm. Berechne die Seitenlängen des Parallelogramms.

**131.** Ein Grundstück hat die Form eines Parallelogramms mit den Seiten a und b sowie der Höhe $h_a$.
Auf dem Grundstück wird ein Haus mit rechteckiger Grundfläche gebaut, deren Länge $\frac{3}{7}$ a und deren Breite $\frac{2}{5}\,h_a$ beträgt.

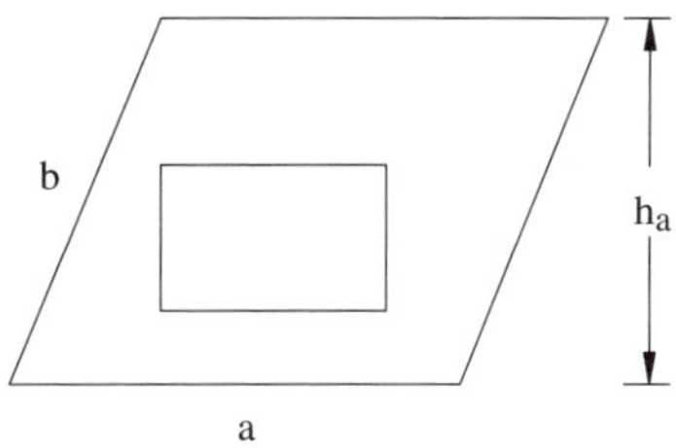


a) Welcher Prozentsatz der ursprünglichen Fläche ist nicht bebaut?

b) Bestimme die zweite Höhe $h_b$ des Parallelogramms in Abhängigkeit von a, b, $h_a$.

**132.** Begründe: Zieht man in einem Parallelogramm ABCD die Parallele $p_1$ durch D zur Diagonalen [AC] und außerdem zwei beliebige Parallelen durch A und C, die $p_1$ in F und E schneiden, so entsteht ein Parallelogramm ACEF, das flächengleich zum Parallelogramm ABCD ist.

**133.** Der König möchte sein Land unter seinen beiden Söhnen aufteilen. Ein Sohn erhält einen Teil des Landes, das etwa die Form eines Rechtecks besitzt. Der andere bekommt ein Stück Land in Form eines Parallelogramms, das genauso lang und genauso breit ist wie das rechteckige Land. Ist die Aufteilung gerecht?

## 12.2 Fläche des Dreiecks

Es werden die Höhe $h_c$ sowie die Parallele zu [AB] durch die Mitten der Seiten a und b gezeichnet. Dann sind nach dem Prinzip der Zerlegungsgleichheit die Flächen des Dreiecks ABC und des Rechtecks ABEF gleich groß, d. h.

$A_D = g \cdot \frac{1}{2} h = \frac{1}{2} g \cdot h.$

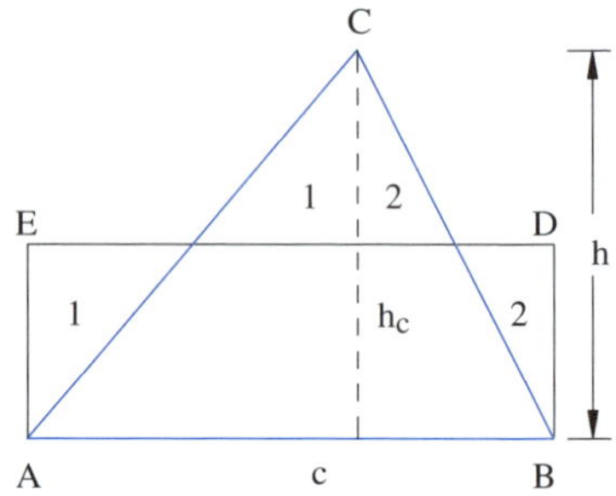


**Satz:**
Ein Dreieck ist flächengleich einem Rechteck, das eine Dreiecksseite und die halbe zugehörige Höhe als Seiten besitzt.
$A_D = \frac{1}{2} g \cdot h = \frac{1}{2} a \cdot h_a = \frac{1}{2} b \cdot h_b = \frac{1}{2} c \cdot h_c$

**Folgerungen:**

1. Alle Dreiecke mit gleicher Grundlinie und gleicher zugehöriger Höhe sind flächengleich.
2. Zwei Seiten eines Dreiecks verhalten sich umgekehrt wie die zugehörigen Höhen, z. B.

   $\frac{1}{2} a \cdot h_a = \frac{1}{2} b \cdot h_b \Rightarrow a \cdot h_a = b \cdot h_b \Rightarrow \frac{a}{b} = \frac{h_b}{h_a} \Rightarrow a : b = h_b : h_a$
3. Im rechtwinkligen Dreieck ist die eine Kathete die Höhe auf die andere, d. h. der Flächeninhalt A lässt sich auch über

   $\mathbf{A = \frac{1}{2} a \cdot b}$ berechnen.

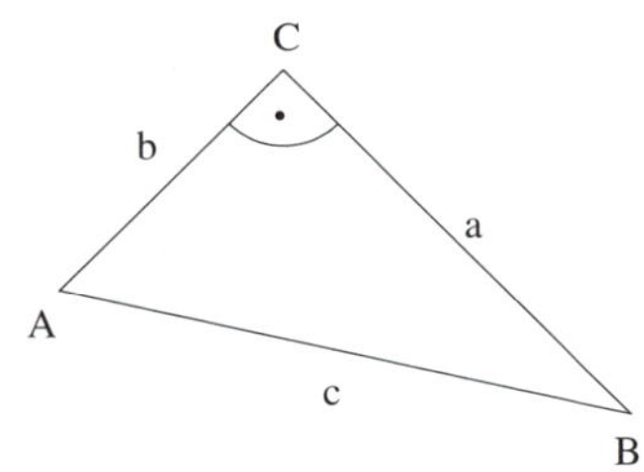

4. Da sich jedes Vieleck in Dreiecke zerlegen lässt, kann man eine **Vielecksfläche als Summe von Dreiecksteilflächen** erhalten.

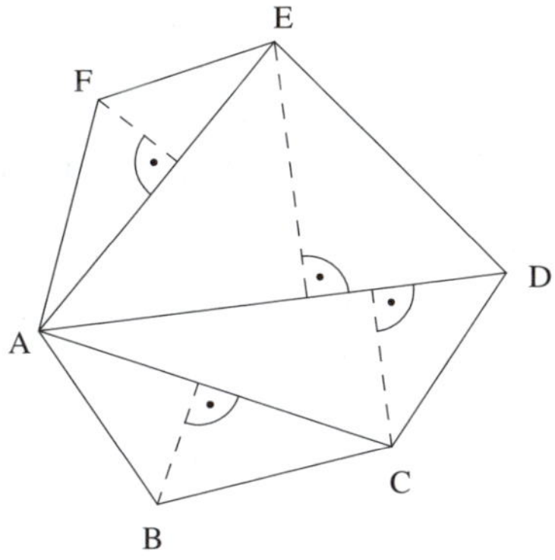


Beispiel

Zeige, dass der Flächeninhalt einer Raute mit den Diagonalen e und f auch in der Form $\mathbf{A = \frac{1}{2} e \cdot f}$ berechnet werden kann.

*Lösung:*

Die Raute zerfällt in zwei Dreiecke ACD und ABC, deren Grundlinie e und deren Höhe $\frac{1}{2}$ f ist. Damit ergibt sich:

$A_{\text{Raute}} = 2 \cdot \frac{1}{2} e \cdot \frac{1}{2} f = \frac{1}{2} e \cdot f$

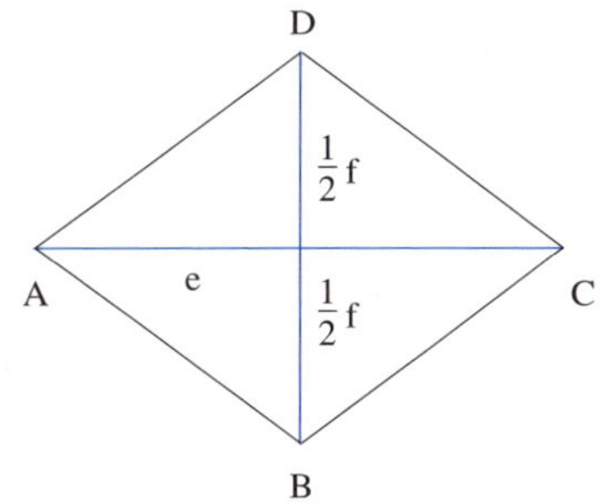

**Aufgaben**

**134.** Zeichne ein Dreieck ABC aus $c = 4$ cm, $b = 3$ cm und $a = 2{,}5$ cm. Verlängere die Seite c über B hinaus um 3 cm bis zum Punkt B'. Berechne dann die Fläche des Dreiecks AB'C in Abhängigkeit von der Fläche des Dreiecks ABC und begründe das Ergebnis.

**135.** Die beiden Dreiecke BCD und EFA sind kongruent und besitzen jeweils einen Flächeninhalt von $7{,}6\ \text{cm}^2$. Der Inhalt der Gesamtfläche AFDC beträgt $31{,}2\ \text{cm}^2$.

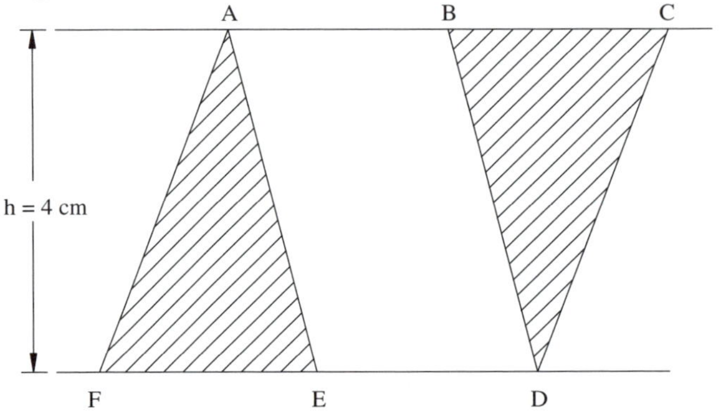


a) Berechne die Länge der Strecke [BC].

b) Berechne den Flächeninhalt des Parallelogramms AEDB.

c) Berechne die Längen der Strecken [AB] und [FD].

**136.** Ein Dreieck ABC und ein Parallelogramm ADEB haben die Seite [AB] gemeinsam. Folgende Größen sind gegeben: $h_c = 3{,}5$ cm, $d = 2$ cm und $A_P = 4{,}8\ \text{cm}^2$ (Fläche des Parallelogramms).

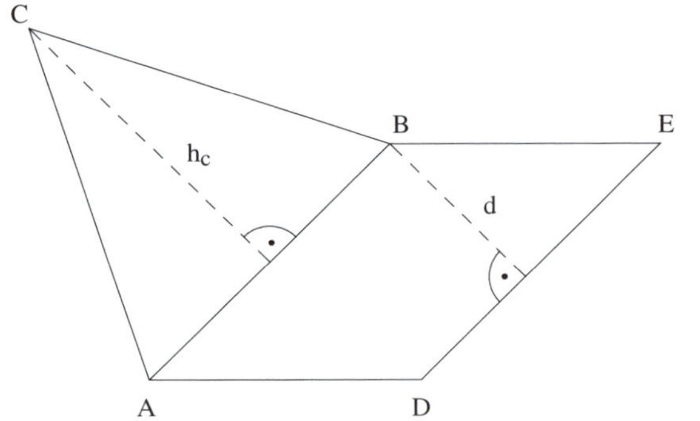


a) Berechne die Länge der Seite c des Dreiecks ABC.

b) Berechne den Flächeninhalt $A_D$ des Dreiecks ABC.

**137.** Die Seiten eines Quadrates mit der Länge $a = 4$ cm sind die Basisseiten von vier gleichschenkligen Dreiecken. Die Gesamtfigur hat einen Flächeninhalt $A = 52\ \text{cm}^2$. Welche Höhe über den Quadratseiten haben die gleichschenkligen Dreiecke?

**138.** Melanie schneidet zwei gleich große, gleichschenklige Dreiecke mit je einer Basislänge von 4 cm und einer Höhe von 5 cm aus grünem Papier aus. Diese klebt sie dann so auf einen quadratischen Bogen weißen Papiers (Seitenlänge 8 cm), dass sich die Dreiecke weder überlappen noch über den Rand hinaus stehen. Welche Fläche weißen Papiers ist jetzt noch zu sehen?

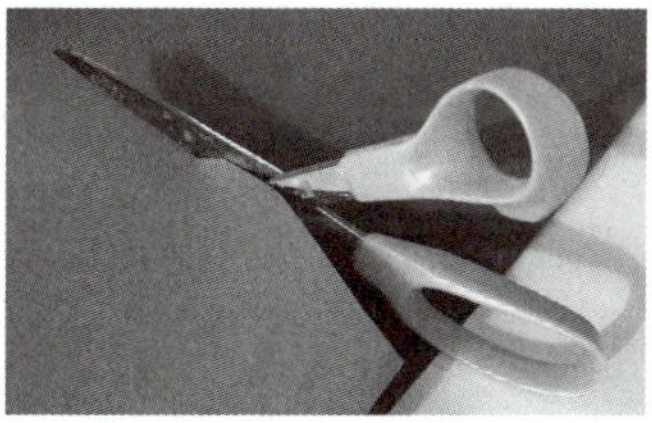

**139.** Die Vorderseite eines Hauses hat die Form eines Rechtecks mit aufgesetztem Dreieck. Diese Seite soll neu gestrichen werden. Berechne den Flächeninhalt dieser Hausseite für $a = 15$ m, $h = 20{,}5$ m und $h' = 4{,}5$ m.

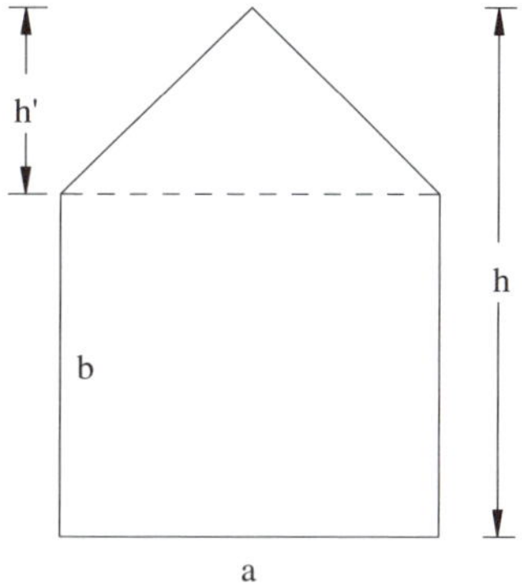


**140.** Der Flächeninhalt des Dreiecks ABC beträgt 21 $cm^2$. Wenn man die Seite c über B hinaus um 2 cm verlängert, erhält man den Punkt B'. Der Flächeninhalt des Dreiecks AB'C ist um 6 $cm^2$ größer als der des Dreiecks ABC.

a) Berechne die Höhe h des Dreiecks AB'C.

b) Berechne die Länge der Seite $c = [AB]$.

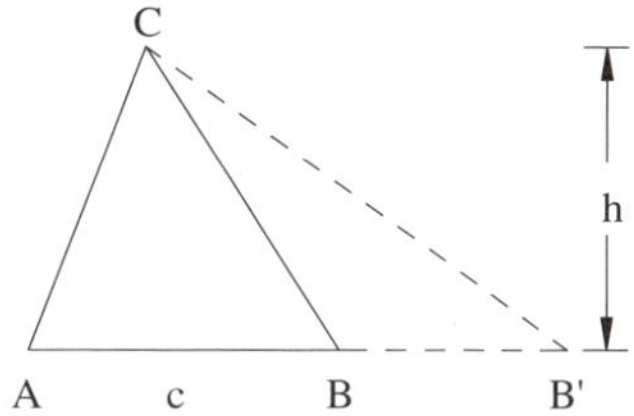


**141.** In einem rechtwinkligen Koordinatensystem bestimmen die Punkte A(0 | 1), B(3 | 0), C(5 | 3), D(4 | 5) und E(1 | 4) ein Fünfeck.
Bestimme den Flächeninhalt dieses Fünfecks.

**142.** Gegeben sei das nebenstehende Drachenviereck.

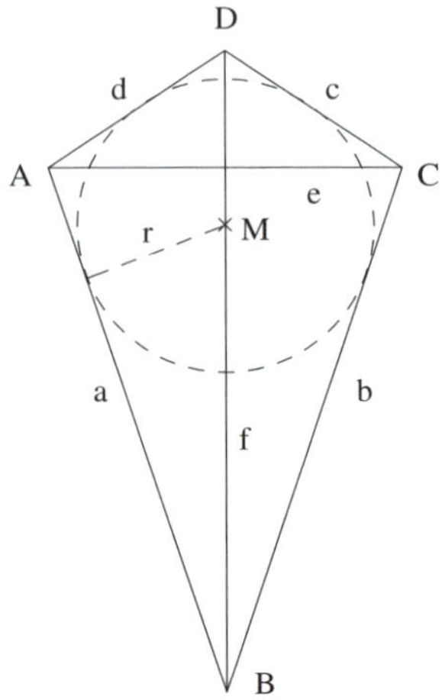


a) Begründe, dass das Drachenviereck ein Tangentenviereck ist.

b) M sei der Mittelpunkt und r der Radius des Inkreises des Tangentenvierecks. Begründe, dass der Flächeninhalt A des Drachenvierecks in der Form $A = r \cdot (a + c)$ bestimmt werden kann.
Welcher Flächeninhalt ergibt sich damit für eine Raute?

c) Begründe, dass für den Flächeninhalt des Drachenvierecks gilt:
$A = \frac{1}{2} e \cdot f$

d) Ein Quadrat hat die Diagonallänge $e = 15$ cm. Berechne den Flächeninhalt dieses Quadrates.

**143.** Begründe anhand einer Skizze: Ist r der Inkreisradius eines Tangentenvierecks mit den Seiten a, b, c, d so gilt für den Flächeninhalt:
$A = r \cdot (b + d) = r \cdot (a + c)$

**144.** Beweise: Hat ein Vieleck einen Inkreis mit Radius r und ist u der Umfang des Vielecks, so hat es den Flächeninhalt $A = \frac{1}{2} u \cdot r$.

## 12.3 Fläche des Trapezes

Jedes Trapez lässt sich durch eine Diagonale in zwei Dreiecke mit gleichen Höhen und den Grundlinien a bzw. c zerlegen. Damit ergibt sich:

$A_{Tr} = \frac{1}{2}\, a \cdot h + \frac{1}{2}\, c \cdot h = \frac{1}{2}\,(a + c) \cdot h$

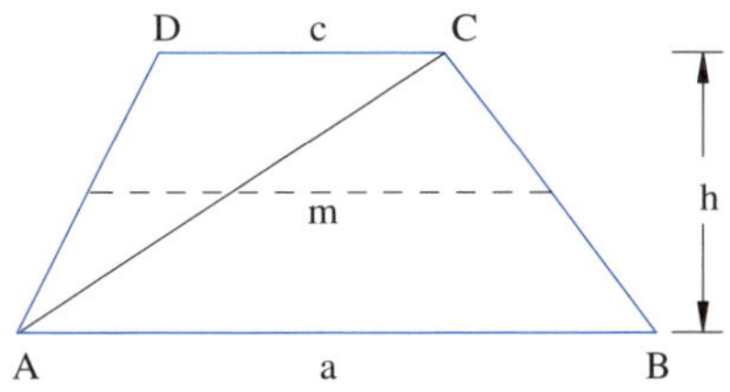


Mit dem Prinzip der Zerlegungsgleichheit gilt auch: $A_{Tr} = m \cdot h$

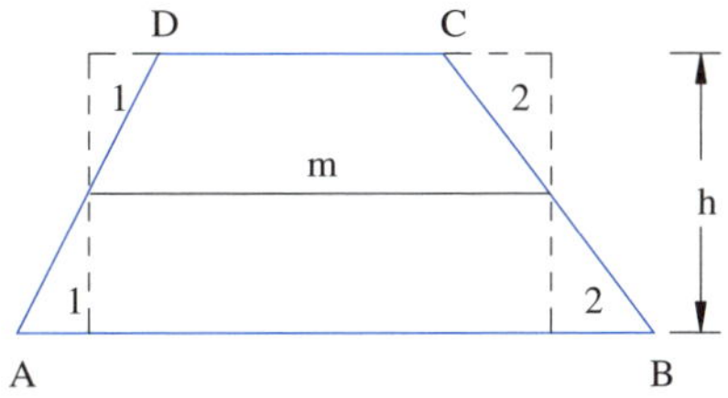


**Satz:**
Ein Trapez ist flächengleich einem Rechteck, das die Mittellinie $m = \frac{1}{2}(a + c)$ und die Höhe h als Seiten besitzt.

$\mathbf{A_{Tr} = m \cdot h = \frac{1}{2}\,(a + c) \cdot h}$

**Anmerkung:** Eine Vielecksfläche lässt sich auch so berechnen, dass man das Vieleck in Trapeze und Dreiecke zerlegt und sie als Summe dieser Teilflächen darstellt.

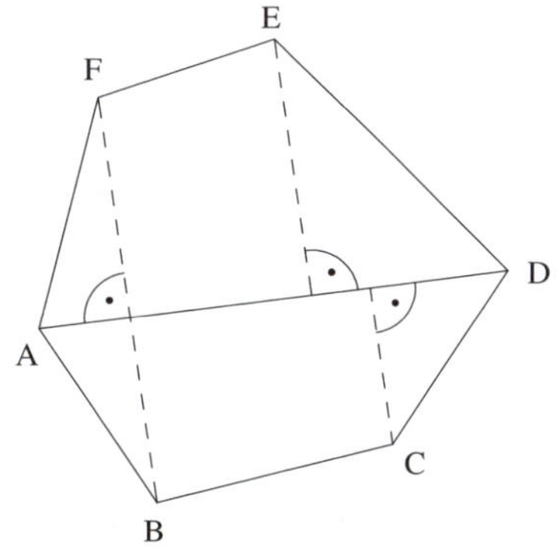

Beispiel

Zerlege ein Trapez in ein Parallelogramm und in ein Dreieck und bestätige die Flächenformel.

*Lösung:*

$$A_{Tr} = c \cdot h + \frac{1}{2}(a-c) \cdot h$$
$$= c \cdot h + \frac{1}{2}\, a \cdot h - \frac{1}{2}\, c \cdot h$$
$$= \frac{1}{2}\, a \cdot h + \frac{1}{2}\, c \cdot h = \frac{1}{2}(a+c) \cdot h$$

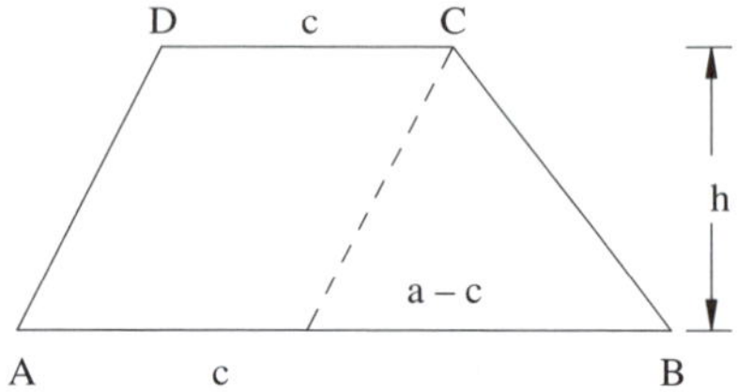


**Aufgaben**

**145.** Ein Trapez mit der Höhe $h = 4$ cm ist flächengleich einem rechtwinkligen Dreieck mit den Katheten $a = 6$ cm und $b = 8$ cm.
Gib für zwei mögliche Trapeze die Längen der parallelen Seiten an.

**146.** Ein gleichschenkliges Trapez ABCD mit den Schenkellängen $b = d = 4$ cm hat einen Umfang $u = 28{,}4$ cm und eine Höhe $h = 3{,}6$ cm.
Bestimme den Flächeninhalt des Trapezes.

**147.** Ein Trapez hat einen Umfang von 30 cm, die Schenkel messen 6,2 cm und 3,8 cm und die Höhe beträgt 2,4 cm.

a) Welchen Flächeninhalt hat das Trapez?

b) Welche Höhe $h_c$ hat ein flächengleiches Dreieck mit der Seite $c = 8$ cm?

**148.** Ein gleichschenkliges Trapez mit dem Umfang $u = 40$ cm und der Höhe $h = 3$ cm ist flächengleich einem Rechteck mit den Seiten $a = 7{,}2$ cm und $b = 5$ cm.
Berechne die Länge der Schenkel des Trapezes.

**149.** Berechne die trapezförmige Querschnittsfläche eines Kanals, der oben 4 m und unten 2,8 m breit ist sowie eine Tiefe von 2,2 m besitzt.

**150.** Ein Trapez hat den Flächeninhalt $A = 30\ cm^2$ und die Höhe $h = 2{,}5$ cm. Eine der parallelen Seiten ist fünfmal so lang wie die andere. Berechne die Länge dieser Seiten.

**151.** Ein Trapez ABCD mit $a = 4$ cm und $h = 5$ cm ist flächengleich einem Quadrat, dessen Seite mit der Mittellinie des Trapezes übereinstimmt. Bestimme die Länge der zu a parallelen Seite c sowie den Flächeninhalt des Trapezes.

**152.** In einem rechtwinkligen Koordinatensystem bestimmen die Punkte A(0 | 0), B(6 | 0), C(5 | 4) und D(2 | 4) ein Trapez ABCD. M sei der Mittelpunkt der Strecke [BC]. Die Strecken [MD] und [MA] zerlegen das Trapez in drei Teildreiecke. Berechne die Flächeninhalte dieser Teildreiecke.

**153.** Von der vereinfachten und verkleinerten Schrägansicht eines Zeltes ist folgendes bekannt:
Gegeben sind die Fläche $A_D = 7{,}5\ cm^2$ des Dreiecks ABC sowie die Fläche $A_{Tr} = 27{,}5\ cm^2$ des Trapezes ADEC. Ferner gilt [BC] || [DE] und $h = 5$ cm.

a) Berechne die Länge der Seite [AB].

b) Berechne die Länge der Seiten [AD] und [CE].

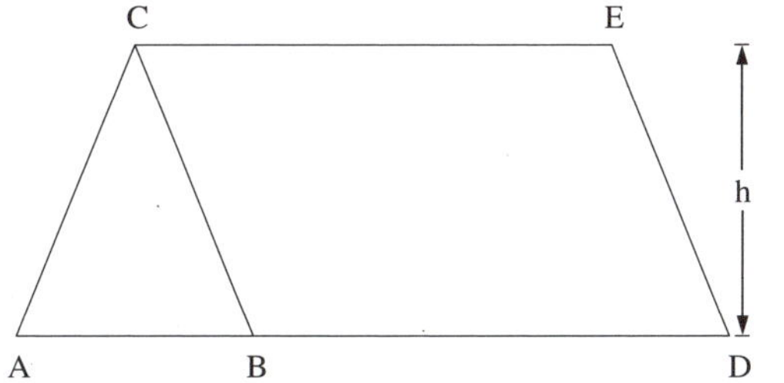

**154.** Die Stadt Neuburg hat Grundstücke verkauft, die auf dem unten stehenden Plan abgebildet sind. Sie haben Trapezform mit den Maßen: $s_1 = 24$ m, $s_2 = 25$ m, $s_3 = 30$ m und $g_2 = 20{,}5$ m

a) Das Grundstück der Familie Fischer hat einen Flächeninhalt von 576 $m^2$. Wie viele Meter Weg (Länge $g_1$) muss Familie Fischer im Winter schippen?

b) Das Grundstück der Familie Jäger hat einen Umfang von 115 m. Welchen Flächeninhalt hat ihr Grundstück?

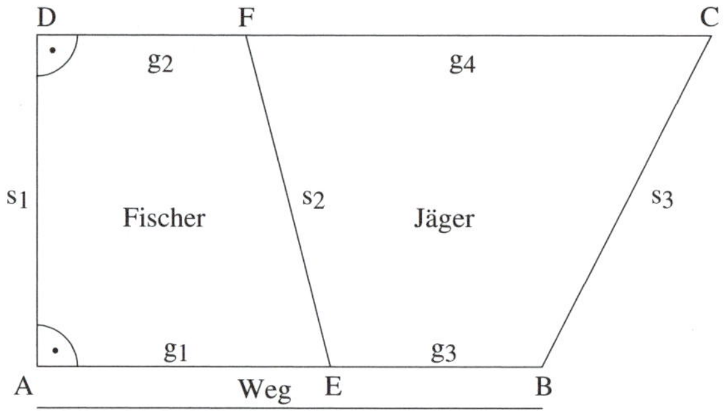

# 13 Flächenverwandlungen

Verändert man die Form einer Fläche, aber nicht deren Flächeninhalt, so spricht man von einer **Flächenverwandlung**.
Aus den Flächenformeln von Kapitel 12 ergeben sich folgende Flächengleichheiten, die zu Flächenverwandlungen verwendet werden dürfen.

1. Parallelogramme sind flächengleich, wenn sie in einer Seite und der zugehörigen Höhe übereinstimmen, d. h. der geometrische Ort für die zur gemeinsamen Grundlinie parallelen Seiten flächengleicher Parallelogramme ist die Parallele zur Grundlinie im Abstand h.

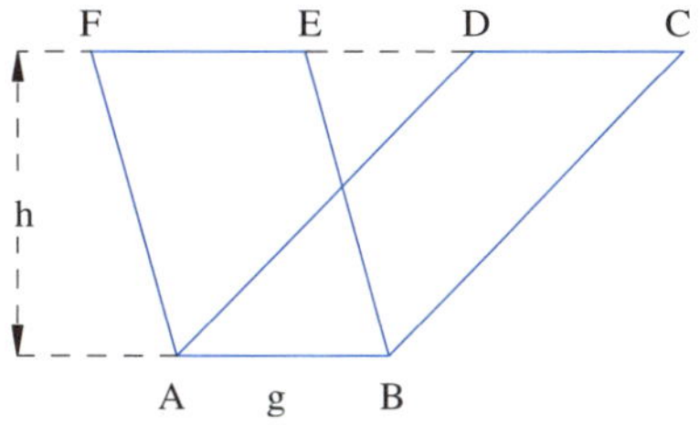


2. Dreiecke sind flächengleich, wenn sie in einer Seite und der zugehörigen Höhe übereinstimmen, d. h. der geometrische Ort für die Spitze aller flächengleicher Dreiecke mit derselben Grundlinie ist die Parallele zur Grundlinie durch die Spitze des Dreiecks.

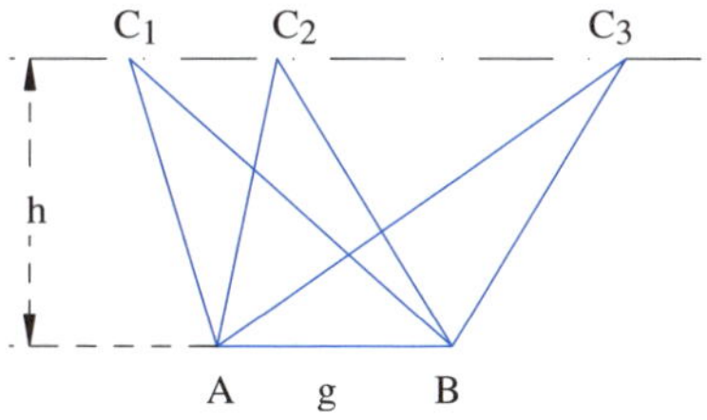


3. Trapeze sind flächengleich, wenn sie in der Mittellinie m und der Höhe h übereinstimmen.

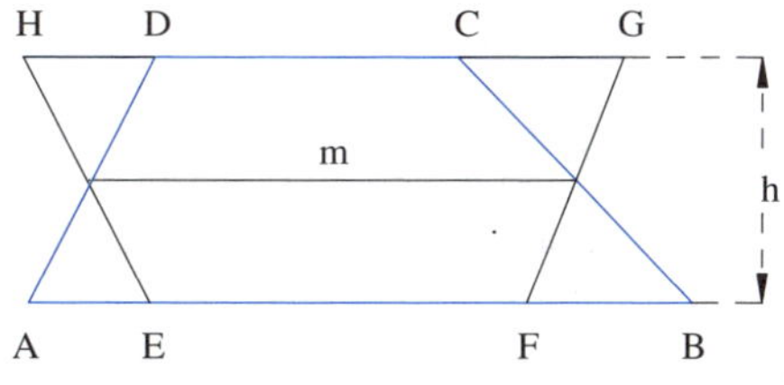

Mithilfe des Prinzips der Zerlegungsgleichheit erkennt man ferner:

4. Jedes Dreieck ist flächengleich einem Parallelogramm mit gleicher Grundlinie und halber Höhe bzw.

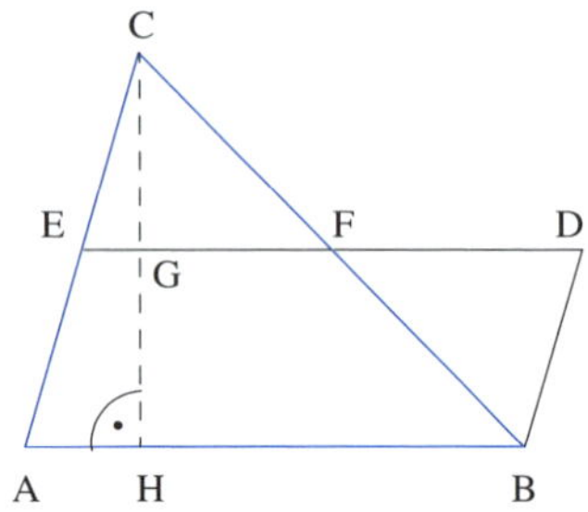


jedes Dreieck ist flächengleich einem Parallelogramm mit halber Grundlinie und gleicher Höhe.

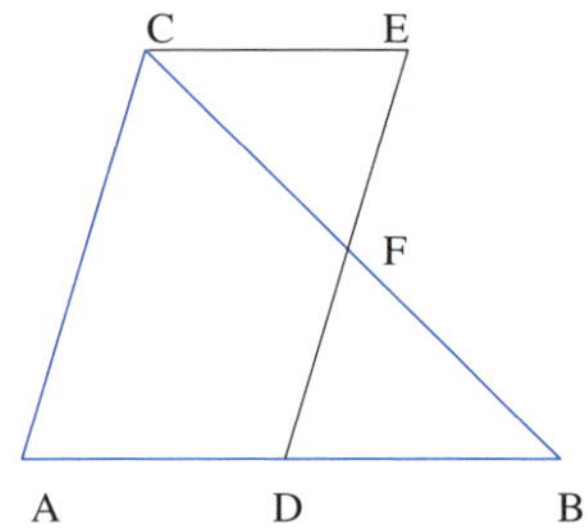


5. Jedes Trapez ist flächengleich einem Parallelogramm mit gleicher Höhe und der Mittellinie des Trapezes als Grundlinie.

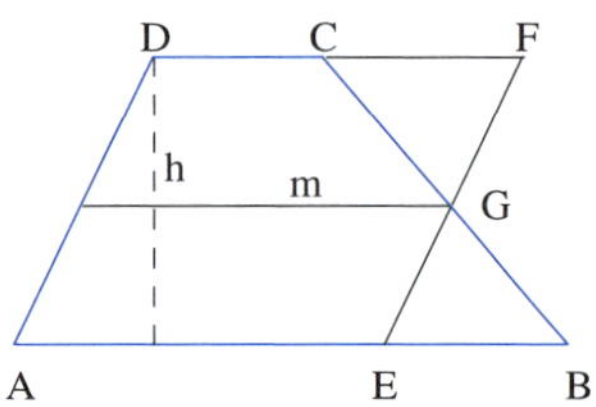


6. Ein Trapez ist flächengleich einem Dreieck von gleicher Höhe, dessen Grundlinie gleich der Summe der parallelen Seite des Trapezes ist.

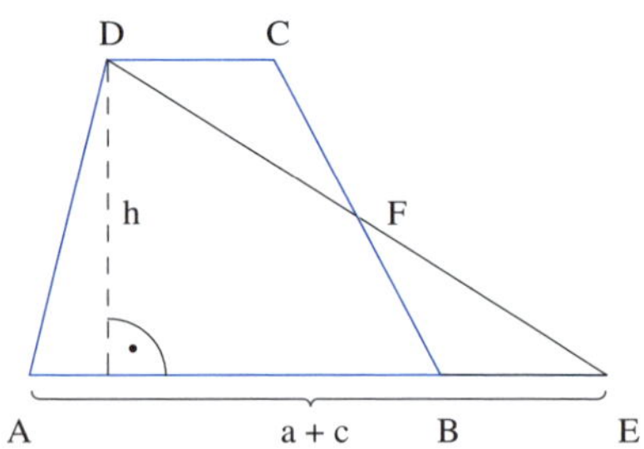

7. Zieht man durch einen Punkt P einer Diagonalen eines Parallelogramms die Parallelen zu den Seiten, so sind die Parallelogramme, durch die die Diagonale nicht geht, flächengleich.
Diese beiden Parallelogramme heißen **Ergänzungsparallelogramme**.

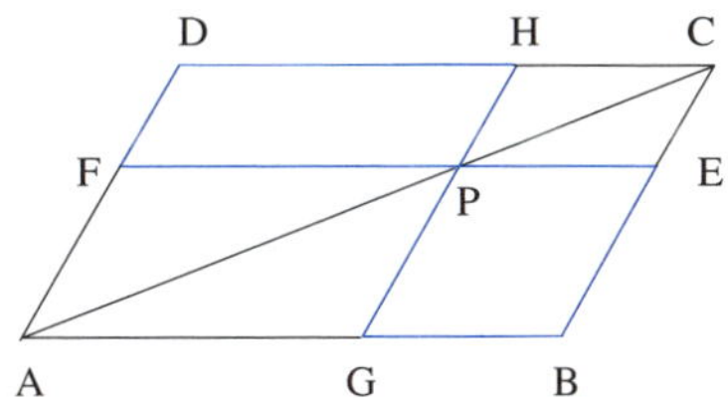


Beispiele

1. Verwandle das Dreieck ABC unter Beibehaltung der Seite c in ein flächengleiches Dreieck A'B'C' mit dem Winkel $\alpha' \neq \alpha$.

   *Lösung:*
   Wegen c' = c gilt
   A' = A und B' = B.

   C' liegt:
   1. auf α'
   2. auf der Parallelen zu c durch C

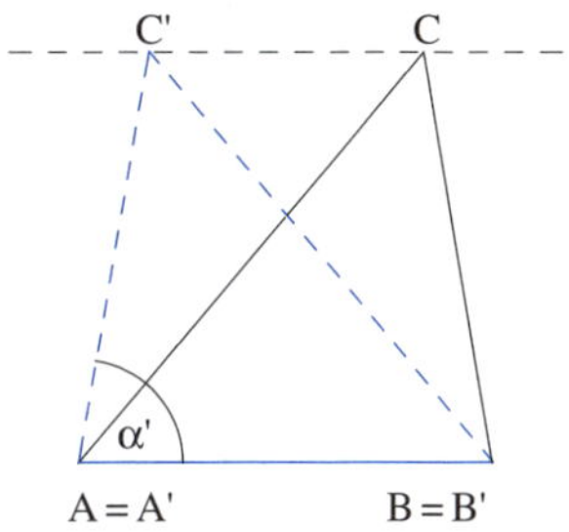


2. Verwandle das Dreieck ABC unter Beibehaltung des Winkels α in ein flächengleiches Dreieck A'B'C' mit der Seite $c' \neq c$.

   *Lösung:*
   Da α gleich bleibt, gilt A' = A

   B' liegt
   1. auf α
   2. auf k(A; c')

   C' liegt:
   1. auf α
   Um die zweite Bedingung zu erhalten, verbindet man B' mit C. Das Dreieck A'B'C ist aber um das Dreieck B'BC zu klein. Man muss folglich dieses Dreieck so in ein flächengleiches umwandeln, dass die Spitze auf AC zu liegen kommt, d. h.
   2. auf der Parallelen zu B'C durch B.

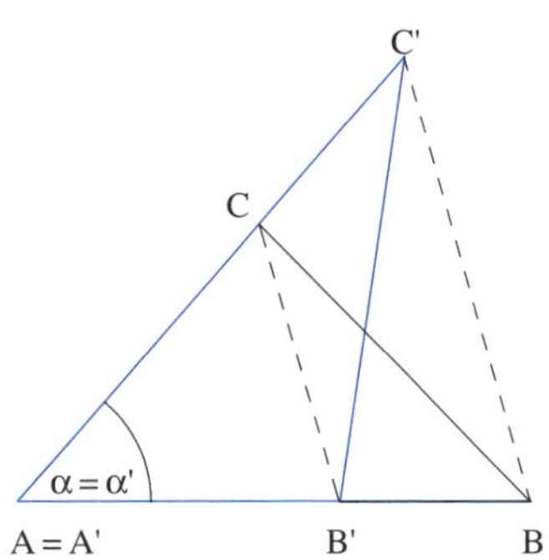

**Aufgaben**

**155.** Verwandle ein Dreieck ABC mit c = 5 cm, a = 4 cm, b = 4,5 cm in ein flächengleiches Dreieck A'B'C' mit

a) $c' = c \wedge \beta' = 40°$

b) $\beta' = \beta \wedge c' = 4$ cm

c) $\beta' = \beta \wedge a' = 5$ cm

d) $c' = c \wedge s'_c = 5$ cm

**156.** Von einem Dreieck ABC sind a = 4 cm, c = 5 cm, und $h_c = 3{,}2$ cm gegeben.

a) Berechne die Höhe $h_a$ des Dreiecks.

b) Ein Trapez mit der Höhe h = 3,2 cm ist flächengleich dem Dreieck aus Teilaufgabe a. Gib für zwei mögliche Trapeze die Längen der parallelen Seiten an.

c) Welches Dreieck mit den oben angegebenen Seitenlängen a und c hat den größten Flächeninhalt und wie groß ist dieser?

d) Zeichne ein Dreieck ABC mit den oben angegebenen Maßen und verwandle es dann in ein flächengleiches Dreieck A'B'C' mit $\alpha' = \alpha$ und c' = 6,5 cm. (Vorüberlegung und Konstruktion!)

**157.** a) Zeichne ein Dreieck ABC mit a = 5 cm, b = 5,5 cm und $\beta = 60°$. Verwandle das Dreieck ABC in ein flächengleiches Dreieck A'B'C' mit c' = c und $\beta' = 30°$.

b) Verbinde den Mittelpunkt M der Seite c mit den Punkten C und C'. Wo befinden sich in der Gesamtfigur flächengleiche Dreiecke?

**158.** Verwandle das Rechteck ABCD mit $\overline{AB} = \overline{DC} = 4$ cm und $\overline{BD} = \overline{AD} = 2$ cm in ein flächengleiches rechtwinkliges Dreieck, das die Strecke [DC] als Grundlinie besitzt.

**159.** Der Zauberer Flip-Flap verwandelt ein beliebiges Viereck in ein flächengleiches Rechteck. Kannst du das auch?

**160.** Verwandle ein Parallelogramm ABCD mit $a = 4$ cm, $b = 3$ cm und $\alpha = 50°$ in ein flächengleiches Parallelogramm A'B'C'D' mit $b' = 5$ cm. Verwende das Verfahren mit den Ergänzungsparallelogrammen.

**161.** Beweise: Jedes Dreieck wird durch eine Schwerlinie (Seitenhalbierende) in zwei flächengleiche Dreiecke zerlegt.

**162.** Verwandle das regelmäßige Fünfeck, dessen Seitenlänge 4,4 cm und dessen Inkreisradius 3 cm beträgt, in ein flächengleiches Dreieck.

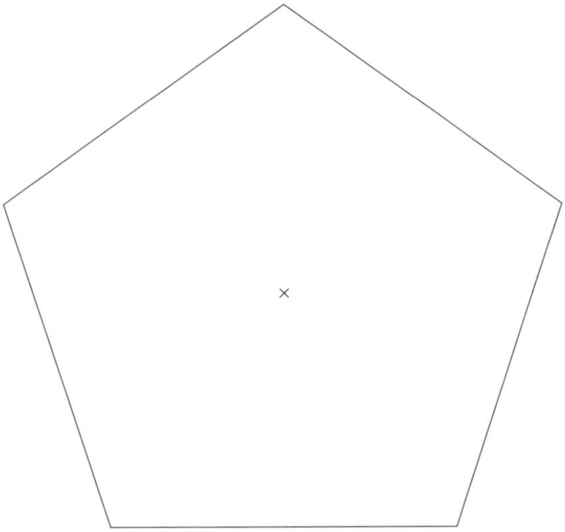

**163.** Die Müllers haben eine trapezförmige Rasenfläche, die die Zwillinge Jens und Jan zusammen mähen müssen. Jan meint: „Wir verbinden einfach die Mitten der parallelen Seiten unseres Gartens, und jeder mäht dann einen der beiden Teile!“ Jens findet das ungerecht. Wer hat Recht?

# Einführung in die Raumgeometrie

Bis jetzt haben wir uns nur mit ebenen mathematischen Objekten beschäftigt, aber ab jetzt wird's dreidimensional. Schließlich sehen wir die Welt um uns herum – und uns selbst – auch räumlich und nicht nur zweidimensional.

# 14 Punkte, Geraden und Ebenen im Raum und ihre gegenseitige Lage

Die Elemente unseres Anschauungsraumes, des **dreidimensionalen Raumes**, lassen sich am Quader verdeutlichen:
**Punkte, Geraden und Ebenen**.

Die Punkte A und B bestimmen eindeutig die Gerade AB, d. h. durch zwei Punkte ist eindeutig eine **Gerade** festgelegt.

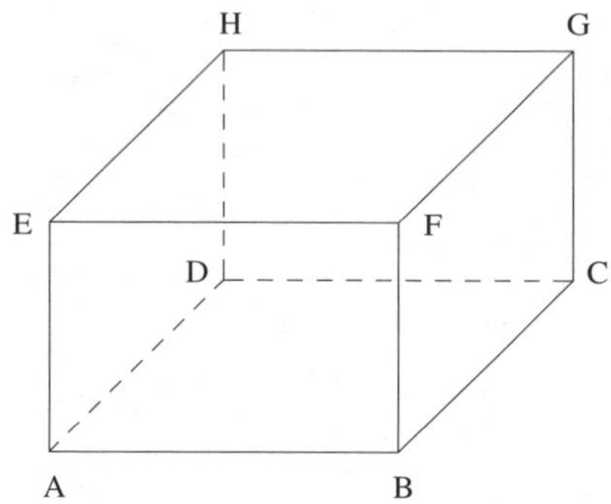


Die Punkte A, B und E bestimmen eindeutig die Ebene, die die vordere Seitenfläche des Quaders enthält. Dabei muss man sich diese Ebene nach allen Seiten ins Unendliche ausgedehnt denken, genau so wie unsere bisher verwendete Zeichenebene. Ebenen werden mit großen Buchstaben bezeichnet, z. B. die Ebene $E_1$, die durch die Punkte A, B, E bestimmt ist: $E_1 = E\,(A, B, E)$.

An dieser erkennt man:
Eine **Ebene** (im Raum) ist eindeutig bestimmt durch die Angabe von
- drei Punkten, die nicht auf einer Geraden liegen (z. B. A, B, E).
- einer Geraden und einem Punkt, der nicht auf dieser Geraden liegt (z. B. Gerade AE und Punkt B).
- zwei sich schneidenden Geraden (z. B. Gerade AB und Gerade AE).
- zwei (echt) parallelen Geraden (z. B. Gerade AB und Gerade EF).

Beispiel

1. Nenne jeweils drei verschiedene Geraden und drei verschiedene Ebenen, die den Punkt H des Quaders enthalten.

   *Lösung:*
   Geraden: $g_1 = HE$; $g_2 = HG$, $g_3 = HD$
   Ebenen: $E_1 = E\,(HEF)$, $E_2 = E\,(HDA)$, $E_3 = E\,(HGC)$

2. Nenne mit den Punkten des Quaders drei verschiedene Diagonalebenen.

   *Lösung:*

   $E_4 = E(ABH)$, $E_5 = E(EFC)$, $E_6 = E(EHB)$

Für die gegenseitige Lage zweier Geraden im Raum erkennt man:

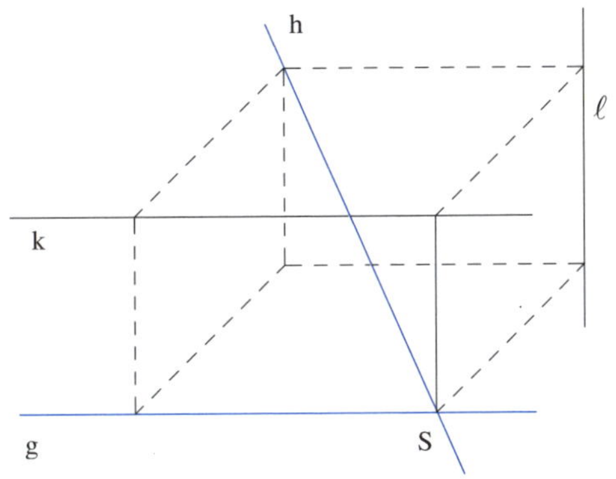


- Geraden können sich in einem Punkt **schneiden**, z. B. g und h ($g \cap h = \{S\}$).
- Geraden können **parallel** zueinander sein, z. B. g und k ($g \parallel k$).
- Geraden können **windschief** zueinander sein, d. h. sie laufen aneinander vorbei, ohne parallel zu sein oder sich zu schneiden, z. B. g und $\ell$ oder k und $\ell$ oder h und $\ell$.

Für die gegenseitige Lage zweier Ebenen im Raum erkennt man:

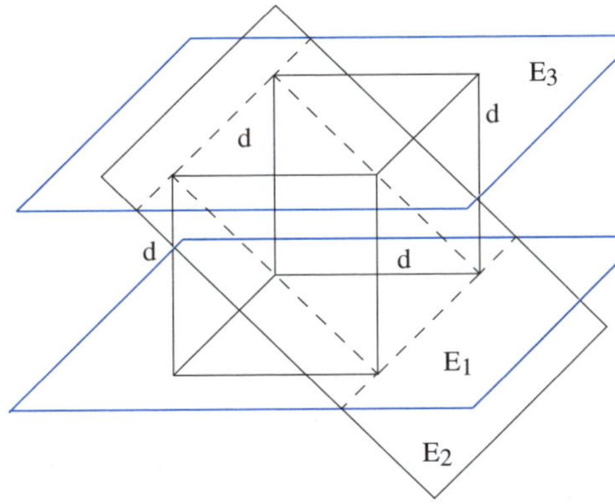


- Ebenen können **parallel** zueinander sein, z. B. $E_1$ und $E_3$ ($E_1 \parallel E_3$).
- Ebenen können sich in genau einer Geraden **schneiden**, z. B. $E_1$ und $E_2$ bzw. $E_3$ und $E_2$ ($E_1 \cap E_2 = g$; $E_3 \cap E_2 = h$).

Eine Ebene E heißt **Lotebene** zu einer Ebene E' (E ist senkrecht zu E'), wenn E ein Lot zu E' enthält.

Für die gegenseitige Lage einer Ebene mit einer Geraden gilt:

- Eine Gerade kann ganz in einer Ebene liegen (z. B. $g \subset E$).
- Eine Gerade kann parallel zu einer Ebene sein (z. B. $h \parallel E$).
- Eine Gerade kann die Ebene in einem Punkt schneiden (z. B. $k \cap E = \{S\}$.

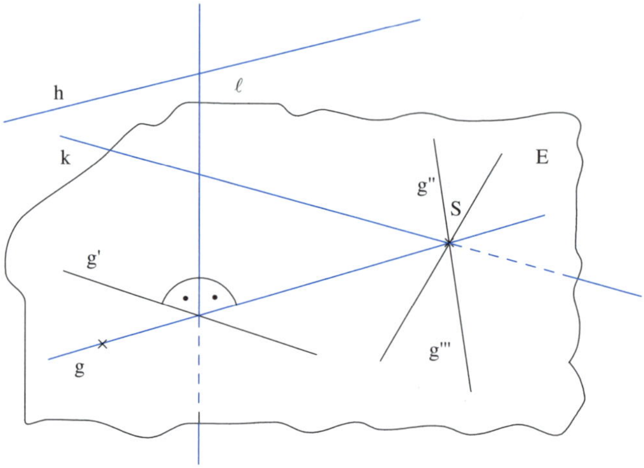


Dabei gelten folgende Eigenschaften:

- Durch einen Punkt einer Ebene lassen sich unendlich viele Geraden zeichnen, die ganz in dieser Ebene liegen.
- Hat eine Gerade zwei Punkte mit einer Ebene gemeinsam, so liegt sie ganz in dieser Ebene.
- Eine Gerade ist parallel zu einer Ebene, wenn alle Punkte der Geraden von der Ebene den gleichen Abstand haben.
- Eine Gerade ist ein **Lot** zu einer Ebene, wenn sie die Ebene schneidet und im Schnittpunkt auf zwei Geraden der Ebene senkrecht steht. Die Lotgerade steht dann auf allen Geraden der Ebene durch diesen Punkt senkrecht.

Beispiel

Im Quader ABCDEFGH (siehe oben) sei die Ebene durch die Punkte DCG mit E bezeichnet. Gib jeweils eine Gerade an, die

1. in E liegt,
2. parallel zu E ist,
3. senkrecht zu E ist,
4. E im Punkt H schneidet und nicht senkrecht zu E ist.

*Lösung:*

1. $g_1 = DC$
2. $g_2 = EF$
3. $g_3 = FG$
4. $g_4 = FH$

ufgaben

**164.** a) Nenne vier Möglichkeiten, wie eine Ebene im Raum eindeutig festgelegt ist.

b) Welche gegenseitige Lage können zwei Geraden im Raum zueinander haben?

**165.** a) Bestimme im Quader ABCDEFGH die Schittgerade der Ebene AHG mit der Ebene CHE.

b) Welche Lage hat die Gerade ED zur Ebene BCG?

c) Welche Kanten des Quaders sind windschief zur Geraden GF?

d) M ist der Mittelpunkt der Kante [EH]. Wie viele Lote lassen sich von M auf die Ebene ABC fällen?

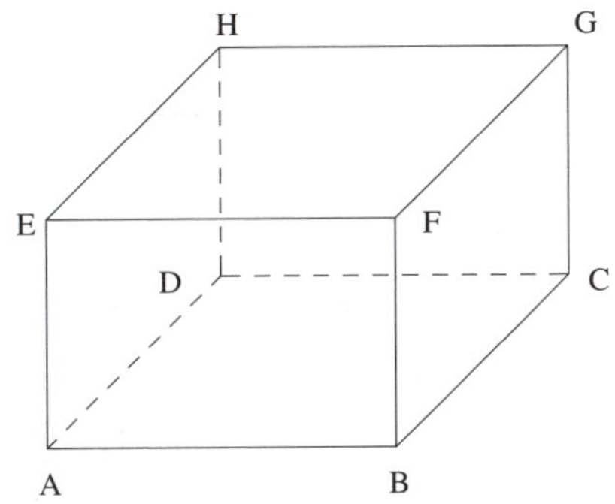


**166.** Ergänze zu einer wahren Aussage:

a) $g \perp E \quad \wedge\ h \| g \quad \Rightarrow\ h \ldots E$

b) $E \| E' \quad \wedge\ g \subset E \quad \Rightarrow\ g \ldots E'$

c) $g \perp E \quad \wedge\ E \| E' \quad \Rightarrow\ g \ldots E'$

d) $g \| E \quad \wedge\ g \| E' \ \wedge\ E \cap E' = s \ \Rightarrow\ g \ldots s$

**167.** Gegeben ist der Würfel ABCDEFGH mit der Kantenlänge 3 cm. M sei der Mittelpunkt der Kante [AB], N der Mittelpunkt der Kante [CG], P der Punkt auf der Strecke [HG], der von H 1 cm entfernt ist.

a) Konstruiere die Streckenlänge $\overline{MN}$.

b) Konstruiere die Streckenlänge $\overline{MP}$.

(Weitere Konstruktionen zur wahren Länge einer Strecke findet man unter den Aufgaben in Kapitel 16.)

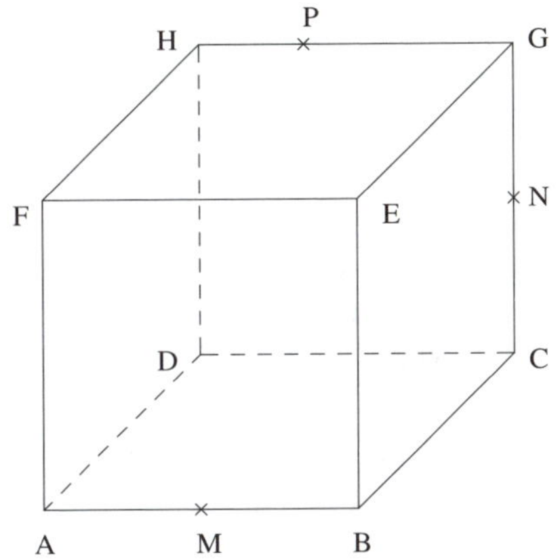

**168.** Ein Stab (der viel länger als das Aquarium ist) soll so positioniert werden, dass er

a) parallel zur Wasseroberfläche und parallel zur hinteren Seitenfläche liegt.

b) die Wasseroberfläche schneidet und parallel zu den linken und rechten Seitenwänden verläuft.

Zeichne jeweils eine Möglichkeit in ein Aquarium ein, dessen Abmessungen selbst gewählt werden dürfen.

**169.** Welche Aussage ist wahr, welche falsch?

a) $E_1 \cap E = s_1 \wedge E_2 \cap E = s_2 \wedge E_1 \parallel E_2 \Rightarrow s_1 \parallel s_2$

b) $g \subset E \wedge h \parallel g \Rightarrow h \parallel E$

c) $E_1 \cap E_2 = s \wedge g \perp s \wedge g \subset E \Rightarrow E_1 \perp E_2$

d) $g \parallel E \wedge h \parallel E \Rightarrow g \parallel h$

**170.** Übertrage zur Bearbeitung der folgenden Fragen die Figur auf ein Blatt.

a) Die Geraden GK und FH schneiden sich in einem Punkt P. Zeichne den Fußpunkt P' des Lotes von P auf die Ebene ABC.

b) Zeichne die Parallelebene zur Ebene BEG durch C ein.

c) Bestimme die Schnittgerade der Ebenen BEG und CHG.

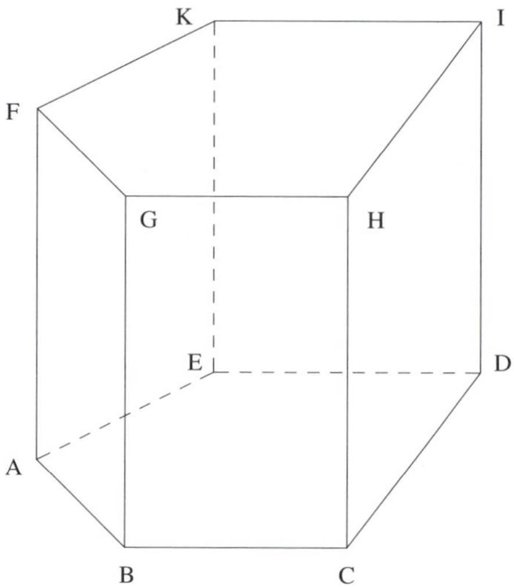

# 15 Räumliche Darstellung von Körpern

## 15.1 Parallelprojektion, Grund- und Aufriss

Um räumliche Punkte in der Zeichenebene darstellen zu können, werden die Raumpunkte auf eine Ebene **projiziert**. Die Form des Bildes in der Ebene ist von der Projektionsart abhängig. Allgemein gilt: Durch jeden Punkt P des Raumes verläuft eine Gerade, deren Schnittpunkt mit der Projektionsebene den Bildpunkt P' ergibt.

Schneiden sich die Projektionsgeraden in einem Punkt Z (Zentrum Z), so heißt die Projektionsart **Zentralprojektion**.

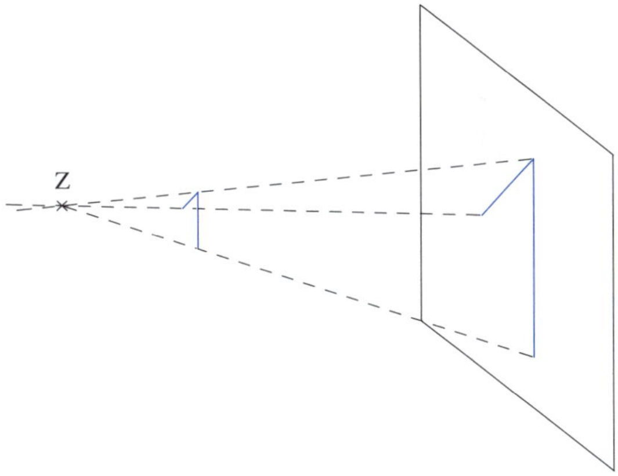


Sind die Projektionsgeraden parallel, so heißt die Projektionsart **Parallelprojektion**.

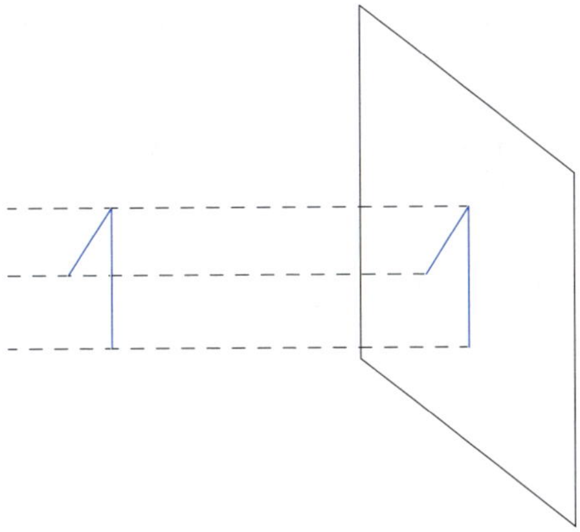

Bei der **Parallelprojektion** gilt:

1. Nur Winkel und Strecken, die zur Bildebene parallel sind, werden in wahrer Größe abgebildet, d. h. die Abbildung einer Parallelprojektion ist weder längen- noch winkeltreu.
2. Parallele Strecken (Geraden) werden auf parallele Strecken (Geraden) abgebildet.
3. Der Mittelpunkt einer Strecke wird auf den Mittelpunkt der Bildstrecke abgebildet.

Eine Parallelprojektion, bei der die Projektionsgeraden senkrecht zur Bildebene verlaufen, heißt **senkrechte Parallelprojektion**. Sie tritt in Anwendungen besonders häufig auf.

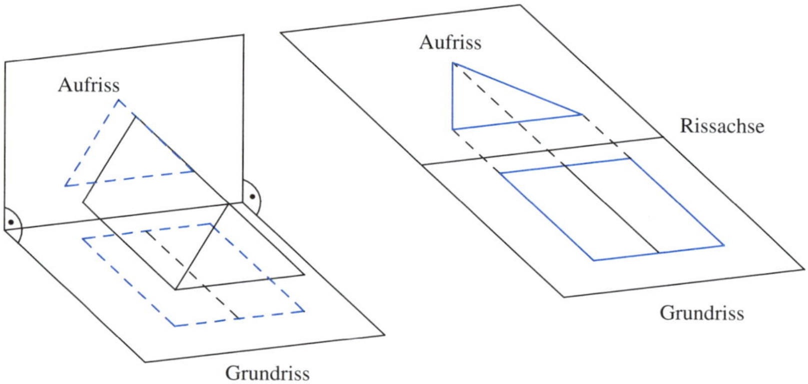


Das Bild eines Körpers wird deutlicher, wenn man **zwei** senkrechte Parallelprojektionen auf zueinander senkrechte Ebenen verwendet. Dabei heißt die Projektion in die horizontale Ebene **Grundriss**, in die vertikale Ebene **Aufriss**. Die Schnittgerade der beiden Ebenen heißt **Rissachse**. Im Grundriss erscheinen alle **horizontalen**, im Aufriss alle **vertikalen** Strecken in **wahrer** Länge.

Beispiele

1. Die folgende Abbildung zeigt eine Pyramide, die auf der Grundrissebene steht, sowie deren Grund- und Aufriss:

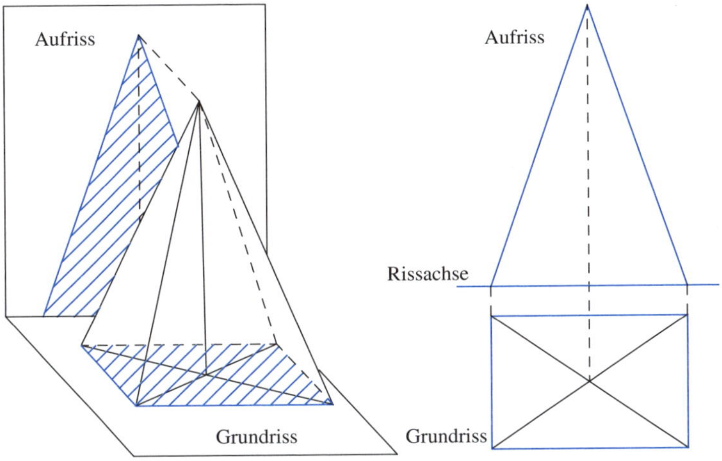


2. Das Bild eines Betonrohres hat einen inneren Durchmesser von 2 cm, einen äußeren von 3 cm sowie eine Höhe von 3 cm. Das Rohr steht auf der Grundrissebene. Zeichne Grund- und Aufriss.

*Lösung:*

In der Grundrissebene lassen sich der innere und der äußere Durchmesser in wahrer Größe ablesen, in der Aufrissebene die Höhe h.

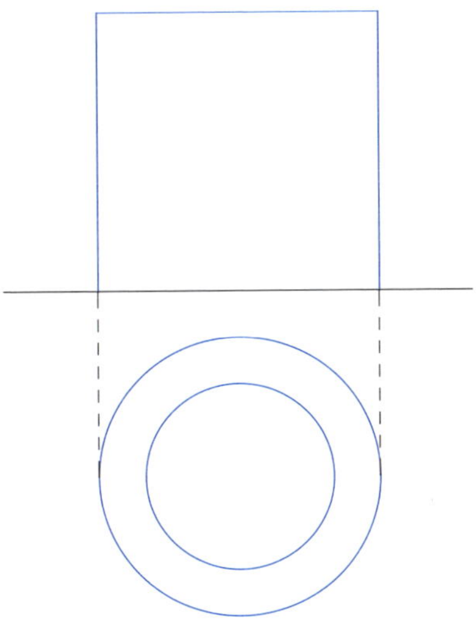

3. Ein Würfel mit der Kantenlänge 2 cm steht mit seiner Grundfläche so auf der Grundrissebene, dass ein Eckpunkt auf der Rissachse liegt und die beiden Kanten dort mit der Rissachse einen Winkel von 60° und einen Winkel von 30° bilden. Zeichne Grund- und Aufriss.

*Lösung:*

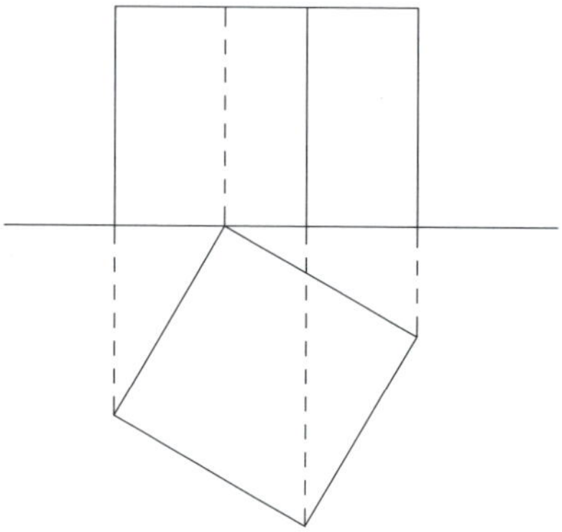

**Aufgaben**

**171.** Beschreibe jeweils den Körper, der durch Grund- und Aufriss dargestellt ist.

a)

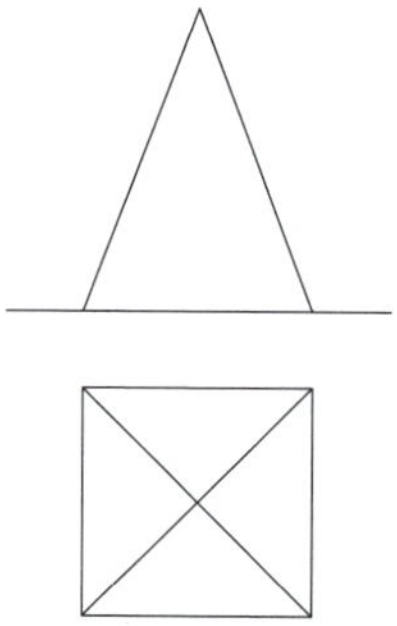

b)

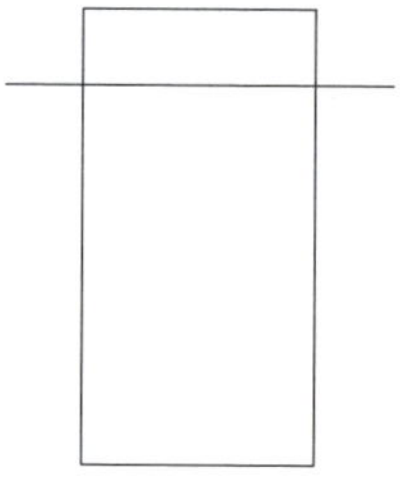

c)

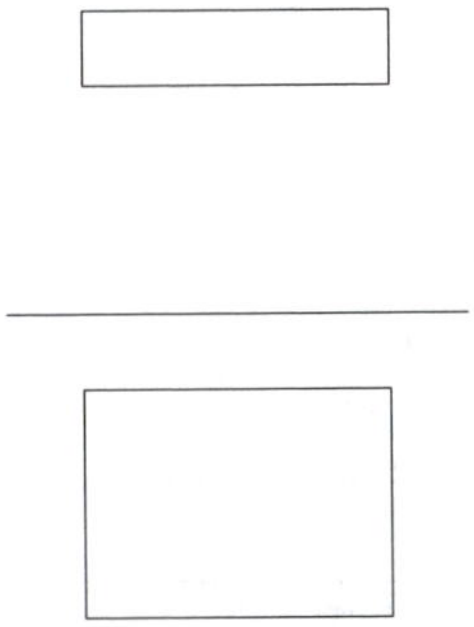

d)

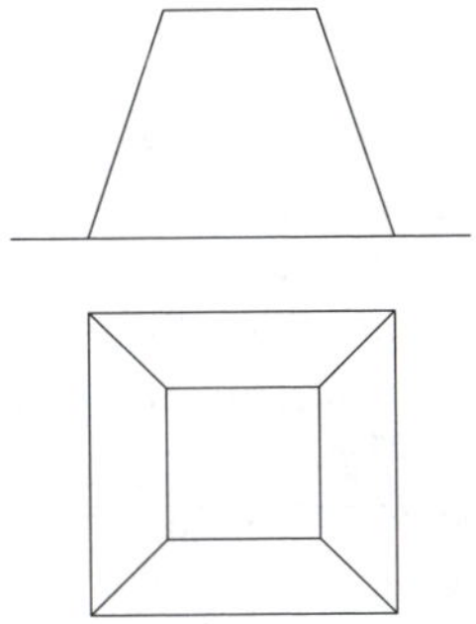

e)

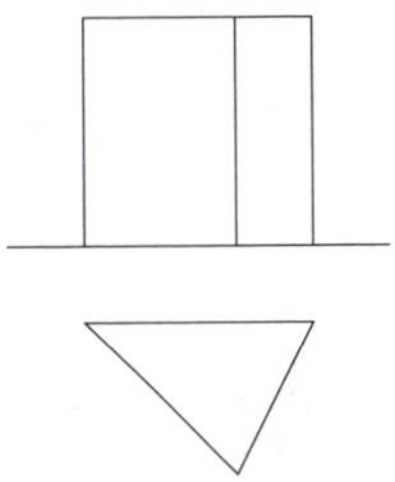

f)

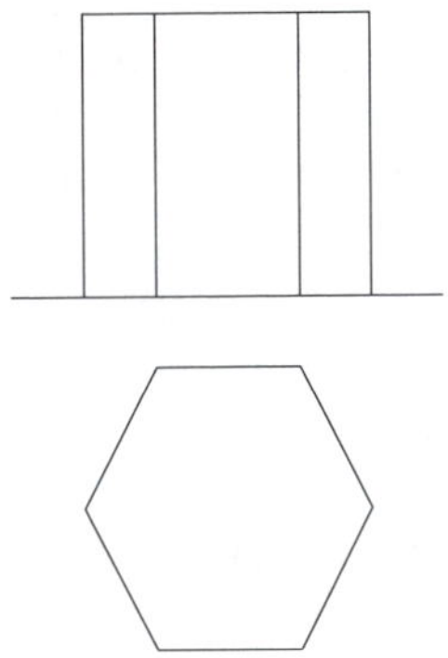

**172.** Konstruiere Grund- und Aufriss eines 3 cm langen, 2 cm breiten und 2,5 cm hohen Quaders ABCDEFGH, der auf der Grundrissebene steht und mit der Seitenkante [DH] die Aufrissebene berührt. Die Kanten AD und CD schließen mit der Rissachse je einen 45°-Winkel ein.

**173.** Konstruiere Grund- und Aufriss einer Halbkugel mit r = 2 cm, die auf der Grundrissebene steht und deren Mittelpunkt 3 cm von der Rissachse entfernt ist.

## 15.2 Schrägbilder

Im Zweitafelverfahren hat man zwar viele Strecken in wahrer Länge, aber noch keine richtige räumliche Anschauung. Man zeichnet deshalb als Kombination von Grund- und Aufriss (aus denen man Strecken und Winkel in wahrer Größe entnimmt) ein **Schrägbild** des Körpers. Im Schrägbild gilt:

- Alle zur Bildebene (im allgemeinen die Aufrissebene) parallelen Strecken erscheinen in wahrer Länge.
- Alle zur Bildebene senkrechten Strecken sind unter demselben **Verzerrungswinkel $\omega$** gegen die Rissachse geneigt und im gleichen **Verzerrungsverhältnis q** verkürzt.

Besonders anschaulich wirkt eine Darstellung, bei der der Verzerrungswinkel $\omega = 45°$ und das Verzerrungsverhältnis $q = 0{,}5$ beträgt. Sie wird auch **Kavalierperspektive** genannt. (Der Name stammt aus dem Festungsbau des 18. Jahrhunderts.)

Beispiele

1. Zeichne das Schrägbild eines Würfels mit der Kantenlänge 2 cm, dessen Grundkanten parallel zur Rissachse sind und von dieser eine Entfernung 1 cm besitzen, mit $\omega = 45°$ und $q = 0{,}5$.

   *Lösung:*
   Da der Aufriss für das Schrägbild meistens störend ist, markiert man die Begrenzungspunkte des Aufrisses, ohne diese zu verbinden.

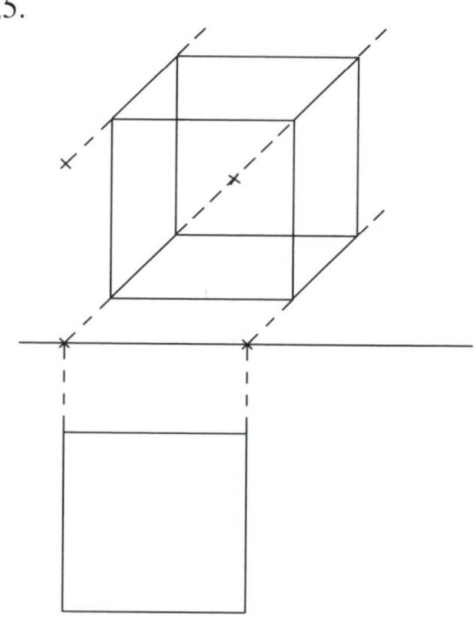

2. Zeichne das Schrägbild einer vierseitigen geraden Pyramide mit der Höhe h = 3 cm aus gegebenem Grundriss mit $\omega = 30°$ und $q = 0{,}5$.

*Lösung:*

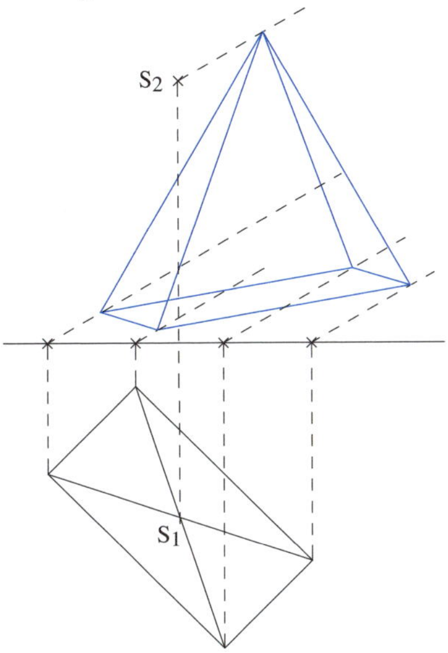


ufgaben

**174.** Zeichne das Schrägbild einer quadratischen Pyramide mit der Höhe h = 3 cm, deren Grundfläche ein Quadrat mit der Seitenlänge 2 cm ist und deren Grundkanten parallel zur Rissachse sind, mit $\omega = 30°$ und $q = \frac{2}{3}$.

**175.** Ein Quader ABCDEFGH hat als Grundfläche ein Quadrat mit der Seitenlänge 2 cm und ist 3 cm hoch. Zeichne das Schrägbild des Quaders, wenn die Grundfläche in der Grundrissebene liegt, der Punkt D 1 cm von der Rissachse entfernt ist und die Diagonale [BD] senkrecht zur Rissachse liegt mit $\omega = 45°$ und $q = \frac{1}{2}$.

**176.** Zeichne das in Grund- und Aufriss gegebene Werkstück in Kavalierperspektive.

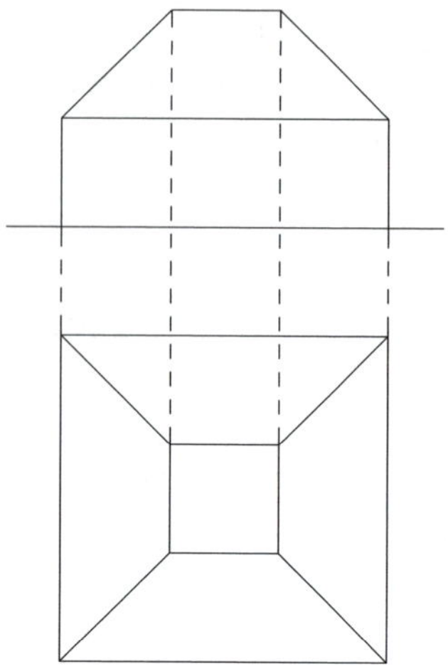

# 16 Das gerade Prisma

## 16.1 Flächen am Prisma, Netz des Prismas und Schrägbilder

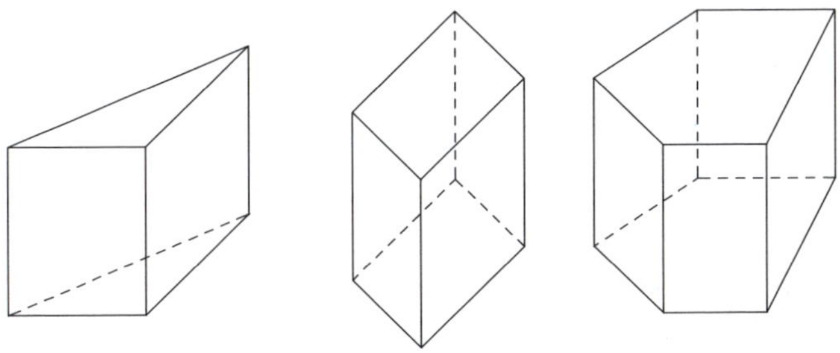

Ein **gerades, n-seitiges Prisma** hat als Grund- und Deckfläche kongruente n-Ecke, deren Ebenen parallel zueinander sind. Die Seitenflächen des Prismas, die den Mantel bilden, sind Rechtecke. Die n Seitenkanten, deren Länge mit der Höhe des Prismas übereinstimmt, sind Lote zur Grund- und Deckfläche.
Das Netz eines Prismas besteht folglich aus zwei n-Ecken und n Rechtecken.

Beispiele

1. Eine dreiseitige Pyramide hat ein gleichseitiges Dreieck mit der Seitenlänge 1,5 cm als Grund- und Deckfläche, die Höhe beträgt 2 cm. Zeichne das Netz des Prismas.

   *Lösung:*

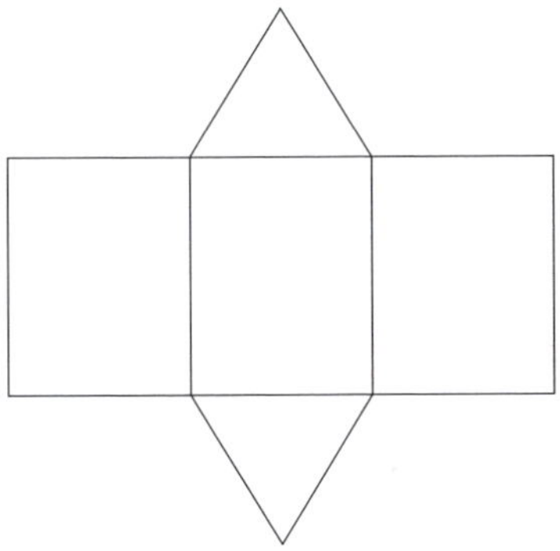

oder

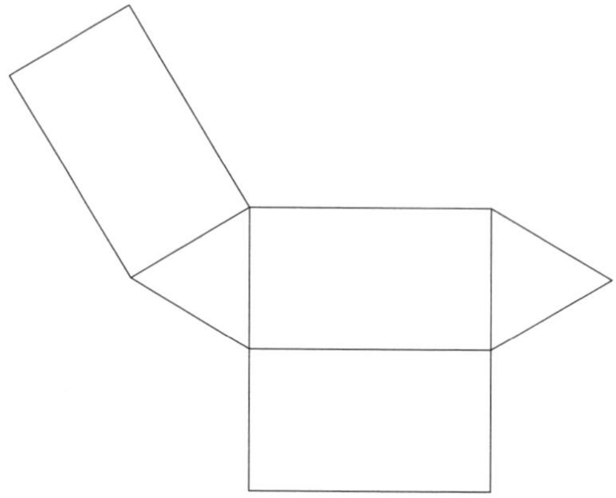

2. Zeichne das Schrägbild eines dreiseitigen Prismas, dessen Grundfläche ein gleichseitiges Dreieck mit der Kantenlänge 2,5 cm ist und dessen Höhe 2 cm beträgt. Eine Grundflächenkante ist parallel zur Rissachse und von dieser 1 cm entfernt. Verwende $\omega = 45°$ und $q = 0{,}5$.

   *Lösung:*

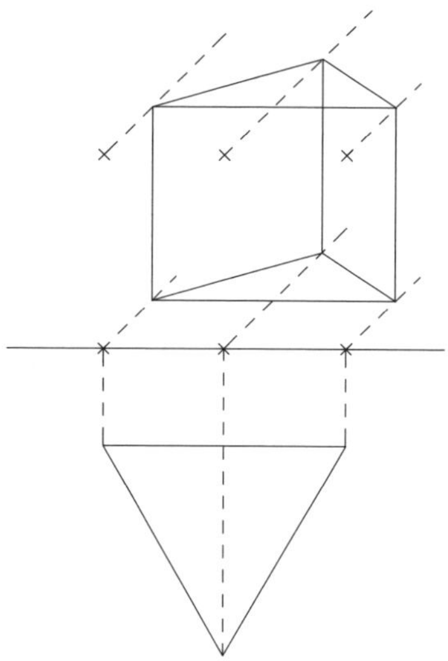

Aufgaben

**177.** Zeichne das Netz eines geraden Prismas mit der Höhe h = 2,5 cm, wenn die Grundfläche ein Quadrat mit der Kantenlänge 2 cm ist.

**178.** Ein gerades Prisma hat als Grundfläche ein rechtwinkliges Dreieck mit den Kathetenlängen 3 cm und 2 cm. Die Höhe beträgt 2,5 cm. Zeichne das Netz des Prismas.

**179.** Johannes möchte eine verkleinerte Version einer Schoko Crossis Schachtel basteln. Sein Modell soll ebenfalls ein gerades Prisma mit einem regulären Sechseck als Grundfläche sein. Die Kantenlänge des Sechsecks soll 2 cm betragen, die Höhe des Prismas 3 cm. Hilf Johannes, das Netz des Prismas zu zeichnen.

**180.** Ein 3 cm hohes Prisma hat als Grundfläche ein regelmäßiges Sechseck mit der Kantenlänge 2 cm. Zeichne das Schrägbild des Prismas mit $\omega = 30°$ und $q = \frac{1}{2}$, wenn der Mittelpunkt M der Grundfläche 4 cm von der Rissachse entfernt ist und zwei Seiten der Grundfläche parallel zur Rissachse verlaufen.

**181.** Konstruiere das Schrägbild aus dem angegebenen Grund- und Aufriss mit $\omega = 45°$ und $q = 1$.

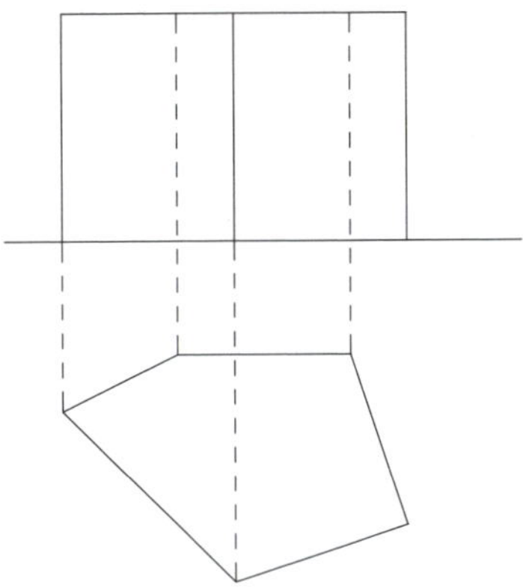

## 16.2 Volumen, Mantelfläche und Oberfläche des Prismas

Jedes gerade Prisma kann man sich aus einem Quader durch lotrechte Schnitte zur Grundfläche entstanden denken.

Im Bild entstehen aus dem Quader drei Prismen mit gleicher Höhe. Für das Volumen des Quaders mit der Rechteckgrundfläche $G = a \cdot b$ und der Höhe $h = c$ gilt:

$V_Q = a \cdot b \cdot c = G \cdot h$

Da $G = G_1 + G_2 + G_3$ gilt, folgt für das Volumen des einzelnen Prismas $V = G \cdot h$.

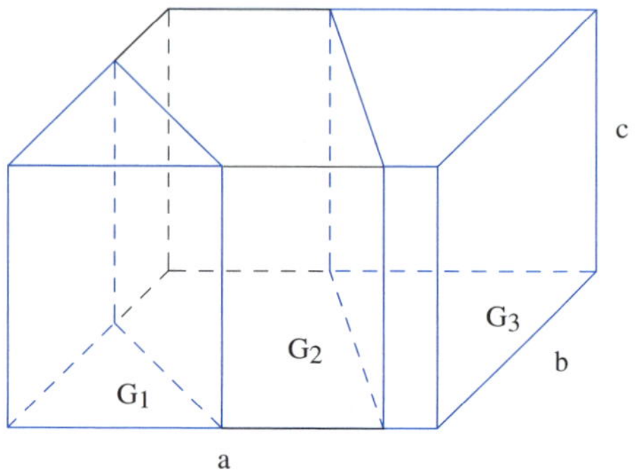


**Satz:**
Sind G die Grundfläche und h die Höhe eines geraden Prismas, so erhält man sein **Volumen** durch $\mathbf{V_{Pr} = G \cdot h}$.

Die Volumeneinheiten bleiben wie bisher Würfel mit den Einheitslängen als Seitenkanten.

| Seitenlänge des Einheitswürfels | 1 m | 1 dm | 1 cm | 1 mm |
|---|---|---|---|---|
| Bezeichnung der Volumeneinheit | 1 $m^3$ | 1 $dm^3$ | 1 $cm^3$ | 1 $mm^3$ |

Die Umwandlungszahl von einer Einheit in die andere ist 1 000. Es gilt:

$1\,m^3 = 1\,000\,dm^3$

$1\,dm^3 = 1\,000\,cm^3$

$1\,cm^3 = 1\,000\,mm^3$

Die **Mantelfläche M** besteht aus n Rechtecken, deren eine Seite eine Seite $a_n$ des Grundflächenvielecks ist. Die andere Seite ist die Höhe des Prismas.

$M = a_1 \cdot h + a_2 \cdot h + a_3 \cdot h + \ldots + a_n \cdot h = (a_1 + a_2 + a_3 + \ldots + a_n) \cdot h = u \cdot h$

**Satz:**
Ist u der Umfang des Grundflächenvielecks und h die Höhe des geraden Prismas, so erhält man die **Mantelfläche** durch $\mathbf{M_{Pr} = u \cdot h}$.

Die **Oberfläche** besteht aus Grund- und Deckfläche sowie der Mantelfläche.

> **Satz:**
> Ist G die Grundfläche und M die Mantelfläche eines geraden Prismas, so erhält man die **Oberfläche** durch $\mathbf{O_{Pr} = 2 \cdot G + M}$.

Beispiele

1. Ein gerades Prisma hat als Grundfläche ein Quadrat der Seitenlänge $a = 3$ cm und die Höhe $h = 5$ cm. Bestimme Volumen, Mantelfläche und Oberfläche des Prismas.

   *Lösung:*
   $G = a^2 = 9 \text{ cm}^2$
   $V = G \cdot h = 9 \cdot 5 \text{ cm}^3 = 45 \text{ cm}^3$
   $M = u \cdot h = 4 \cdot 3 \cdot 5 \text{ cm}^2 = 60 \text{ cm}^2$
   $O = 2 \cdot G + M = 2 \cdot 9 \text{ cm}^2 + 60 \text{ cm}^2 = 78 \text{ cm}^2$

2. Ein Prisma hat ein Volumen $V = 288 \text{ cm}^3$, eine Höhe $h = 8$ cm und als Grundfläche ein rechtwinkliges Dreieck mit der Kathete $a = 12$ cm. Bestimme die Länge b der zweiten Kathete.

   *Lösung:*

   $V = G \cdot h \Rightarrow G = \frac{V}{h} = \frac{288}{8} \text{ cm}^2 = 36 \text{ cm}^2$

   $G = \frac{1}{2} a \cdot b = 36 \text{ cm}^2 \Rightarrow 6 \cdot b = 36 \text{ cm} \Rightarrow b = 6 \text{ cm}$
   Die zweite Kathete ist $b = 6$ cm lang.

Aufgaben

**182.** Die Grundfläche eines $h = 11$ cm hohen geraden Prismas beträgt $G = 84 \text{ cm}^2$. Welchen Umfang u hat die Grundfläche bei einer Oberfläche $O = 6{,}3 \text{ dm}^2$?

**183.** Ein Würfel ABCDEFGH hat eine Kantenlänge $a = 4$ cm. Der Punkt P liegt auf der Kante [BF] und hat von B die Entfernung 1 cm. Der Punkt R liegt auf der Kante [AD] und hat von A die Entfernung 1,5 cm.

a) Gib alle Kantengeraden an, die zur Geraden PR windschief verlaufen.
b) Wie groß ist $\sphericalangle$ PBR (Begründung der Antwort!)?
c) Konstruiere das Dreieck PBR in wahrer Größe.

**184.** a) Im nebenstehenden Quader gilt: $a = 5$ cm, $b = 4$ cm und $c = 3$ cm. Konstruiere die Strecke [MH] in wahrer Länge, wenn M der Mittelpunkt der Diagonalen des Rechtecks ABCD ist.

b) Was versteht man unter windschiefen Geraden? Gib zwei windschiefe Geraden zur Geraden AD der Skizze an.

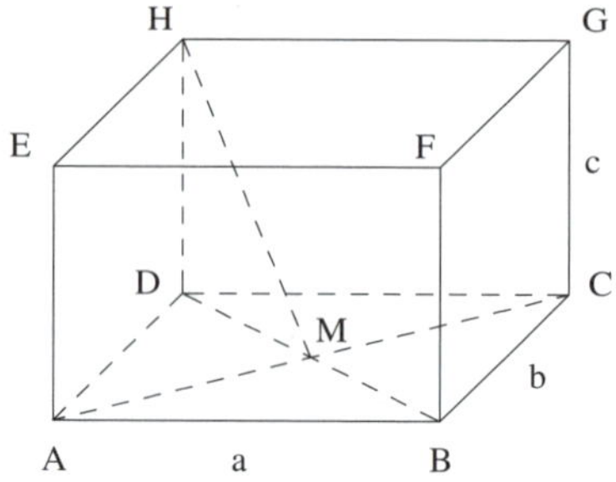


**185.** Ein Quader hat die Maße $a = 4$ cm, $b = 3$ cm und $c = 3$ cm.

a) Berechne die Oberfläche des Quaders.

b) Konstruiere die Länge der Raumdiagonalen des Quaders.

**186.** Ein gerades sechsseitiges Prisma mit lauter gleichen Kanten x hat eine Mantelfläche $M = 294\ \text{cm}^2$. Berechne die Länge x.

**187.** Ein gerades Prisma hat den Grundflächenumfang $u = 40$ cm, die Höhe $h = 8$ cm und ein Volumen $V = 512\ \text{cm}^3$.

a) Berechne den Flächeninhalt der Grundfläche G.

b) Bestimme die Oberfläche des Prismas.

**188.** a) Welche Eigenschaften hat die Grundfläche eines geraden dreiseitigen Prismas, wenn zwei Seitenflächen kongruent sind?

b) Warum gibt es kein Prisma mit 16 Kanten?

c) Welche Grundfläche besitzt ein vierseitiges gerades Prisma, dessen Seitenflächen Quadrate sind?

**189.** Eine Hundehütte hat die Form eines Prismas mit einer fünfseitigen Grundfläche. Diese ist aus einem Quadrat der Seitenlänge 60 cm und einem darauf gesetzten gleichschenkligen Dreieck der Höhe 20 cm aufgebaut. Die Hundehütte ist 1,20 m tief.
Welcher Rauminhalt steht dem Hund zur Verfügung?

**190.** Die Grundfläche G eines h = 12 cm hohen geraden dreiseitigen Prismas ist ein rechtwinkliges Dreieck mit den Katheten a = 5 cm und b = 8 cm. Bestimme das Volumen dieses Prismas.

**191.** Die Mantelfläche eines vierseitigen geraden Prismas ist ein Quadrat mit der Seitenlänge 10 cm. Die Grundfläche ist ein Parallelogramm ABCD mit $\overline{AB} = 3$ cm und $\overline{AC} = 4$ cm.

a) Berechne die Länge der Kante [BC] des Parallelogramms.

b) Konstruiere das Netz des Prismas.

**192.** In nebenstehender Skizze gilt a = 4 cm, b = 4 cm, c = 3 cm und h = 5 cm.

a) Berechne die Mantelfläche M des Prismas.

b) Konstruiere die Strecke [BM] in wahrer Größe, wenn M der Mittelpunkt der Kante [DF] ist.

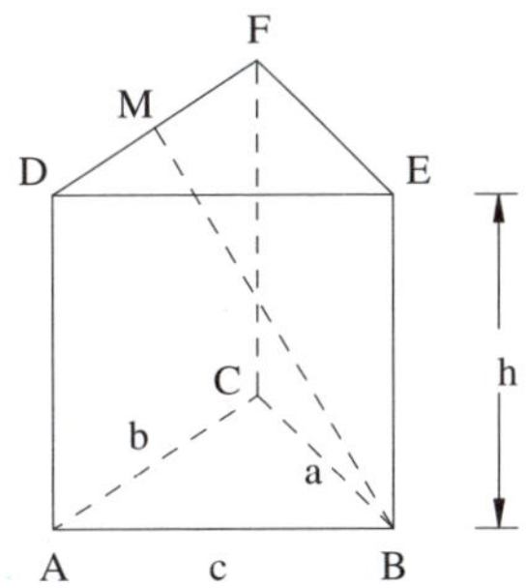


c) Was versteht man unter zwei windschiefen Geraden? Gib drei zur Geraden DE windschiefe Geraden aus der obenstehenden Skizze an.

**193.** Welche Aussage ist wahr, welche falsch?

a) Ein gerades Prisma, dessen Grundfläche ein Quadrat ist, ist ein Würfel.

b) Ein gerades Prisma hat als Grundfläche ein n-Eck. Dann besitzt das Prisma genau $3 \cdot n$ Kanten.

c) Ein gerades Prisma hat als Grundfläche ein n-Eck. Dann besitzt das Prisma $n + 2$ Flächen.

d) Es gibt kein Prisma mit 15 Kanten.

**194.** Ein dreiseitiges gerades Prisma hat die Grundfläche $G = 20\text{ cm}^2$, das Volumen $V = 160\text{ cm}^3$ und die Oberfläche $O = 240\text{ cm}^2$.

a) Berechne die Höhe h des Prismas.

b) Berechne den Umfang u der Grundfläche.

c) Die Grundfläche ist ein Dreieck mit der Höhe $h_c = 4$ cm. Wie lang ist die zugehörige Seite c?

**195.** a) Wie viel $m^3$ „umbauten Raum“ hat das in der Skizze abgebildete Haus, wenn es 12 m lang ist?

b) Auf welchen Wert müsste die Dachgiebelhöhe von hier 2,4 m verändert werden, damit der umbaute Raum 840 $m^3$ wird?
Hinweis: Bei den Berechnungen sollen Wanddicken unberücksichtigt bleiben!

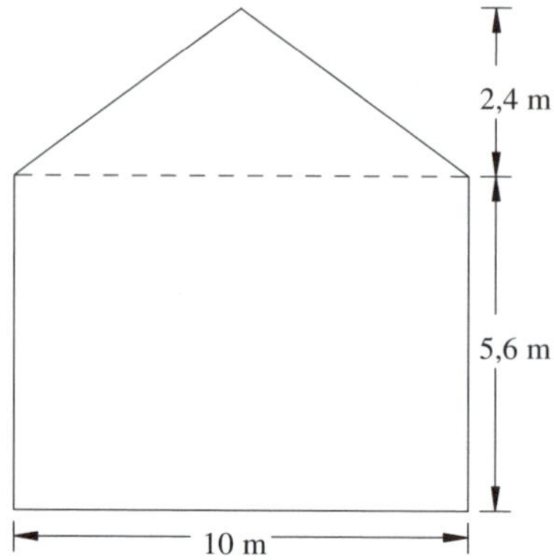


**196.** Der Querschnitt eines Bleibarrens der Länge $\ell = 6$ cm ist ein gleichschenkliges Trapez mit dem Umfang $u = 11{,}9$ cm und der Höhe 2 cm.

a) Berechne die Fläche G des Trapezes.

b) Berechne die Oberfläche O des Bleibarrens.

c) Berechne das Gewicht des Bleibarrens, wenn 1 $dm^3$ Blei 11,34 kg wiegt.

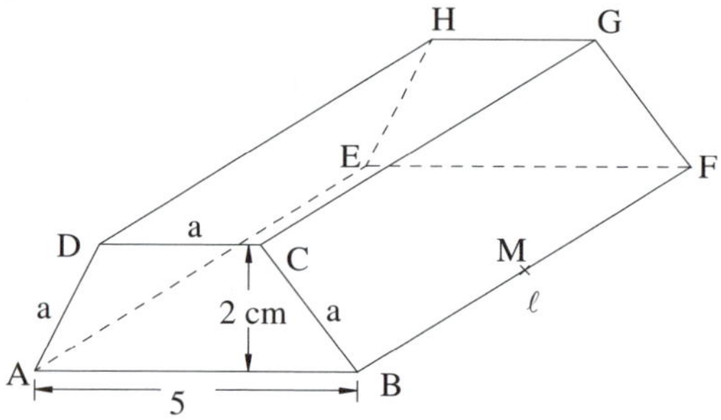


d) Konstruiere die wahre Länge der Strecke [DM], wenn M der Mittelpunkt der Strecke [BF] ist.

**197.** Ein gerades dreiseitiges Prisma ABCDEF mit der Höhe $h = 6$ cm hat als Grundfläche ein rechtwinkliges Dreieck mit den Katheten $a = 4$ cm und $b = 3$ cm.

a) Zeichne das Netz des Prismas.

b) Berechne die Flächeninhalte von Mantelfläche und Oberfläche, wenn die Hypotenuse aus der Zeichnung von Teilaufgabe a entnommen werden kann.

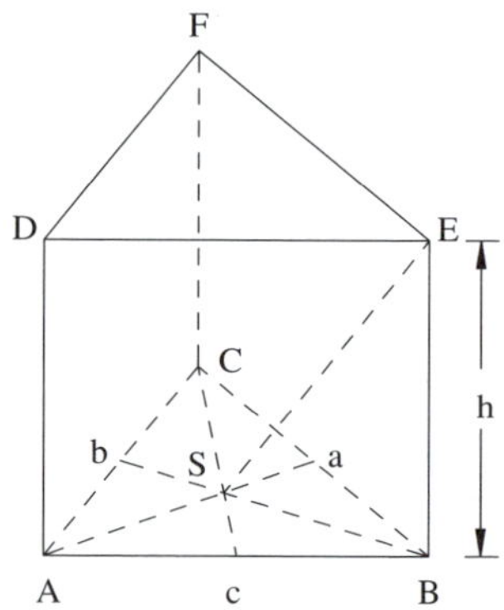

c) Berechne das Volumen des Prismas.

d) S ist der Schwerpunkt des Dreiecks ABC. Konstruiere die wahre Länge der Strecke [SE].

e) In welcher Geraden schneiden sich die Ebenen ABD und SAE?

f) Betrachtet werden die Geraden AD und BC. Gibt es eine Gerade durch E, die sowohl die Gerade AD als auch die Gerade BC schneidet? (Begründung!)

# Anhang

Der Kreis als geometrisches Grundgebilde gehört zum Stoff der 7. Jahrgangsstufe, den du im Anhang findest. Überprüfe an oben stehender Abbildung deine Ausdauer: Kannst du alle 21 Kreise entdecken?
Ausdauer benötigst du auch für das Lösen der in diesem Buch enthaltenen Übungsaufgaben. Schau erst dann im Lösungsteil nach, wenn du dich nach besten Kräften bemüht hast, die gestellte Aufgabe zu lösen. Kontrolliere deine Lösung sorgfältig! Alle Lösungen zu den Aufgaben sind ausführlich beschrieben. Bis auf wenige Ausnahmen (Maßstab 1 : 2; nur Vergleich der Form möglich!) sind die Konstruktionen im Maßstab 1 : 1 ausgeführt, so dass du durch Übereinanderlegen deiner Skizze mit der im Lösungsteil genau erkennen kannst, ob deine Lösung richtig oder falsch ist.

# 17 Wiederholung wichtiger Inhalte der Geometrie 7. Klasse*

## 17.1 Grundbegriffe der ebenen Geometrie

Dreiecksungleichung: In jedem Dreieck ABC ist eine Seite stets größer als die Differenz, aber kleiner als die Summe der beiden anderen Seiten.

$|a-b|<c<a+b$

$|c-b|<a<c+b$

$|c-a|<b<c+a$

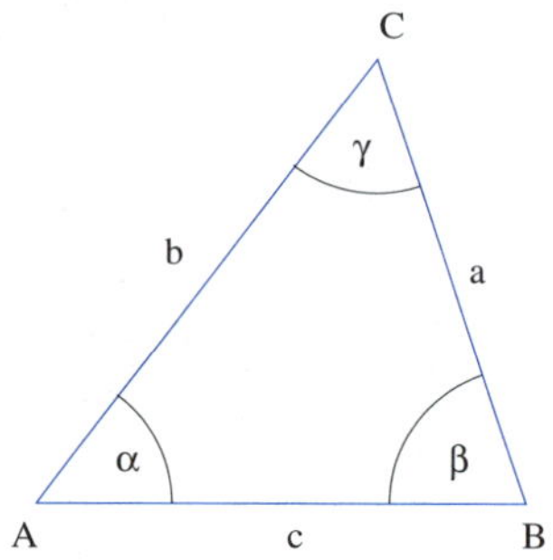


## 17.2 Winkel an Geradenkreuzungen, bei Dreiecken und Vierecken

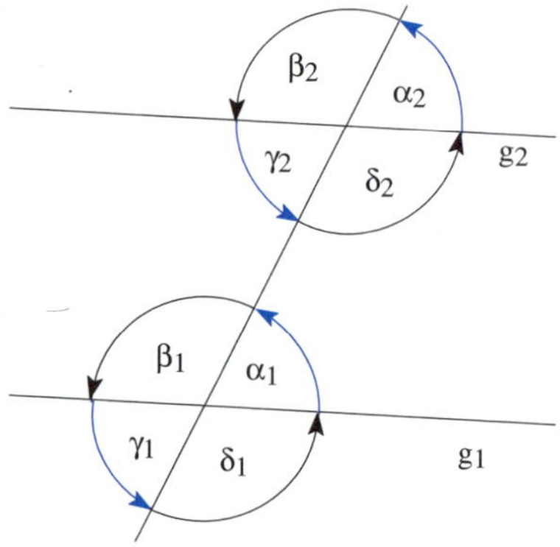


1. **Nebenwinkel** ergänzen sich zu 180° (z. B. $\alpha_1$ und $\beta_1$).
   **Scheitelwinkel** sind gleich groß (z. B. $\alpha_1$ und $\gamma_1$).
2. Geraden sind **senkrecht** zueinander, wenn sie einen 90°-Winkel miteinander bilden.
   Geraden sind **parallel zueinander**, wenn sie eine gemeinsame Lotgerade besitzen.
3. Genau dann, wenn die Geraden $g_1$ und $g_2$ einer Geradenkreuzung parallel zueinander sind, gilt:
   a) **Stufenwinkel** sind gleich (z. B. $\alpha_1$ und $\alpha_2$).
   b) **Wechselwinkel (Z-Winkel)** sind gleich (z. B. $\alpha_1$ und $\gamma_2$).
   c) **Nachbarwinkel (E-Winkel)** ergänzen sich zu 180° (z. B. $\alpha_1$ und $\delta_2$).

* Verwende dazu auch *Training Mathematik, Geometrie 7. Klasse,* Stark Verlag, Bestell-Nr. 90021.

4. Die **Innenwinkelsumme** in jedem Dreieck beträgt 180°.
5. In jedem Dreieck ist jeder **Außenwinkel** so groß wie die Summe der nicht an ihm anliegenden Innenwinkel. Die Summe der Außenwinkel beträgt in jedem Dreieck 360°.
6. Die Innenwinkelsumme in jedem **n-Eck** beträgt $(n-2) \cdot 180°$. Insbesondere gilt: Die Innenwinkelsumme im Viereck beträgt 360°.

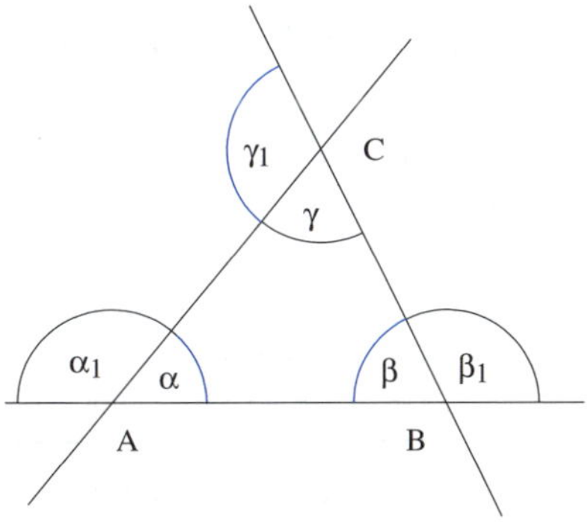


7. Das **Lot** ist die kürzeste Verbindung eines Punktes $P \notin g$ mit einem Punkt L der Geraden g.
Die Länge des Lotes heißt der **Abstand** des Punktes P von der Geraden g.

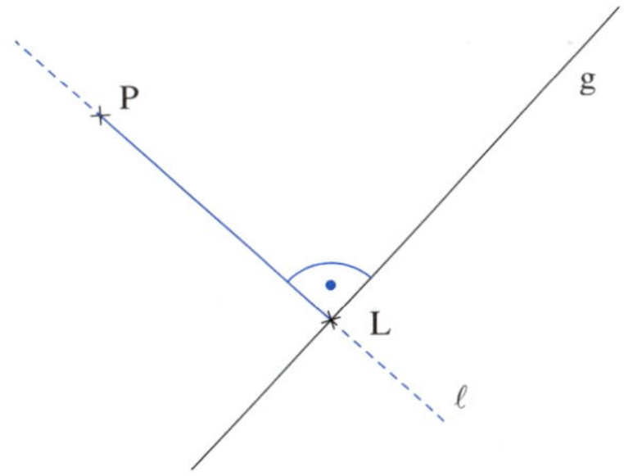

## 17.3 Symmetrie und Kongruenz geometrischer Figuren

1. Eine geometrische Abbildung heißt **Kongruenzabbildung**, wenn Figur und Bildfigur deckungsgleich zueinander sind.

2. a) Die **Achsenspiegelung $S_a$** ist eine längentreue und gegensinnig winkeltreue Kongruenzabbildung.
   Die Abbildungsvorschrift lautet:
   Bei gegebener Achse a wird jedem Punkt P der Ebene ein Bildpunkt P' wie folgt zugeordnet:
   1. Für $P \notin a$ gilt: P' liegt so, dass die Verbindungsstrecke [PP'] von a rechtwinklig halbiert wird.
   2. Für $P \in a$ gilt: $P' = P$

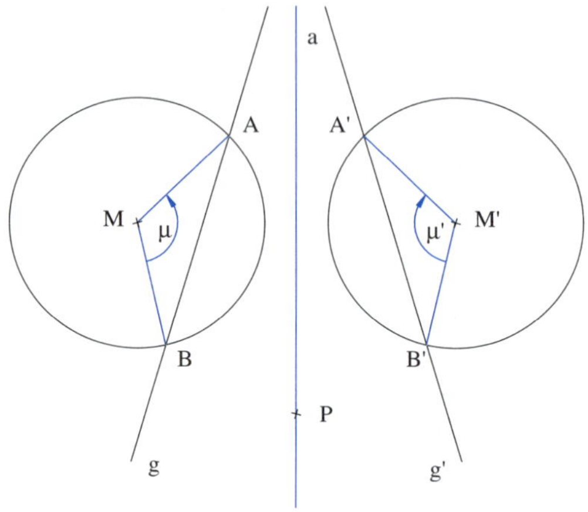


   b) Geraden werden auf Geraden und Kreise auf Kreise mit gleichen Radien abgebildet.
   Symmetrische Geraden schneiden sich entweder auf der Symmetrieachse oder sind parallel zu ihr.

   c) Schneiden sich zwei geometrische Linien in einem Punkt P, so schneiden sich die symmetrischen Linien in einem Punkt P', der Bildpunkt von P ist.

   d) Achsenpunkte und nur diese sind von zueinander symmetrischen Punkten gleich weit entfernt.

   e) Die Achsenpunkte sind Fixpunkte, die Achse ist Fixpunktgerade und die Lotgeraden zur Achse sind Fixgeraden.

3. Die **Punktspiegelung $S_Z$** ist eine Doppelspiegelung an zwei Achsen $a_1$ und $a_2$, die sich im Zentrum Z senkrecht schneiden.

   $S_Z = S_{a_2} \circ S_{a_1} \wedge a_1 \perp a_2$

   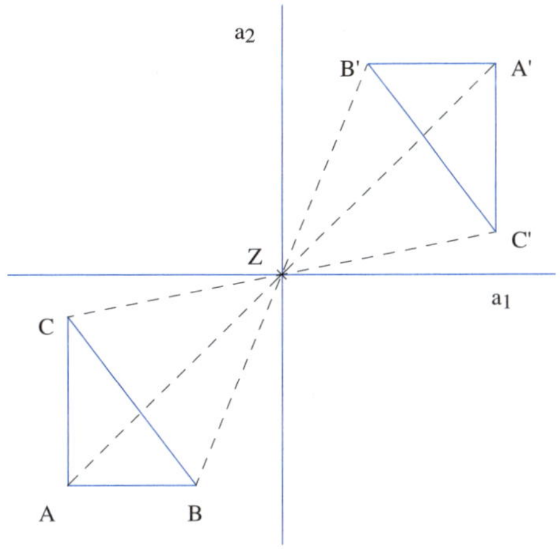


   Die Punktspiegelung $S_Z$ ist eine gleichsinnige Kongruenzabbildung, d. h. sie ist längentreu und gleichsinnig winkeltreu. Die Abbildungsvorschrift der Punktspiegelung lautet: Bei gegebenem Zentrum Z wird jedem Punkt P der Ebene ein Bildpunkt P' wie folgt zugeordnet:

   a) $P \neq Z$: $P' \in PZ \wedge \overline{P'Z} = \overline{PZ}$

   b) $P = Z$: $P' = P = Z$

   Bei jeder Punktspiegelung $S_Z$ sind Gerade und Bildgerade parallel zueinander. Geraden durch Z sind Fixgeraden, Z ist der einzige Fixpunkt.

4. Die **Verschiebung $V_{\vec{v}}$** ist eine Doppelspiegelung an zwei Achsen $a_1$ und $a_2$, die parallel zueinander sind:

   $V_v = S_{a_2} \circ S_{a_1} \wedge a_1 \parallel a_2$

   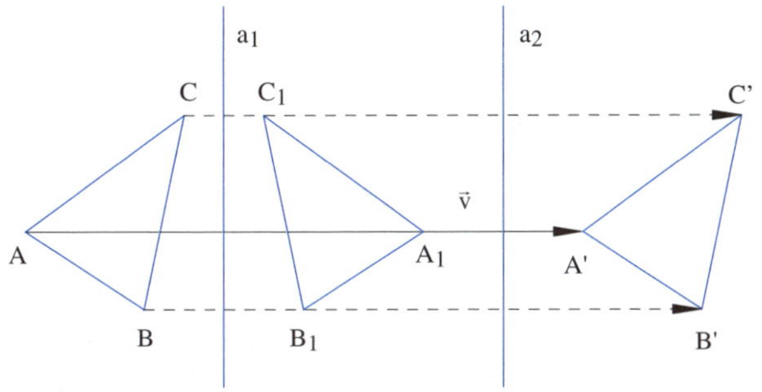


   Die Verschiebung $V_{\vec{v}}$ ist eine gleichsinnige Kongruenzabbildung, d. h. sie ist längentreu und gleichsinnig winkeltreu.

   Die Abbildungsvorschrift der Verschiebung lautet:

   Der Verschiebungspfeil $\vec{v}$ (Verschiebungsvektor $\vec{v}$) führt vom Punkt P zum Bildpunkt P', d. h. $\overrightarrow{PP'} = \vec{v}$.

   Die Länge des Verschiebungspfeiles $\vec{v}$ ist gleich dem doppelten Abstand der Achsen $a_1$ und $a_2$. Er steht senkrecht auf diesen und ist von der ersten zur zweiten Symmetrieachse gerichtet.

Im Koordinatensystem gilt:

$\vec{v} = \binom{v_1}{v_2}$

Verschiebung um $v_1$ in x-Richtung, Verschiebung um $v_2$ in y-Richtung.
Die Verschiebung hat keine Fixpunkte, Geraden parallel zum Verschiebungsvektor sind Fixgeraden.

5. Die **Drehung $D_{Z;\,2\alpha}$** ist eine Doppelspiegelung an zwei Achsen $a_1$ und $a_2$, die sich im Zentrum Z unter einem Winkel $\alpha$ schneiden.

$D_{Z;\,2\alpha} = S_{a_2} \circ S_{a_1} \wedge \sphericalangle(a_1; a_2) = \alpha$

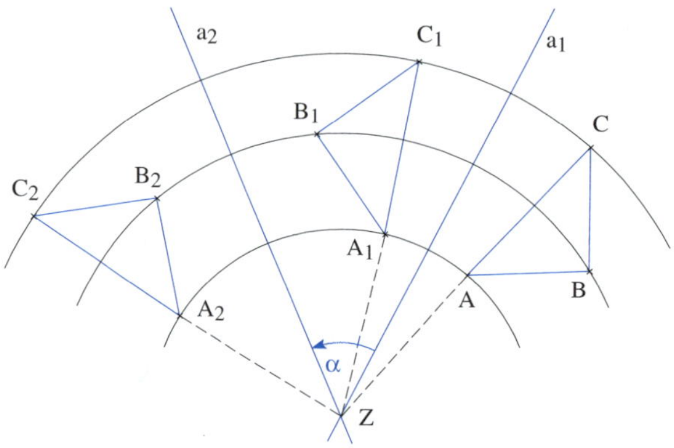


Die Drehung $D_{Z;\,2\alpha}$ ist eine gleichsinnige Kongruenzabbildung, d. h. sie ist längentreu und gleichsinnig winkeltreu.

Die Abbildungsvorschrift für die Drehung lautet:
Bei gegebenem Zentrum Z wird jedem Punkt P der Ebene ein Bildpunkt P' wie folgt zugeordnet:
a) $P \neq Z$: $\overline{P'Z} = \overline{PZ} \wedge \sphericalangle PZP' = 2\alpha$
b) $P = Z$: $P' = P = Z$

Der Drehwinkel $\varphi = 2\alpha$ ist doppelt so groß wie der Winkel $\alpha$, den die Achsen $a_1$ und $a_2$ miteinander einschließen. Die Orientierung des Winkels geht von der 1. Achse zur 2. Achse. Z ist der einzige Fixpunkt der Abbildung. Es gibt keine Fixgeraden.
Die Hintereinanderausführung (Verkettung) von Kongruenzabbildungen (Achsenspiegelung, Punktspiegelung, Verschiebung und Drehung) in beliebiger Abfolge ergibt wieder eine Kongruenzabbildung.

## 17.4 Dreiecke

1. Satz vom **gleichschenkligen** Dreieck:
   Trifft für ein Dreieck **eine** der folgenden Aussagen zu, so gelten auch die beiden anderen.
   a) Das Dreieck ist gleichschenklig.
   b) Das Dreieck besitzt eine Symmetrieachse.
   c) Das Dreieck besitzt zwei gleich große Winkel.

   **Sonderfall:**
   **Gleichseitiges** Dreieck mit drei gleich langen Seiten, drei Symmetrieachsen und drei gleichen Winkeln (60°).

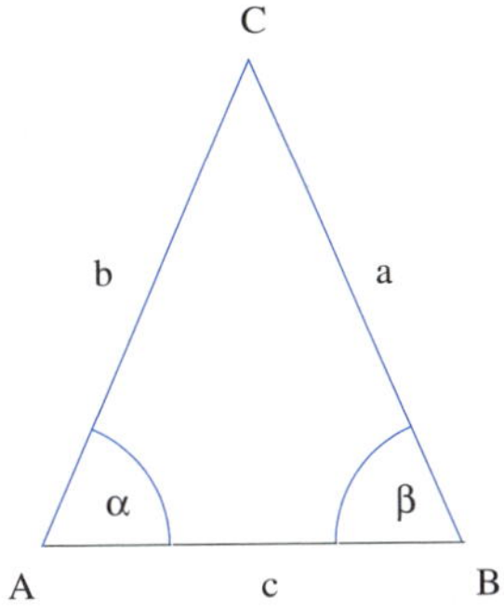


2. Für **rechtwinklige** Dreiecke gilt der **Satz des Thales**:
   Ein Dreieck ABC hat genau dann bei C einen rechten Winkel, wenn die Ecke C auf dem Halbkreis über [AB] liegt.

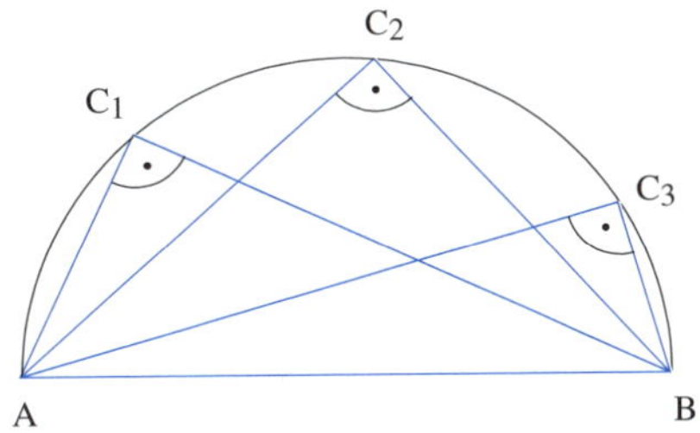


3. Für **beliebige** Dreiecke ABC gilt:
   a) In jedem Dreieck liegt der größeren Seite der größere Winkel gegenüber, insbesondere liegt der größten Seite der größte Winkel gegenüber.
   b) In jedem Dreieck schneiden sich die Mittelsenkrechten $m_a$, $m_b$, $m_c$ der Dreiecksseiten in einem Punkt M, dem Mittelpunkt des **Umkreises** des Dreiecks.
   c) In jedem Dreieck schneiden sich die Winkelhalbierenden $w_\alpha$, $w_\beta$, $w_\gamma$ in einem Punkt W, dem Mittelpunkt des **Inkreises** des Dreiecks.
   d) In jedem Dreieck schneiden sich die Seitenhalbierenden (Schwerlinien) $s_a$, $s_b$, $s_c$ in einem Punkt S, dem **Schwerpunkt** des Dreiecks.
   e) In jedem Dreieck schneiden sich die Höhen $h_a$, $h_b$, $h_c$ in einem Punkt H, dem **Höhenschnittpunkt** des Dreiecks.
   f) **Kongruenzsatz sss**
   Dreiecke sind schon kongruent, wenn sie in drei Seiten übereinstimmen.
   g) **Kongruenzsatz sws**
   Dreiecke sind schon kongruent, wenn sie in zwei Seiten und dem Zwischenwinkel übereinstimmen.

h) **Kongruenzsatz wsw (sww, wws)**
Dreiecke sind schon kongruent, wenn sie in einer Seite und zwei gleichliegenden Winkel übereinstimmen.

i) **Kongruenzsatz $ssw_g$**
Dreiecke sind schon kongruent, wenn sie in zwei Seiten und dem Gegenwinkel der größeren der beiden Seiten übereinstimmen.

## 17.5 Grundkonstruktionen

Folgende Grundkonstruktionen (Konstruktionen nur mit **Zirkel** und **Lineal**) wurden durchgeführt:

1. Streckenübertragung:
   Trage auf einer Geraden g vom Punkt P aus eine Strecke der Länge s ab, bzw. konstruiere in einem Kreis eine Sehne der Länge s von einem Punkt P aus.

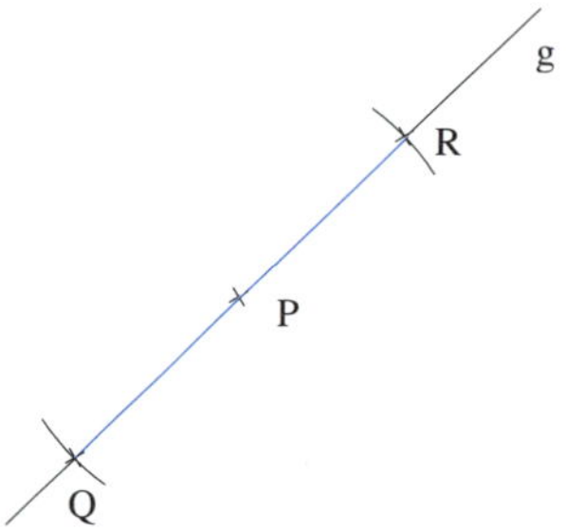


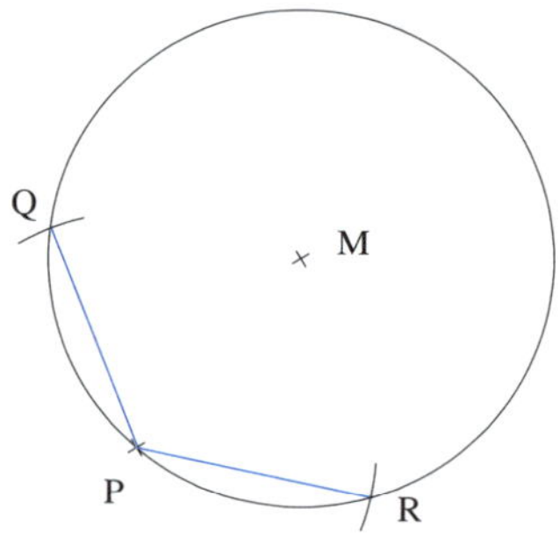


2. Winkelübertragung:
   Übertrage einen Winkel α so, dass ein Schenkel mit einer Halbgeraden [SP übereinstimmt.

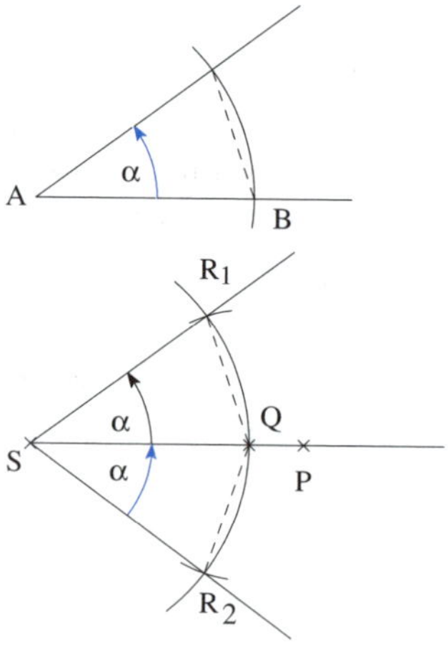

3. Konstruiere zu einer Geraden g und einem Punkt P $\notin$ g die **Parallele** zu g durch P.

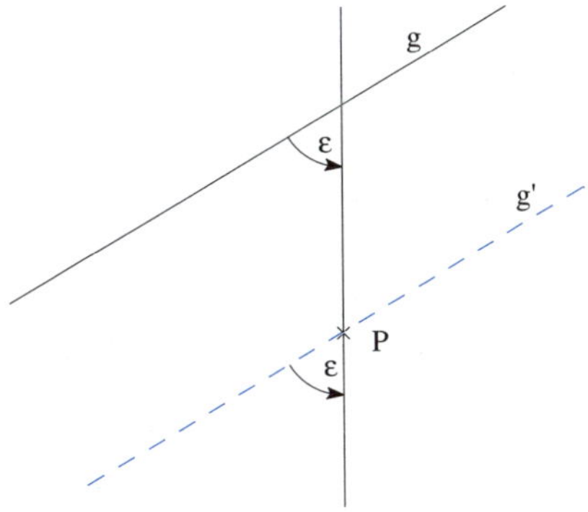


4. Konstruiere zu einem Punkt P den **Bildpunkt P'** bezüglich der Spiegelachse a.

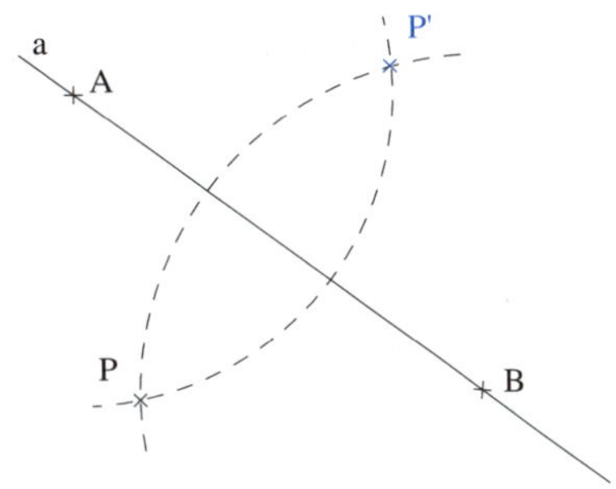


5. Konstruiere zu zwei gegebenen Punkten P und Q die **Symmetrieachse**.

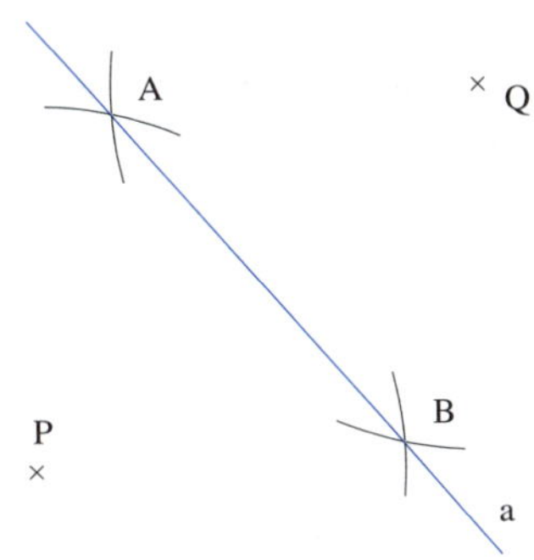

6. Konstruiere das **Lot** (die Senkrechte) $\ell$ zu einer Geraden g in einem Punkt $P \in g$.

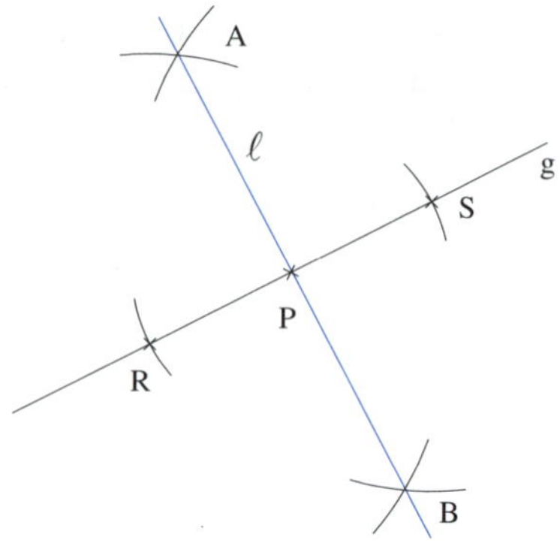


7. Konstruiere das **Lot** (die Senkrechte) $\ell$ zu einer Geraden g in einem Punkt $P \notin g$.

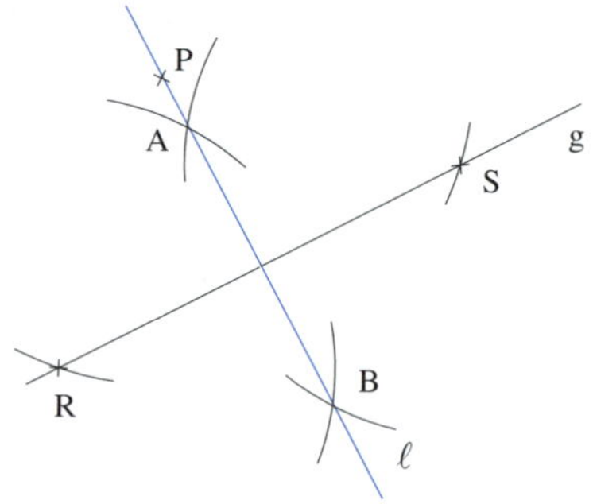


8. Konstruiere die **Parallele** p zu einer Geraden g durch einen Punkt $P \notin g$.

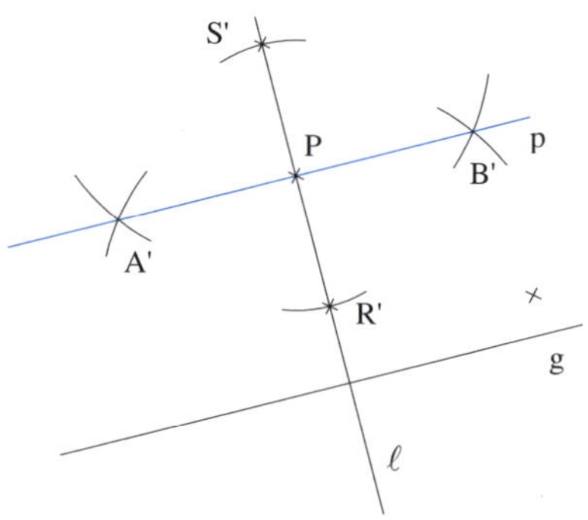

9. Konstruiere die **Winkelhalbierende** (Symmetrieachse) w eines Winkels mit dem Scheitel S.

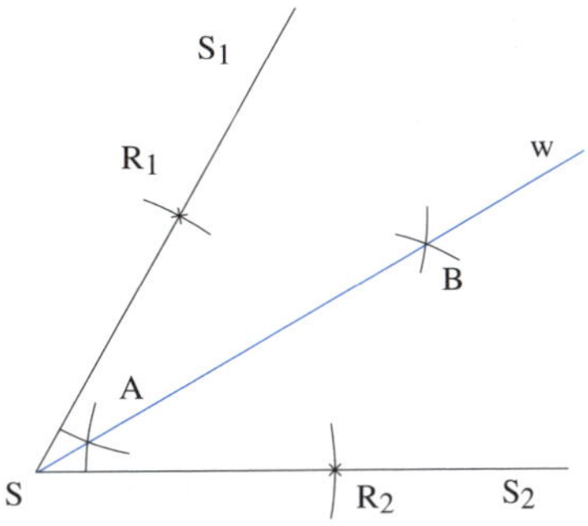


10. Konstruiere das **Bild P'** des Punktes P bei der Spiegelung $S_Z$ am Zentrum Z.

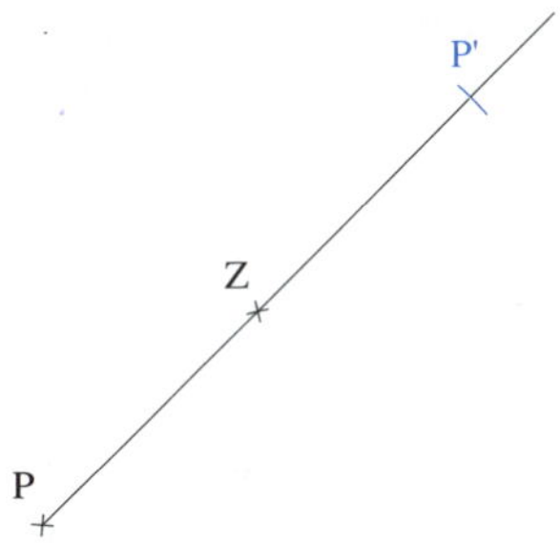


11. Konstruiere das **Bild P'** des Punktes P bei der Verschiebung $V_{\vec{v}}$.

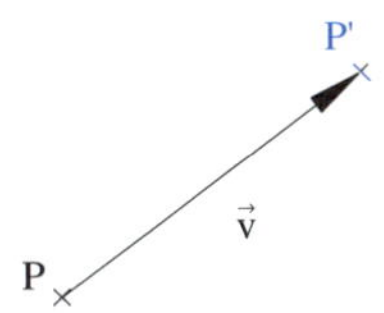


12. Konstruiere das **Bild P'** des Punktes P bei der Drehung $D_{Z;\,2\alpha}$.
Es gilt: $\varphi = 2\alpha$

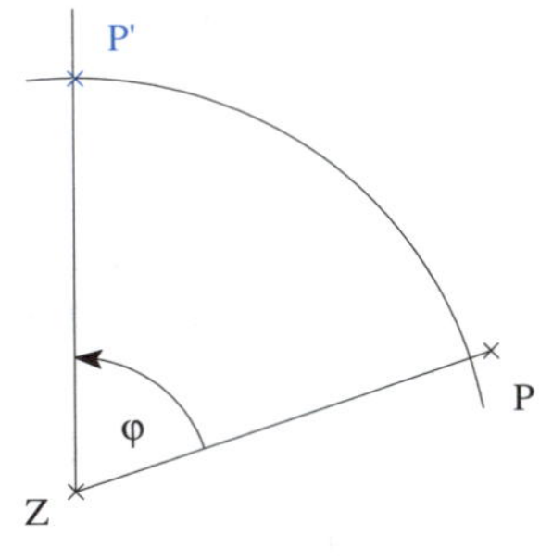

13. Konstruiere einen **60°-Winkel** mit dem Scheitel A.

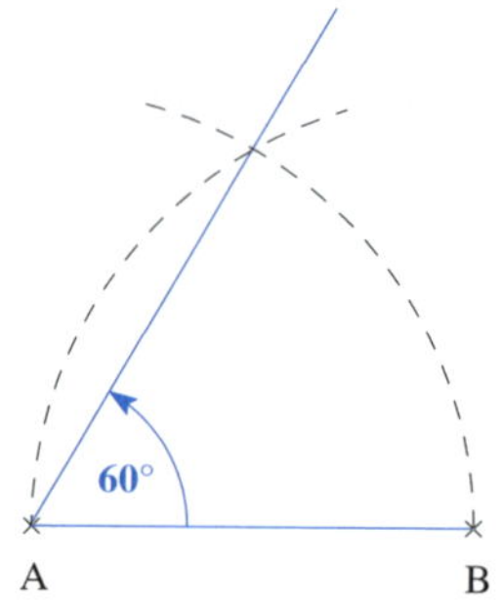


14. Dreieckskonstruktionen nach sss-Satz, sws-Satz, **wws**-Satz, $ssw_g$-Satz

## 17.6 Punktemengen

1. Die Menge aller Punkte P, die von einem Punkt M die Entfernung (den Abstand) r besitzen, bildet den **Kreis (die Kreislinie) k (M; r)**.
   $k(M; r) = \{P \mid \overline{PM} = r\}$
   $= \{P \mid d(P; M) = r\}$
   $k_i = \{P \mid \overline{PM} < r\}$: Kreisinneres
   $k_a = \{P \mid \overline{PM} > r\}$: Kreisäußeres
   $k_A = \{P \mid \overline{PM} \leq r\}$: Kreisfläche

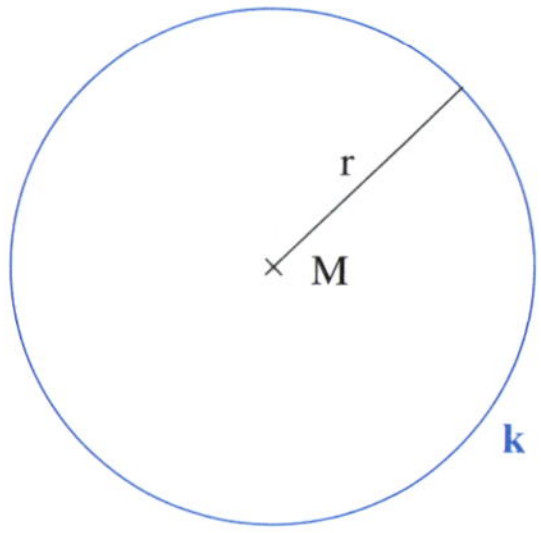


2. Die Menge aller Punkte P, die von zwei Punkten A und B die gleiche Entfernung besitzen, bildet die **Symmetrieachse a** oder die **Mittelsenkrechte a** zur Strecke [AB].
   $a = \{P \mid \overline{PA} = \overline{PB}\}$
   $= \{P \mid d(P; A) = d(P; B)\}$

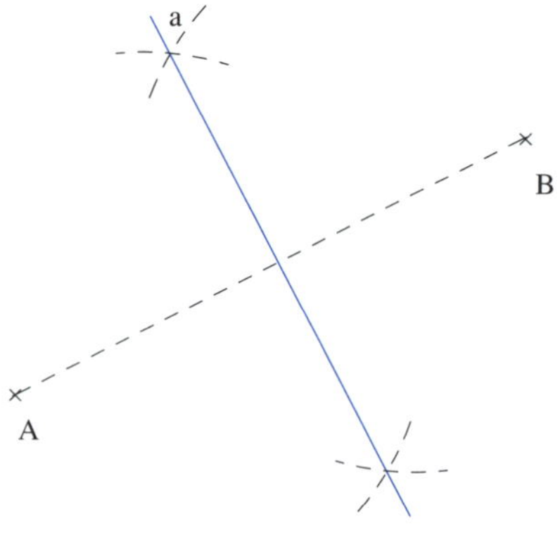

3. Die Menge aller Punkte P, die von zwei sich schneidenden Geraden $g_1$ und $g_2$ gleichen Abstand besitzen, bildet die **Winkelhalbierenden $w_1$, $w_2$**.
$w_1, w_2 = \{P \mid d(P; g_1) = d(P; g_2)\}$
Die Winkelhalbierenden $w_1$, $w_2$ stehen senkrecht aufeinander.

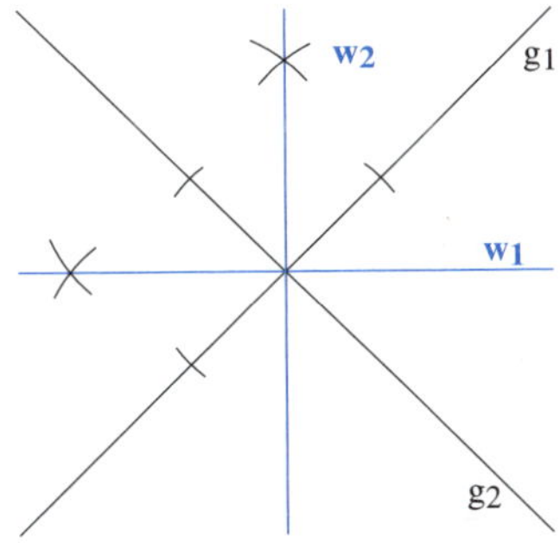


4. Die Menge aller Punkte P, die von zwei parallelen Geraden $g_1$, $g_2$ gleichen Abstand besitzen, bildet die **Mittelparallele m**.
$m = \{P \mid d(P; g_1) = d(P; g_2)\}$

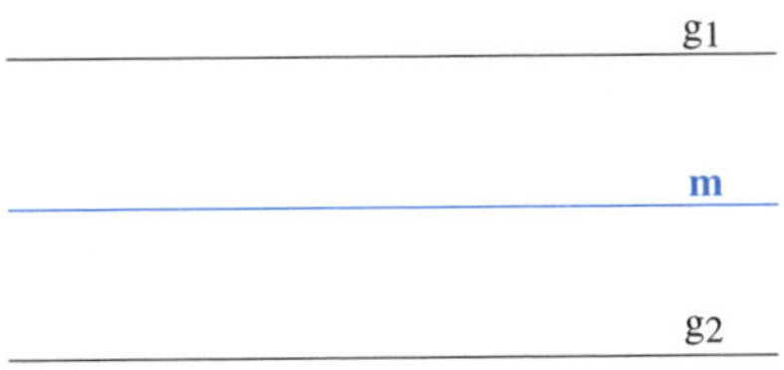


5. Die Menge aller Punkte P, die von einer Geraden g den gleichen Abstand c besitzen, bildet das **Parallelenpaar $p_1$, $p_2$** zur Geraden g.
$p_1, p_2 = \{P \mid d(P; g) = c\}$

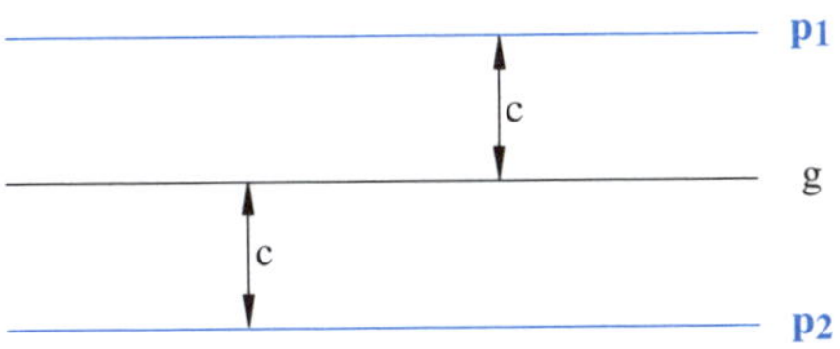


6. Die Menge aller Punkte P, von denen aus die Strecke [AB] unter einem rechten Winkel (90°-Winkel) gesehen wird, bildet den **Thaleskreis über [AB]**.
Die Punkte innerhalb des Thaleskreises sehen [AB] unter einem Winkel $\varphi > 90°$, die Punkte außerhalb unter einem Winkel $\varphi < 90°$.

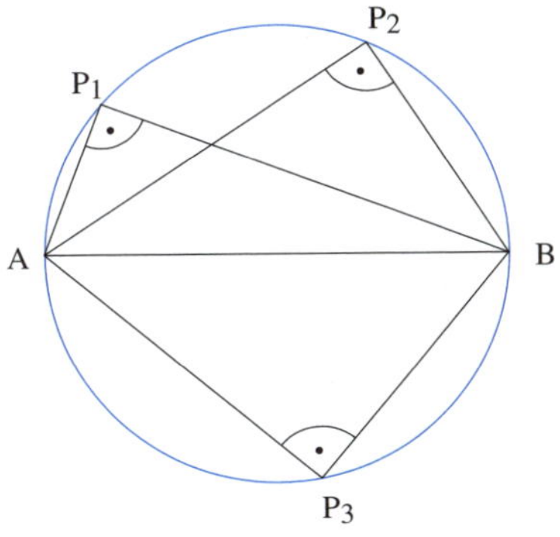

# Lösungen

Bevor du beim Lösen einer Aufgabe so richtig loslegst, solltest du dir erst einmal überlegen, wie man jetzt wohl am besten vorgeht. Schließlich möchtest du das Problem nicht komplizierter machen, als es schon ist …

1. a) Vorüberlegung:

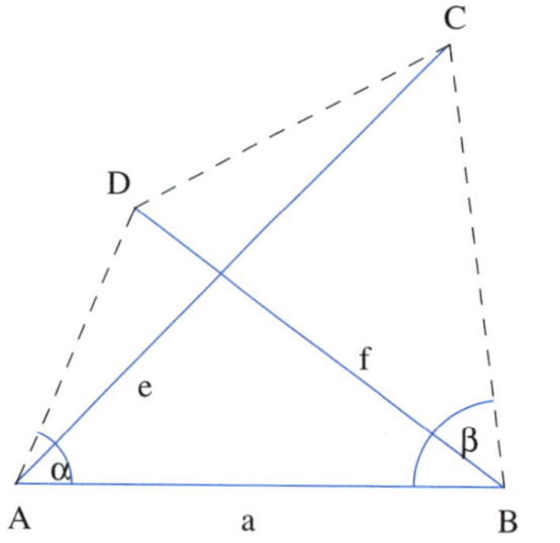


Dreieck ABC aus $ssw_g$ (a; e; β) eindeutig konstruierbar.

D liegt
1. auf α
2. auf k(B; f)

*Konstruktion:*

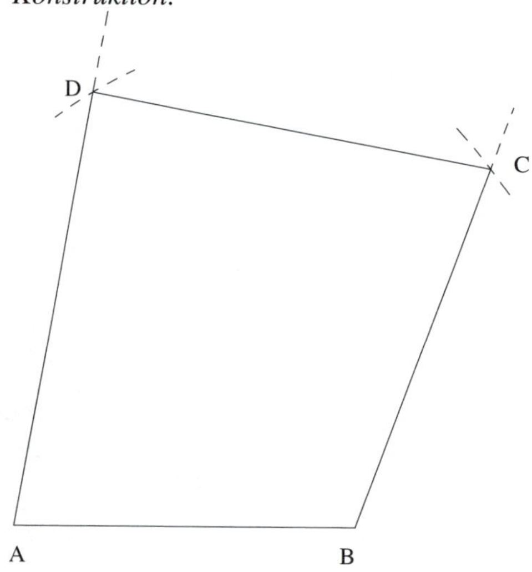

b) *Vorüberlegung:*

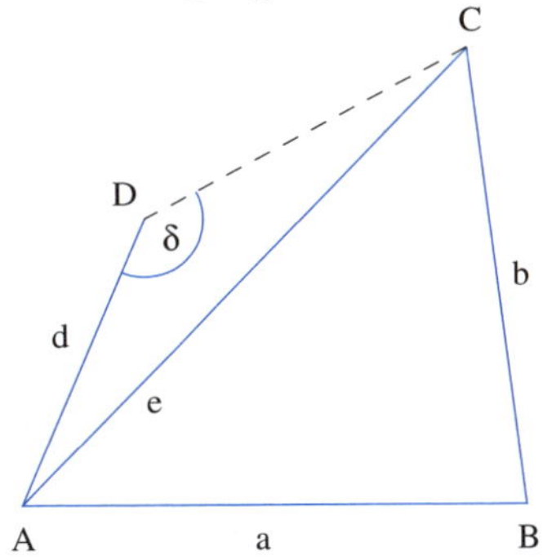


Dreieck ACD aus **ssw$_g$** (d; e; δ) eindeutig konstruierbar.

B liegt
1. auf k(A; a)
2. auf k(C; b)

*Konstruktion:*

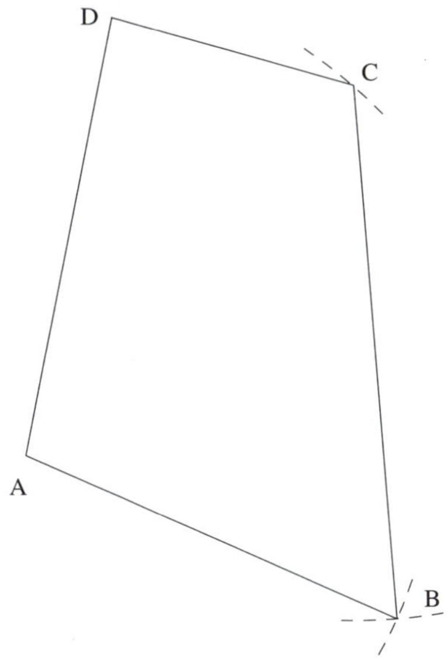


c) *Vorüberlegung:*

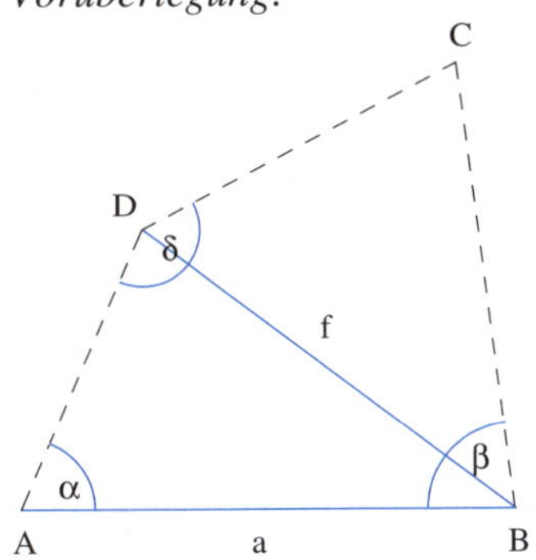


Dreieck ABD aus **ssw$_g$** (a; f; α) eindeutig konstruierbar.

C liegt
1. auf δ
2. auf β

*Konstruktion:*

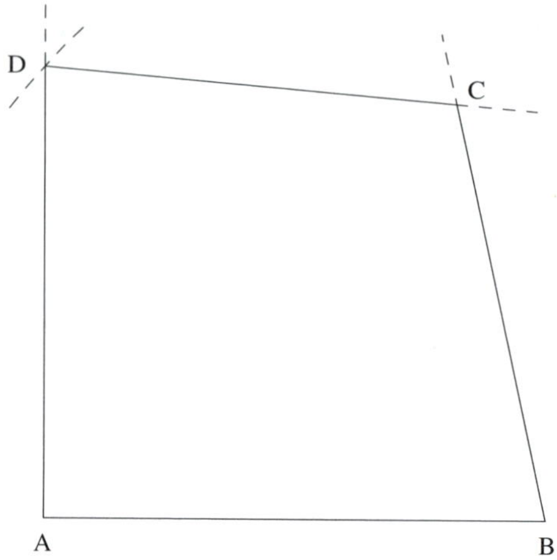


d) *Vorüberlegung:*

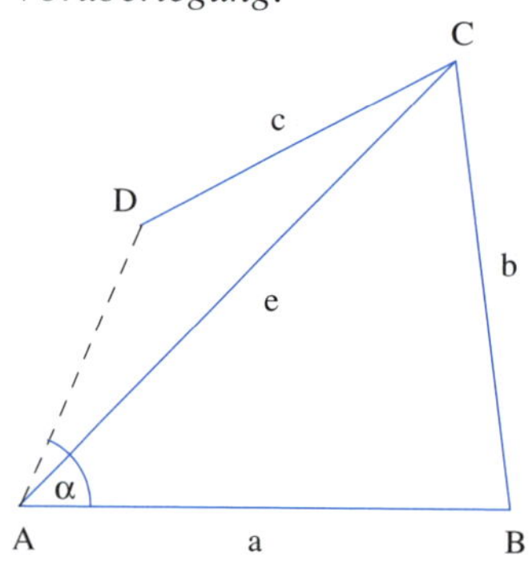


Dreieck ABC aus sss (a; b; e) eindeutig konstruierbar.

D liegt

1. auf α
2. auf k(C; c)

*Konstruktion:*

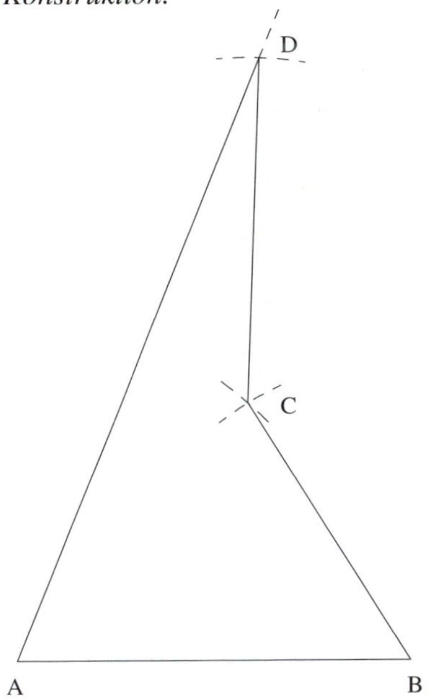


Es entsteht ein Viereck mit einem überstumpfen Winkel.

**2.** In den Dreiecken BCD und ACD müssen jeweils die Dreiecksungleichungen gelten, z. B. im Dreieck BCD:

$|b-c| \leq f \leq b+c$

$|f-c| \leq b \leq f+c$

$|f-b| \leq c \leq f+b$

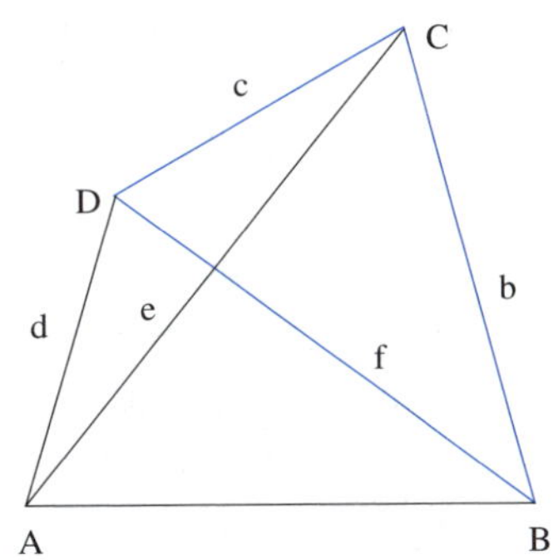

**3.** *Vorüberlegung:*

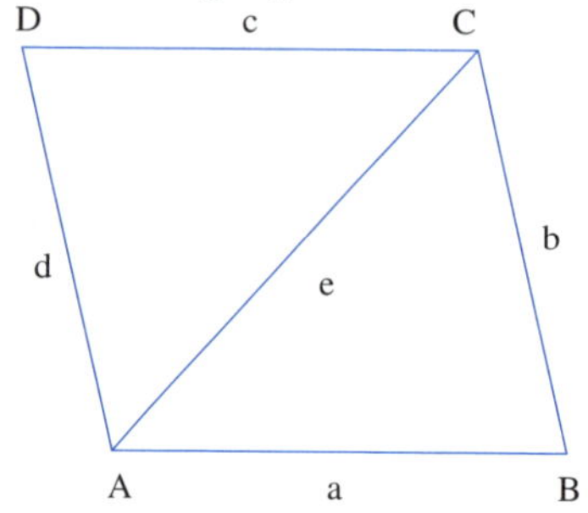


Dreieck ABC aus sss (a; b; e) eindeutig konstruierbar.

D liegt

1. auf k(C; c)
2. auf k(A; d)

*Konstruktion:*

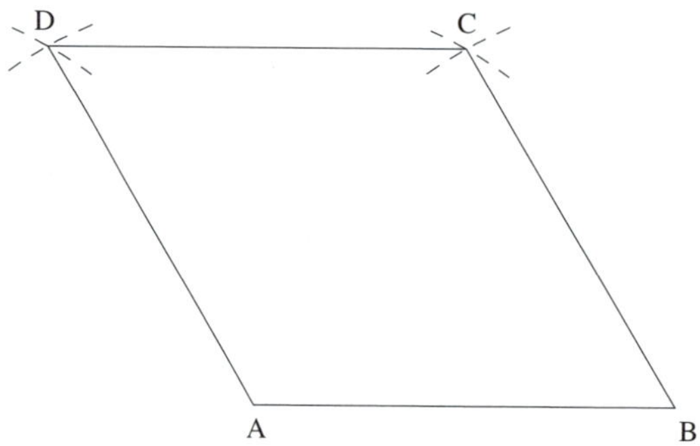


Es entsteht ein Viereck mit vier gleich langen Seiten, von denen je zwei Gegenseiten parallel sind. Ein solches Viereck heißt später eine Raute.
Für die Winkel gilt: $\beta = \delta = 60°$; $\alpha = \gamma = 120°$.

**4.** a) Definition, da dem Dreieck der Name „gleichseitig" gegeben wird.

b) Axiom, da die Aussage anschaulich klar ist.

c) Lehrsatz, dessen Beweis in Klasse 7 geführt wurde.

d) Definition, da der Name für 1 Grad festgelegt wird.

e) Definition, da der Name für die längste Seite im rechtwinkligen Dreieck festgelegt wird.

f) Lehrsatz, dessen Nachweis aus der Definition einer geraden Zahl in der 5. Klasse geführt wurde.

**5.** a) Wenn ein Dreieck gleichschenklig ist, dann sind Basiswinkel gleich groß.

b) Wenn eine Kongruenzabbildung eine Spiegelung ist, dann ist sie längentreu.

c) Wenn eine Kongruenzabbildung eine Verschiebung ist, dann ist sie gleichsinnig winkeltreu.

d) Wenn ein Kind lacht, dann ist es glücklich.

e) Wenn ein Tier Kiemen hat, dann ist es ein Fisch.

f) Wenn ein Schüler fleißig ist, dann erhält er gute Noten.

**6.** Kongruenzbeweis:

*Voraussetzung:*
1. $\overline{BD} = \overline{AB}$
2. $\overline{BE} = \overline{CB}$

*Behauptung:*
$\Delta DEB \cong \Delta ABC$

*Beweis:*
$\Delta DEB \cong \Delta ABC$, weil
1. $\overline{BD} = \overline{AB}$ (Vor.)
2. $\overline{BE} = \overline{CB}$ (Vor.)
3. $\sphericalangle ABC = \sphericalangle DBE$ (Scheitelwinkel)

sws-Satz $\Rightarrow \Delta DEB \cong \Delta ABC$

*Überlegungsfigur:*

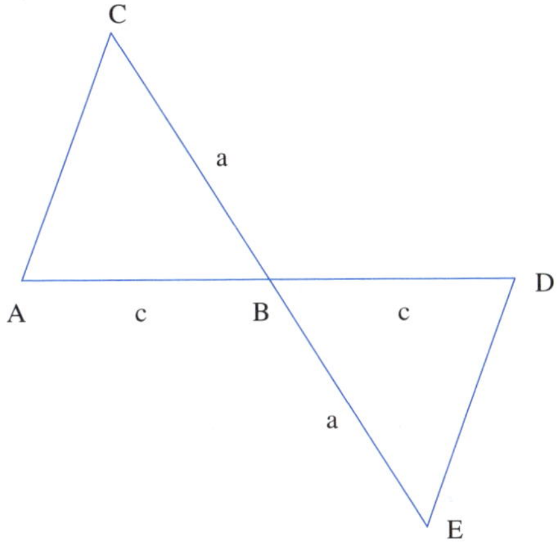


**7.** Kongruenzbeweis:

*Voraussetzung:*
1. $\Delta ABC$ gleichschenklig
2. M ist Mittelpunkt von [AB]

*Behauptung:*
$\ell_a = \ell_b$

*Beweis:*
$\Delta MBD \cong \Delta AME$, weil
1. $\overline{MB} = \overline{MA}$ (Vor.)
2. $\beta = \alpha$ (Vor.)
3. $\sphericalangle BDM = \sphericalangle MEA = 90°$

sww-Satz $\Rightarrow \ell_a = \ell_b$

*Überlegungsfigur:*

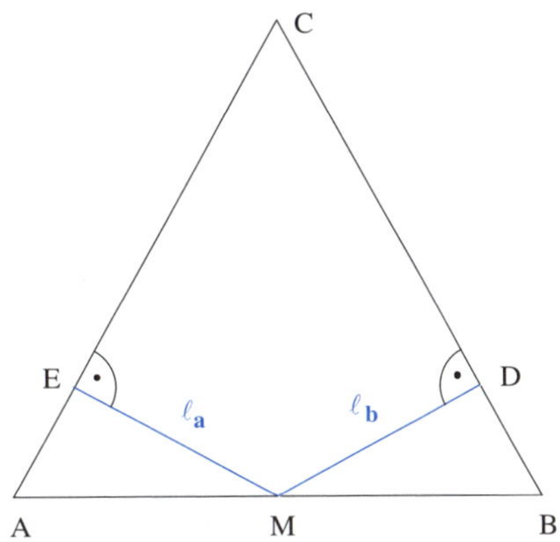

**8.** Kongruenzbeweis:

*Voraussetzung:*

$h_a = h_b$

*Behauptung:*

$\Delta ABC$ ist gleichschenklig

*Beweis:*

$\Delta ABD \cong \Delta ABE$, weil

1. $\overline{AB} = \overline{AB}$ (Vor.)
2. $h_a = h_b$ (Vor.)
3. $\sphericalangle BDA = \sphericalangle BEA = 90°$

$ssw_g$-Satz $\Rightarrow$ $\beta = \alpha$ $\Rightarrow$ Dreieck ABC gleichschenklig

*Überlegungsfigur:*

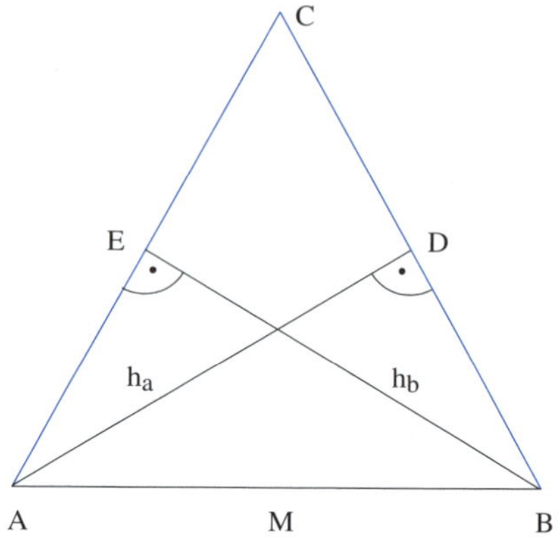


**9.** Kongruenzbeweis:

*Voraussetzung:*

1. M ist Mittelpunkt von [AC]
2. CD und AE sind Lote

*Behauptung:*

$\overline{CD} = \overline{AE}$

*Beweis:*

$\Delta CMD \cong \Delta AME$, weil

1. $\overline{CM} = \overline{MA}$ (Vor.)
2. $\sphericalangle DMC = \sphericalangle EMA$ (Scheitelwinkel)
3. $\sphericalangle CDM = \sphericalangle AEM = 90°$

sww-Satz $\Rightarrow$ $\overline{CD} = \overline{AE}$

*Überlegungsfigur:*

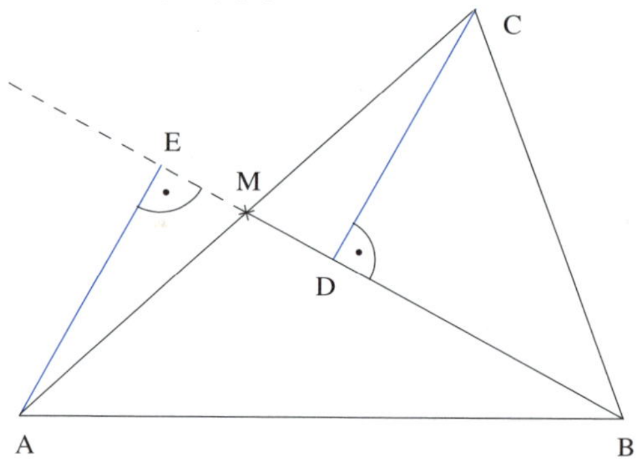

**10.** Kongruenzbeweis:

*Voraussetzung:*
1. $\Delta ABC$ ist gleichschenklig
2. $\overline{CD} = \overline{CE}$

*Behauptung:*
$\overline{DB} = \overline{AE}$

*Beweis:*
$\Delta ABD \cong \Delta ABE$, weil
1. $\overline{AB} = \overline{AB}$
2. $\alpha = \beta$ (Vor.)
3. $\overline{DA} = \overline{BE}$ (Vor.)

sws-Satz $\Rightarrow \overline{DB} = \overline{AE}$

*Überlegungsfigur:*

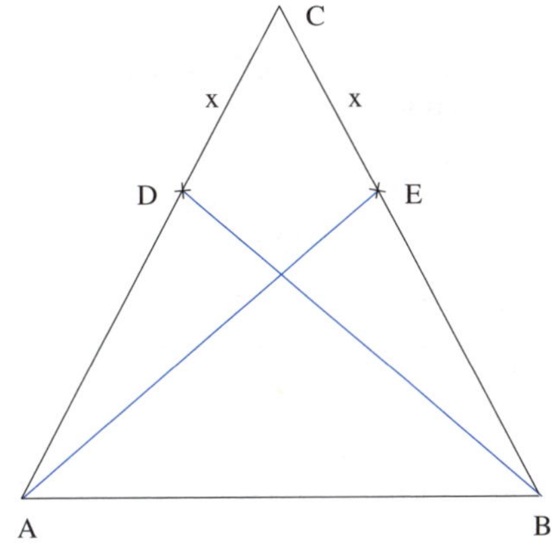


**11.** Kongruenzbeweis:

*Voraussetzung:*
1. w ist Winkelhalbierende
2. $AB \perp w$

*Behauptung:*
$\Delta ABS$ ist gleichschenklig

*Beweis:*
$\Delta AMS \cong \Delta BMS$, weil
1. $\overline{SM} = \overline{SM}$
2. $\sphericalangle AMS = \sphericalangle SMB = 90°$ (Vor.)
3. $\sphericalangle MSA = \sphericalangle BSM = \frac{\gamma}{2}$ (Vor.)

$wsw_g$-Satz $\Rightarrow \alpha = \beta$
$\Rightarrow \Delta ABS$ ist gleichschenklig

*Überlegungsfigur:*

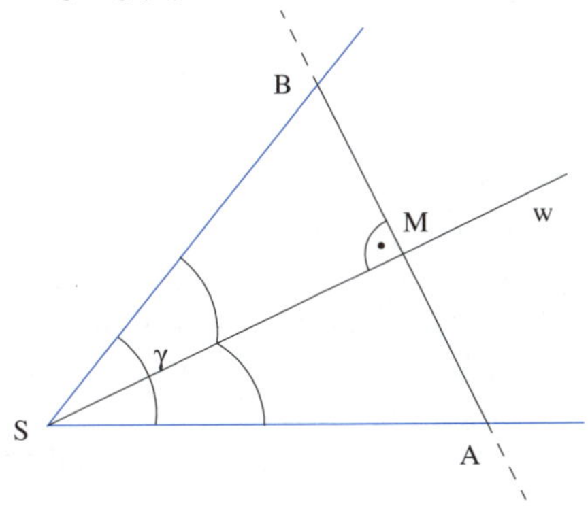

**12.** Kongruenzbeweis:

*Überlegungsfigur:*

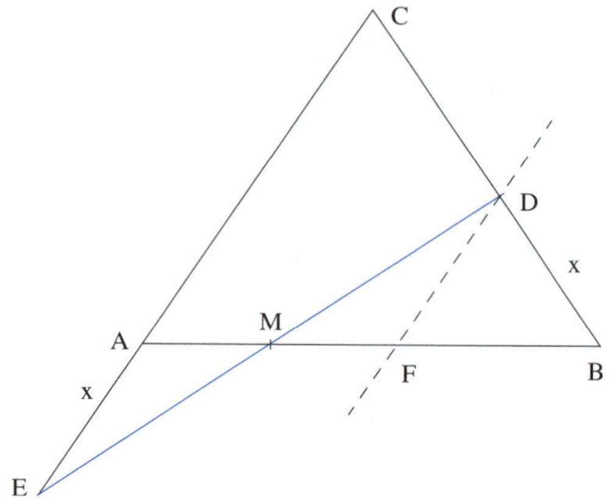


*Voraussetzung:*
1. $\Delta ABC$ ist gleichschenklig
2. $\overline{AE} = \overline{DB}$
3. $DF \parallel AC$, d. h. $\Delta FBD$ ist gleichschenklig, weil $\sphericalangle BFD = \alpha = \beta$ gilt.

*Behauptung:*
$\overline{EM} = \overline{DM}$

*Beweis:*
$\Delta EMA \cong \Delta MFD$, weil
1. $\overline{EA} = \overline{FD} = x$ (Vor. 3.)
2. $\sphericalangle EMA = \sphericalangle DMF$ (Scheitelwinkel)
3. $\sphericalangle MAE = \sphericalangle MFD$ (Wechselwinkel an Parallelen)

sww-Satz $\Rightarrow \overline{EM} = \overline{DM}$

**13.** $\alpha$, $\beta$ und $\gamma$ seien stumpfe Winkel, d. h.
$\alpha = 90 + \varphi_1$, $\beta = 90° + \varphi_2$ und $\gamma = 90° + \varphi_3$
Da für die Winkelsumme im Viereck $\alpha + \beta + \gamma + \delta = 360°$ gilt, folgt:

$$\delta = 360° - (\alpha + \beta + \gamma) = 360° - (90° + \varphi_1 + 90° + \varphi_2 + 90° + \varphi_3)$$
$$= 360° - (270° + \varphi_1 + \varphi_2 + \varphi_3) = 360° - 270° - (\varphi_1 + \varphi_2 + \varphi_3)$$
$$= 90° - (\varphi_1 + \varphi_2 + \varphi_3)$$

Falls $\varphi_1 + \varphi_2 + \varphi_3 < 90°$ gilt, ist die Bedingung erfüllbar.

z.B.
$$\left.\begin{array}{lll} \varphi_1 = 10° & \Leftrightarrow & \alpha = 100° \\ \varphi_2 = 20° & \Leftrightarrow & \beta = 110° \\ \varphi_3 = 30° & \Leftrightarrow & \gamma = 120° \end{array}\right\} \delta = 30°$$

**14.** Gegenbeispiel: Stumpfwinkliges Dreieck ABC

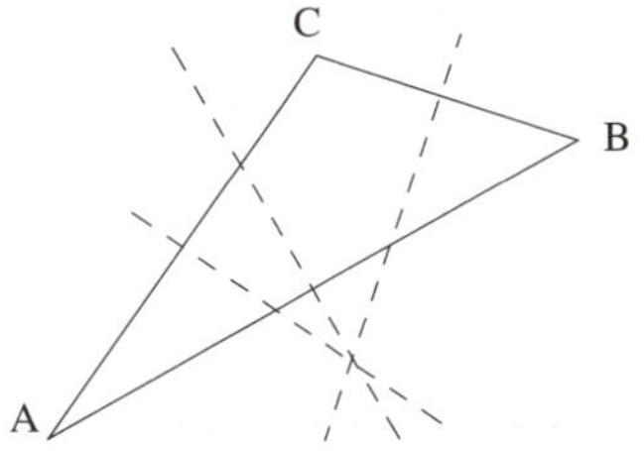


**15.** „Puppen leben nicht“ stellt eine wahre Aussage dar, wenn es sich um Spielzeugpuppen handelt.
„Puppen leben nicht“ ist eine falsche Aussage, wenn es sich z. B. um Schmetterlingspuppen handelt.

**16.** Zwei Geraden $g_1$ und $g_2$ sind parallel, wenn sie eine gemeinsame Lotgerade $\ell$ besitzen, d. h. mit $\ell$ je einen 90°-Winkel bilden.
Angenommen $g_1$ und $g_2$ schneiden sich ganz weit draußen in einem Punkt C, dann bilden die Geraden $g_1$ und $g_2$ einen Winkel $\gamma \neq 0°$.
Dann gilt aber für die Winkelsumme in dem Dreieck ABC:
$90° + 90° + \gamma > 180°$
Das ist ein **Widerspruch** zur Winkelsumme im Dreieck. Also ist die ursprüngliche Behauptung, dass parallele Geraden keinen Schnittpunkt besitzen, wahr.

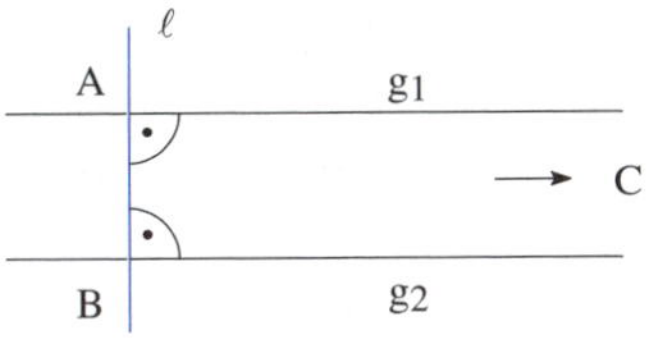


**17.** Direkter Beweis:
Da das Dreieck ABC bei C rechtwinklig ist, liegt C auf dem Thaleskreis über [AB], d. h.
$\overline{MA} = \overline{MB} = \overline{MC}$
Da $\overline{MC} = s_c$ gilt, folgt die Behauptung, dass $s_c$ halb so lang ist wie die Hypotenuse [AB].

Direkter Beweis:

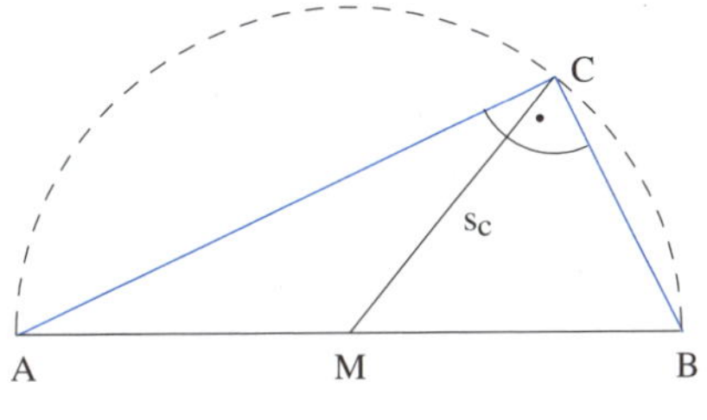

**18.** a) S: Wenn zwei Geraden parallel sind, dann haben sie festen Abstand voneinander. (w)
KS: Wenn zwei Geraden festen Abstand voneinander besitzen, dann sind sie parallel. (w)

b) S: Wenn das Herz schlägt, dann lebt man. (w)
KS: Wenn man lebt, dann schlägt das Herz. (w)

c) S: Wenn zwei Geraden nicht parallel sind, dann stehen sie aufeinander senkrecht. (f)
Gegenbeispiel: Zwei sich schneidende Geraden mit Schnittwinkel $\varphi \neq 90°$
KS: Wenn zwei Geraden aufeinander senkrecht stehen, dann sind sie nicht parallel. (w).

d) S: Wenn ein Dreieck gleichschenklig ist und einen 60°-Winkel besitzt, dann ist es gleichseitig. (w)
$KS_1$: Wenn ein Dreieck gleichschenklig und gleichseitig ist, dann besitzt es einen 60°-Winkel. (w)
$KS_2$: Wenn ein Dreieck gleichseitig ist und einen 60°-Winkel besitzt, dann ist es gleichschenklig. (w)

e) S: Wenn jemand nicht sät, dann kann er nicht ernten. (f)
Gegenbeispiel: Getreidediebe
KS: Wenn jemand nicht erntet, dann sät er nicht. (f)
Gegenbeispiel: Ernte durch Wetter vollständig vernichtet.

f) S: Wenn es nicht blitzt, dann donnert es nicht. (w)
KS: Wenn es nicht donnert, dann blitzt es nicht. (f)
Gegenbeispiel: Nordlicht; Wetterleuchten

**19.** a) S: Wenn es kräftig regnet, dann ist der Himmel bewölkt. (w)
KS: Wenn der Himmel bewölkt ist, dann regnet es kräftig. (f)
V ist hinreichend für B.

b) S: Wenn ein Satz wahr ist, dann ist der Kehrsatz wahr. (f)
KS: Wenn der Kehrsatz wahr ist, dann ist der Satz wahr. (f)
V ist weder hinreichend noch notwendig für B.

c) S: Wenn ein Hund gestreichelt wird, dann freut er sich. (f)
KS: Wenn sich ein Hund freut, dann wird er gestreichelt. (f)
V ist weder hinreichend noch notwendig für B.

d) S: Wenn eine Zahl durch 2 teilbar ist, dann ist sie auch durch 4 teilbar. (f)
KS: Wenn eine Zahl durch 4 teilbar ist, dann ist sie auch durch 2 teilbar. (w)
V ist notwendig für B.

e) S: Wenn in einem Dreieck die Summe zweier Winkel 80° beträgt, dann ist das Dreieck stumpfwinklig. (w)
KS: Wenn ein Dreieck stumpfwinklig ist, dann ist die Summe zweier Winkel 80°. (f)
V ist hinreichend für B.

f) S: Wenn sie nicht gestorben sind, dann leben sie noch heute. (w)
KS: Wenn sie heute noch leben, dann sind sie nicht gestorben. (w)
V ist notwendig und hinreichend für B.

g) S: Wenn man eine Gummischnur belastet, dann dehnt sie sich aus. (w)
KS: Wenn sich eine Gummischnur ausdehnt, dann wurde sie belastet. (w)
V ist notwendig und hinreichend für B.

h) S: Wer seine geometrischen Sätze gut lernt, der schreibt eine gute Note in Mathematik. (f)
KS: Wer eine gute Note in Mathematik schreibt, der hat seine geometrischen Sätze gut gelernt. (w)
V ist notwendig für B.

**20.** a) *Vorüberlegung:*

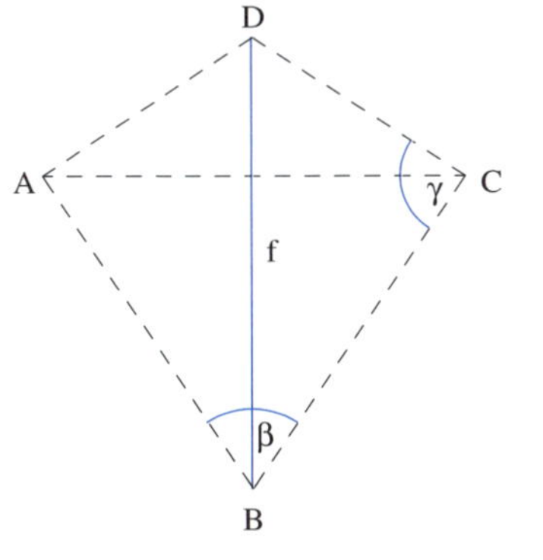


Durch f sind B und D gegeben.

A liegt

1. auf $\frac{\beta}{2}$
2. auf $\frac{\delta}{2}$ $(\delta = 360° - \beta + 2\gamma)$

C liegt

1. auf $\frac{\beta}{2}$
2. auf $\frac{\delta}{2}$

bzw. C liegt symmetrisch zu A bezüglich BD.

*Konstruktion:*

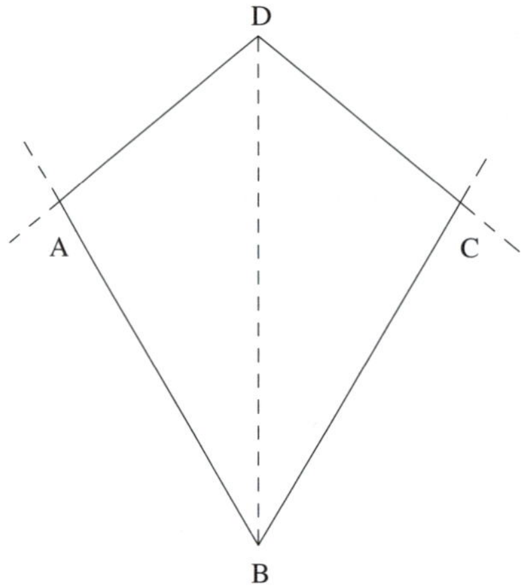


b) *Vorüberlegung:*

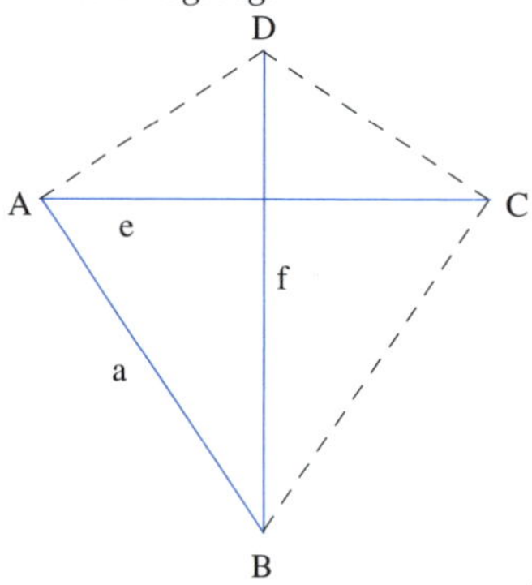


Dreieck ABC aus sss (a; b = a; e) eindeutig konstruierbar.

D liegt
1. auf Symmetrieachse zu [AC]
2. auf k(B; f)

*Konstruktion:*

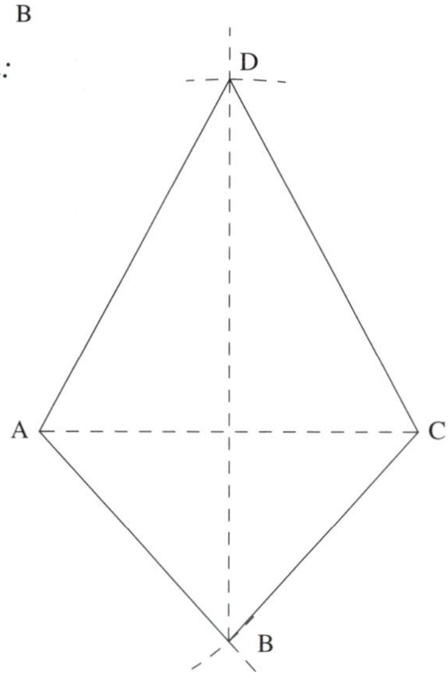

c) *Vorüberlegung:*

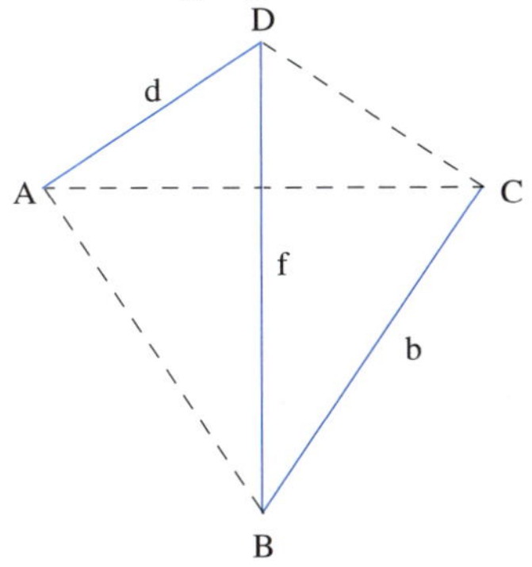


Dreieck ABD aus sss (a = b; f; d) eindeutig konstruierbar.

C liegt
1. auf k(D; c = d)
2. auf k(B; b)

*Konstruktion:*

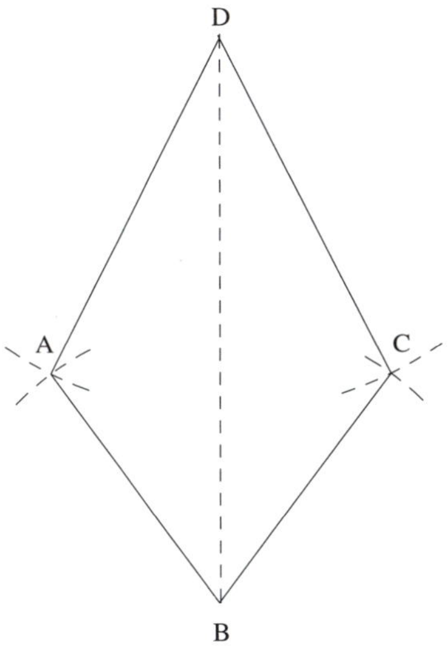

d) *Vorüberlegung:*

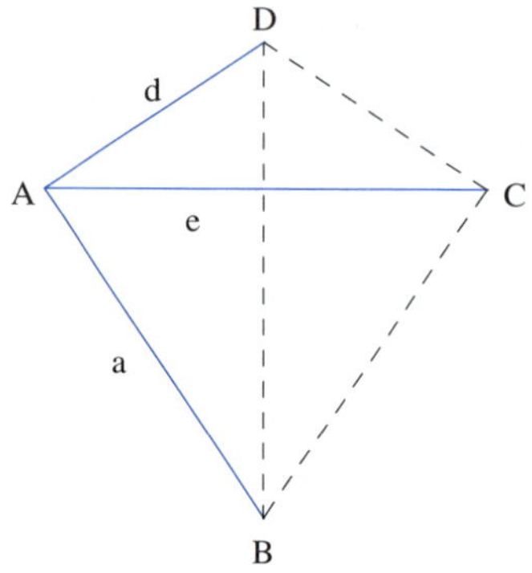


Dreieck ABC aus sss (a; b = a; e) eindeutig konstruierbar.

D liegt

1. auf k(A; d)
2. auf k(C, c = d)

*Konstruktion:*

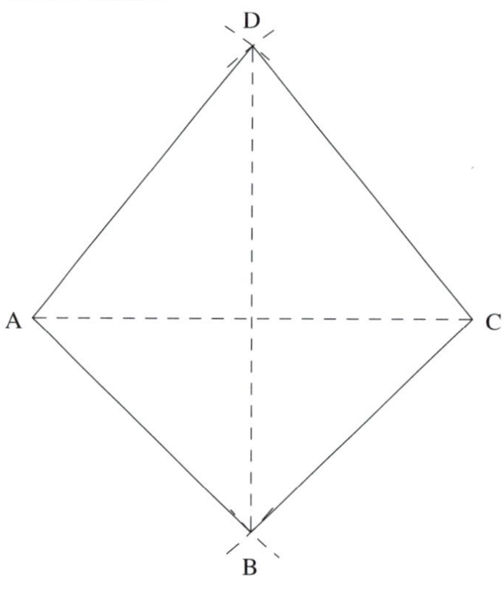

e) *Vorüberlegung:*

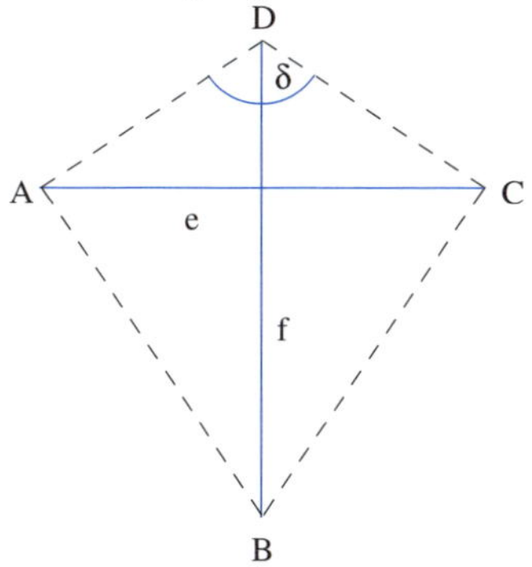


Durch e sind A und C gegeben.

D liegt

1. auf $\sphericalangle CAD = 45°$
2. auf $\sphericalangle DCA = 45°$, wegen der Winkelsumme 180° im Dreieck ACD und $\delta = 90°$ und $\sphericalangle CAD = \sphericalangle DCA$.

B liegt

1. auf der Symmetrieachse zu [AC]
2. auf k(D; f)

*Konstruktion:*

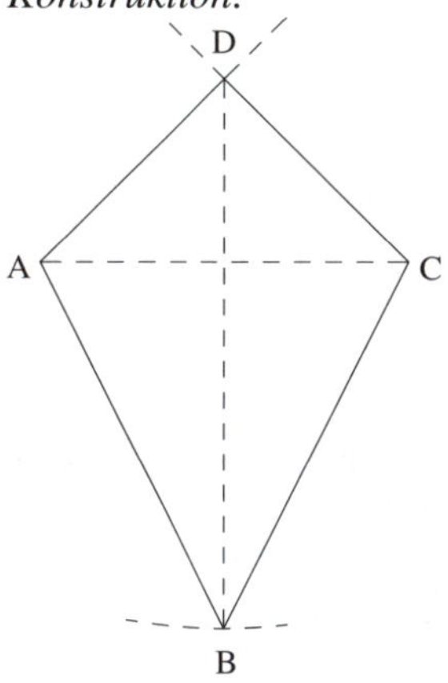


f) *Vorüberlegung:*

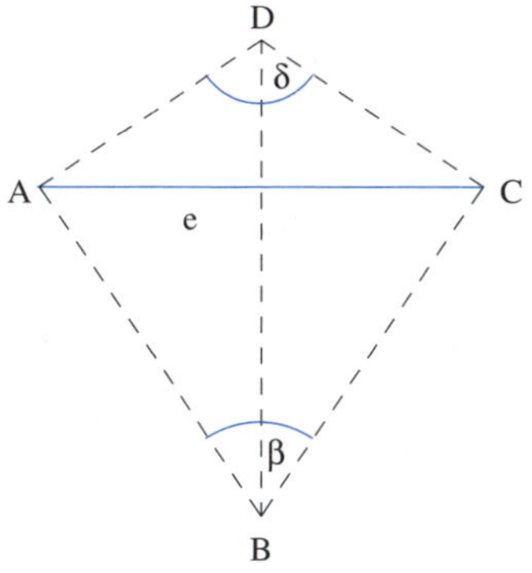


Durch e sind A und C gegeben.

D liegt

1. auf $\sphericalangle CAD = \frac{180° - \delta}{2}$
2. auf $\sphericalangle DCA = \frac{180° - \delta}{2}$

B liegt

1. auf $\sphericalangle BAC = \frac{180° - \beta}{2}$
2. auf $\sphericalangle ACB = \frac{180° - \beta}{2}$

*Konstruktion:*

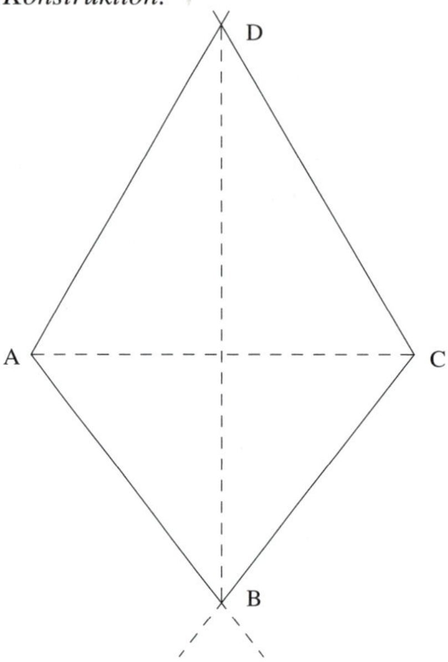


**21.** a) *Vorüberlegung:*

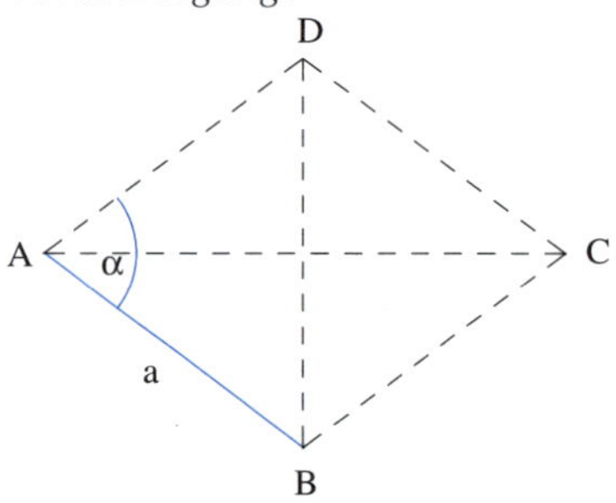


Dreieck ABD aus sws (a; α; d = a) eindeutig konstruierbar.

C liegt
1. auf k(B; b = a)
2. auf k(D; c = a)

*Konstruktion:*

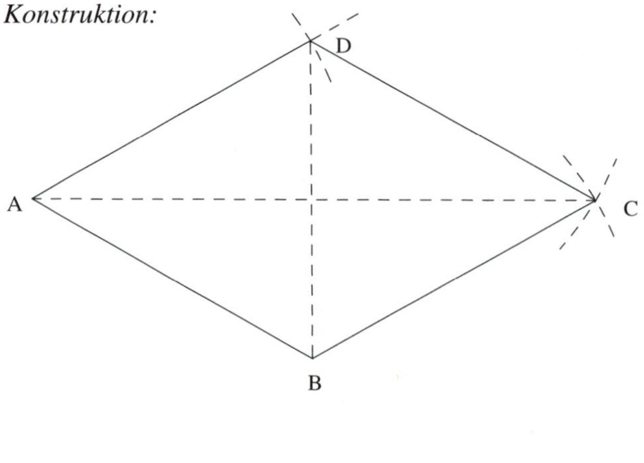

b) *Vorüberlegung:*

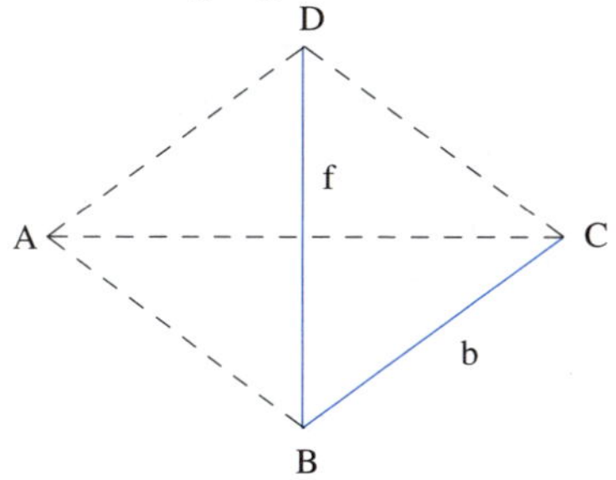


Dreieck BCD aus sss (b; c = b; f) eindeutig konstruierbar.

A liegt
1. auf k(D; d = b)
2. auf k(B; a = b)

*Konstruktion:*

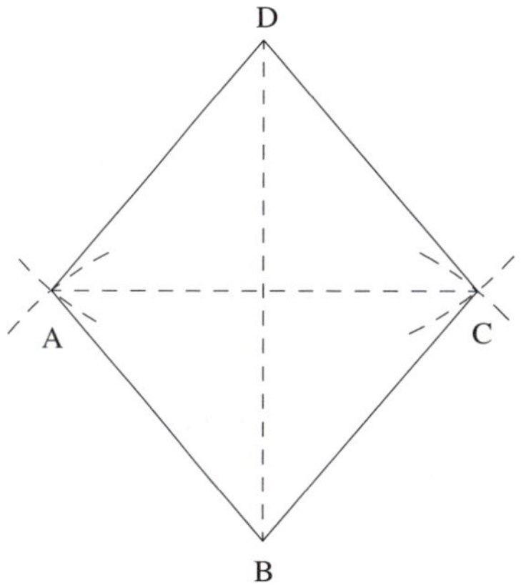


**22.** Man benötigt zur eindeutigen Konstruktion

a) **drei** Angaben für ein Drachenviereck, z. B. zwei Seiten und einen Winkel,

b) **zwei** Angaben für eine Raute, z. B. eine Seite und einen Winkel, und

c) **eine** Angabe für ein Quadrat, nämlich eine Seite oder eine Diagonale.

**23.** a) Das Viereck ist ein Quadrat.

b) Beispielsweise ist das Viereck ist ein Drachenviereck oder das Viereck ist eine Raute oder das Viereck ist ein Rechteck.

**24.** a) *Vorüberlegung:*

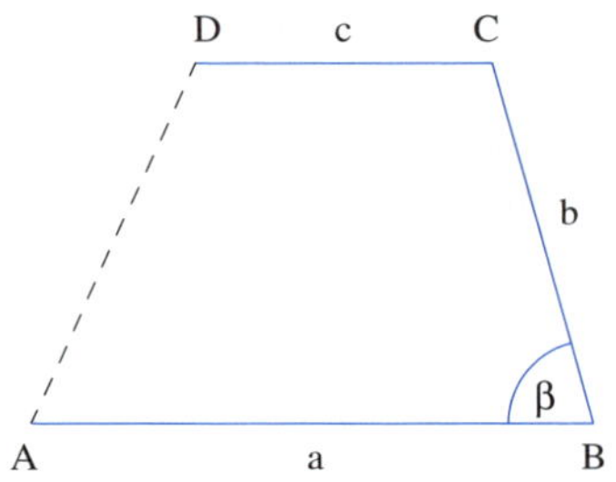


Dreieck ABC aus sws (a; β; b) eindeutig konstruierbar.

D liegt
1. auf der Parallelen zu [AB]
2. auf k(C; c)

*Konstruktion:*

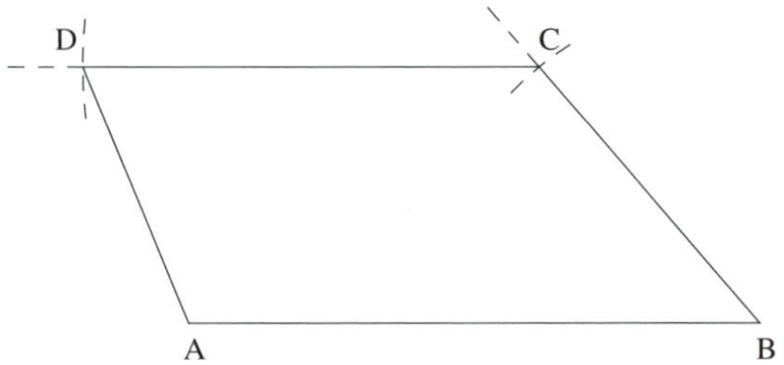


b) *Vorüberlegung:*

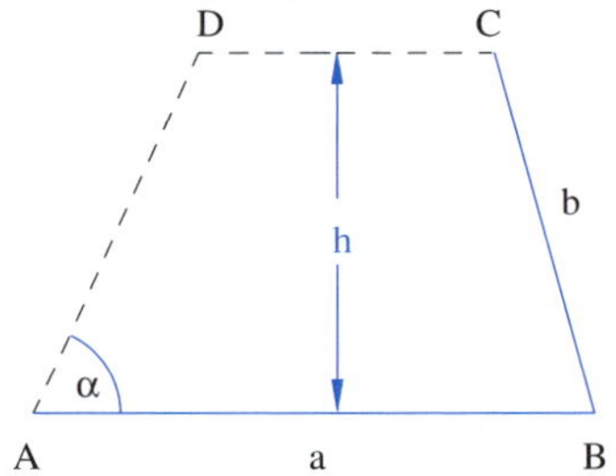


Durch a sind A und B gegeben.

C liegt
1. auf der Parallelen zu [AB] im Abstand h
2. auf k(B; b)

D liegt
1. auf der Parallelen zu [AB] im Abstand h
2. auf α

*Konstruktion:*

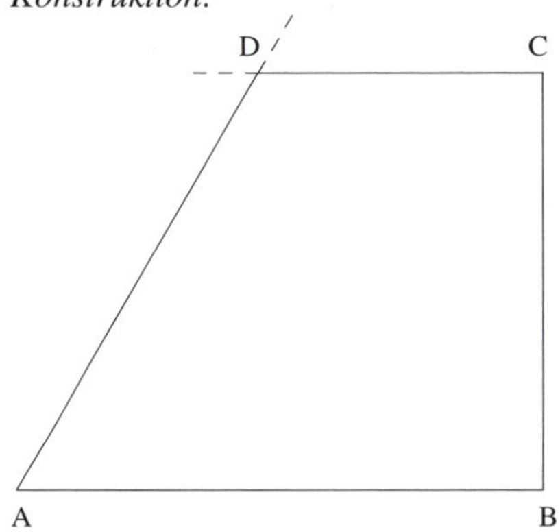


Wegen h = b = 4 cm gibt es genau eine Lösung mit einem rechten Winkel bei B und bei C.

c) *Vorüberlegung:*

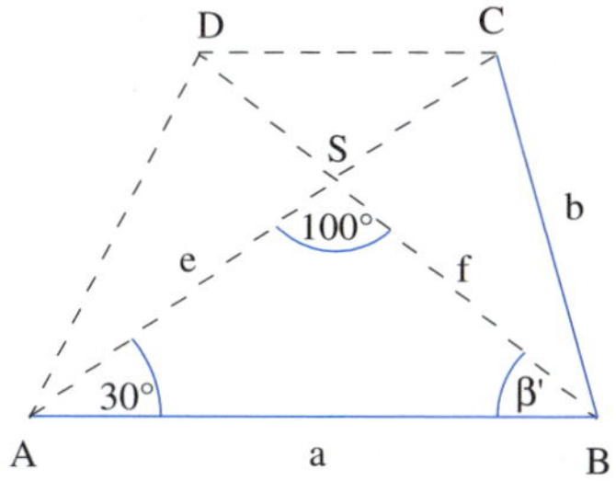


Dreieck ABC aus $\mathrm{ssw_g}$ (a; b; 30°) eindeutig konstruierbar.

D liegt

1. auf der Parallelen zu [AB] durch C
2. auf $\beta' = 180° - 30° - 100° = 50°$

*Konstruktion:*

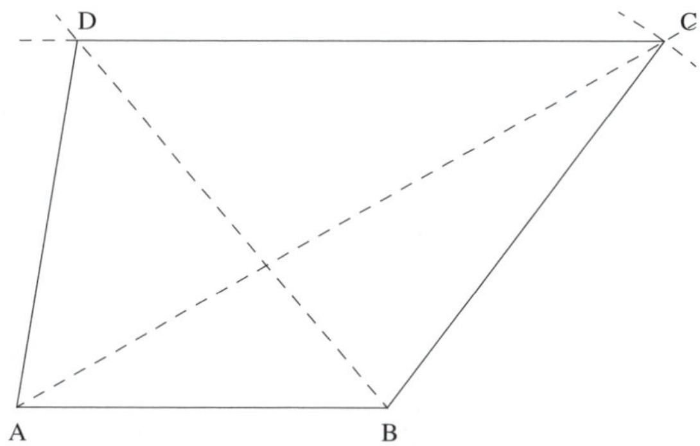


**25.** a) *Vorüberlegung:*

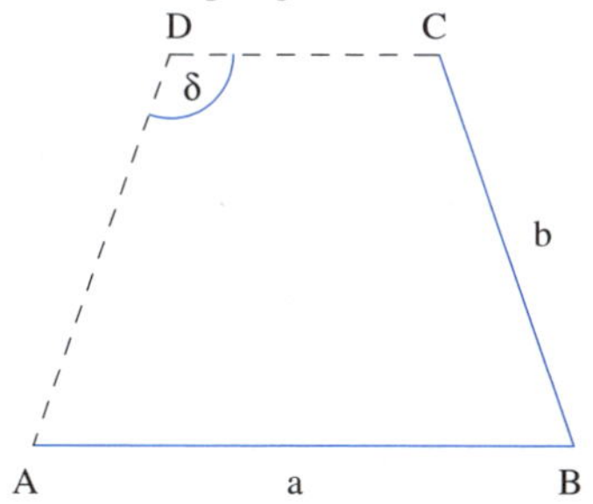


Dreieck ABC aus sws (a; b; $\beta = 180° - \gamma \wedge \gamma = \delta$) eindeutig konstruierbar.

D liegt

1. auf $\alpha = 180° - \delta$
2. auf $\gamma = \delta$

*Konstruktion:*

b) *Vorüberlegung:*

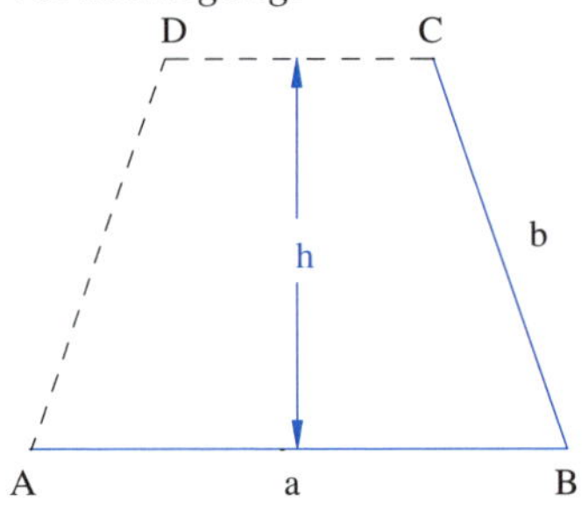


Durch a sind A und B gegeben.

C liegt
1. auf der Parallelen zu [AB] im Abstand h
2. auf k(B; b)

D liegt
1. auf der Parallelen zu [AB] im Abstand h
2. auf k(A; d = b)

*Konstruktion:*

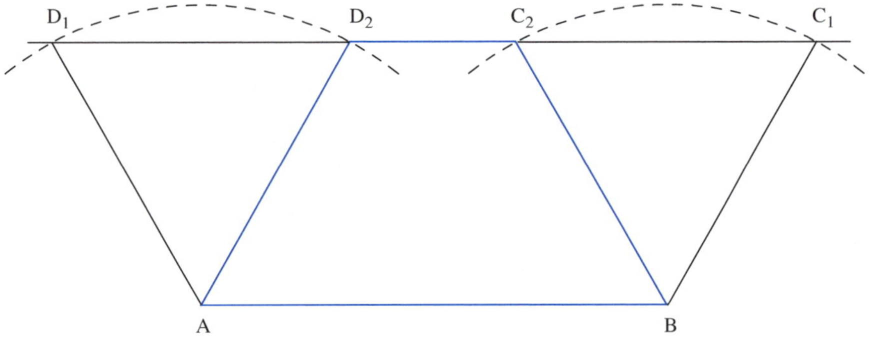


Es gibt zwei Lösungen!

c) *Vorüberlegung:*

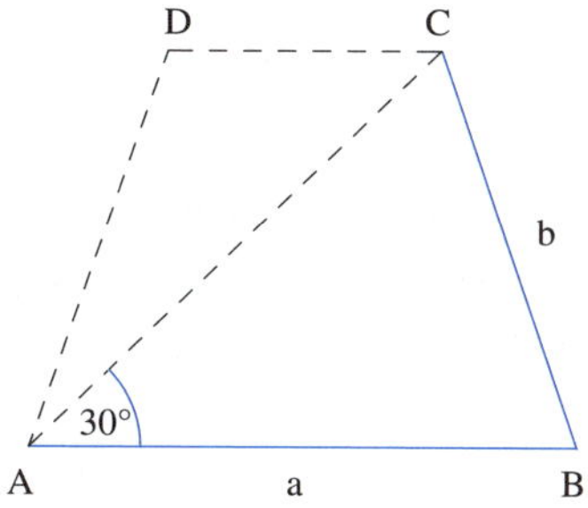


Dreieck ABC aus $ssw_g$ (a; b; 30°) eindeutig konstruierbar.

D liegt
1. auf der Parallelen zu [AB] durch C
2. auf k(A; d = b)

*Konstruktion:*

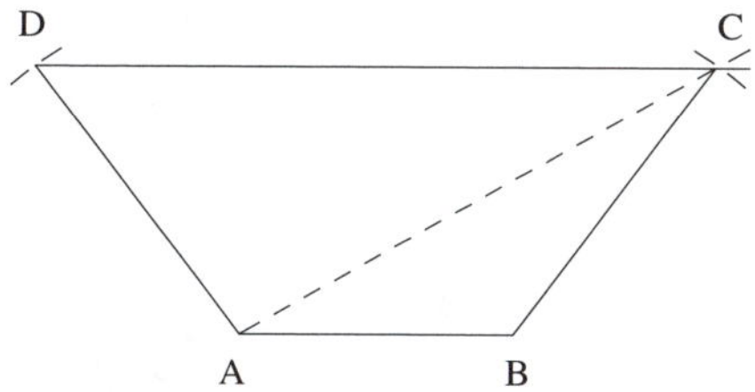


Maßstab 1 : 2

d) *Vorüberlegung:*

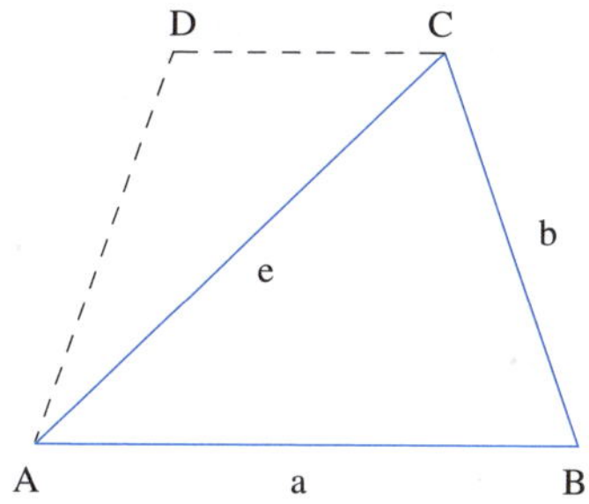


Dreieck ABC aus sss (a; b; e) eindeutig konstruierbar.

D liegt
1. auf k(A; d = b)
2. auf k(B; f = e)
(oder: Parallele zu a durch C)

*Konstruktion:*

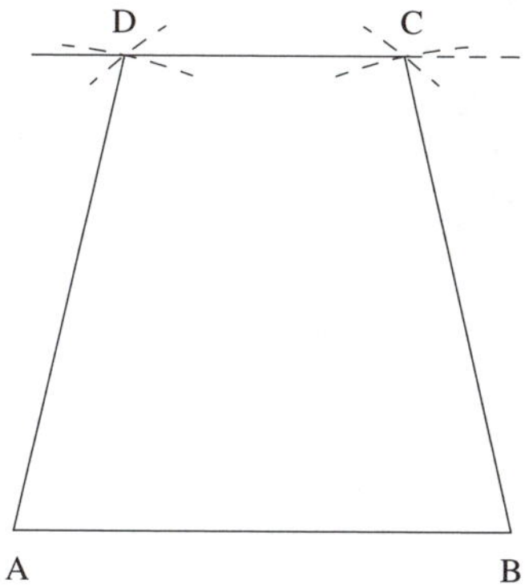

**26.** Das Viereck ist ein Trapez (gleichschenkliges Trapez).

**27.** a) KS: Wenn ein Viereck einen 90°-Winkel besitzt, dann ist es ein Rechteck. (f).
Gegenbeispiel: beliebiges Viereck mit einem 90°-Winkel.

b) KS: Wenn in einem Viereck die Diagonalen aufeinander senkrecht stehen, dann ist das Viereck ein Quadrat. (f)
Gegenbeispiel: Drachenviereck

c) KS: Wenn ein Viereck vier gleich lange Seiten besitzt, dann ist es ein Quadrat. (f)
Gegenbeispiel: Raute

**28.** a) Angenommen $\alpha = 90°$. Dann gilt auch $\delta = 90°$, weil $\alpha$ und $\delta$ Ergänzungswinkel an Parallelen ($a \parallel c$) sind und sich zu 180° ergänzen, d. h. $\alpha = 90°$ $\Rightarrow \delta = 180° - \alpha = 180° - 90° = 90°$. Diese Beweisführung stimmt auch bei jeder anderen Wahl des rechten Winkels.

b) Ein gleichschenklig rechtwinkliges Trapez hat vier rechte Winkel, d. h. ist ein Rechteck.

**29.** $\gamma = 90°$: Da das Viereck ABCD lotsymmetrisch ist, folgt $\delta = 90°$. Wie in 27 a sind $\alpha$ und $\beta$ Ergänzungswinkel zu $\delta$ und $\gamma$, d. h. ebenfalls 90°. Damit gilt: $\alpha = \beta = \gamma = \delta = 90°$, d. h. das Viereck ABCD ist ein Rechteck.

**30.** a) Das Viereck ABCD ist lotsymmetrisch, d. h. hat die Mittelsenkrechte GE als Symmetrieachse. Nach den Gesetzen der Achsenspiegelung liegen die Mittelpunkte H und F auch symmetrisch zu GE.
Das Viereck EFGH hat eine Diagonale als Symmetrieachse, ist also ein Drachenviereck.

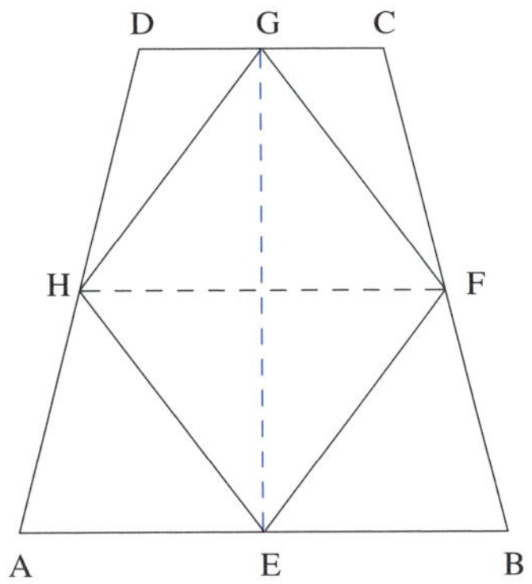

b) Das Viereck ABCD hat die Diagonale DB als Symmetrieachse. Die jeweiligen Seitenmitten H und G bzw. E und F liegen auch symmetrisch zu DB, d. h. DB halbiert die Strecken [HG] und [EF] rechtwinklig.
Das Viereck EFGH hat ein Lot als Symmetrieachse, d. h. ist ein lotsymmetrisches Viereck (gleichschenkliges Trapez).

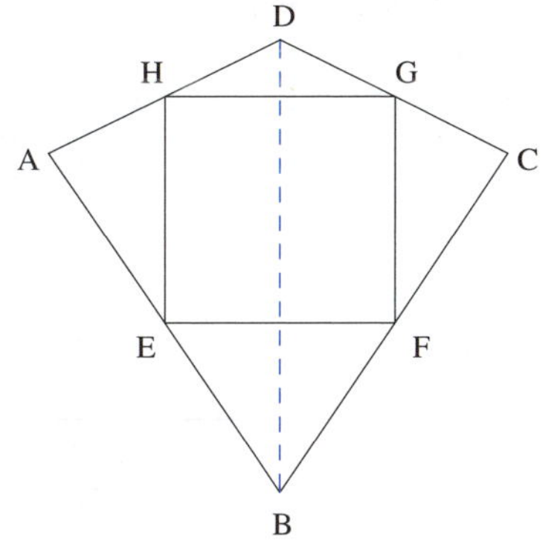


c) Jedes Viereck, dessen Diagonalen rechtwinklig halbieren, hat zwei Diagonalen als Symmetrieachse, d. h. ist ein „doppeltes“ Drachenviereck, d. h. eine Raute.

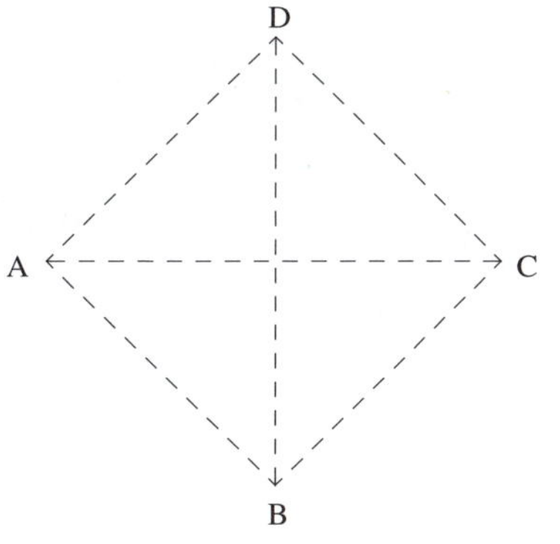


**31.** a) *Vorüberlegung:*

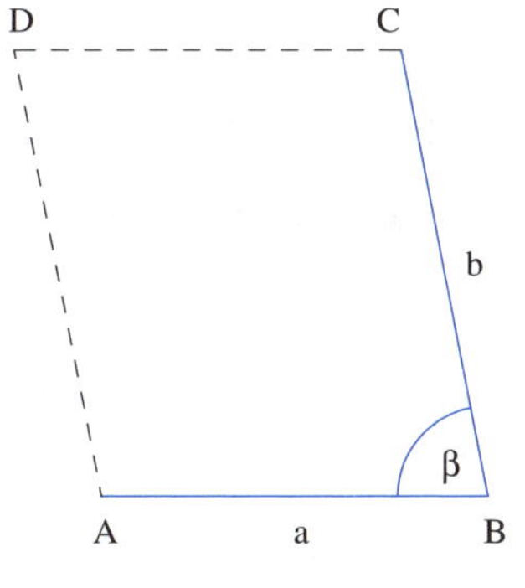


Dreieck ABC aus sws (a; β; b) eindeutig konstruierbar.

D liegt
1. auf k(C; c = a)
2. auf k(A; d = b)

*Konstruktion:*

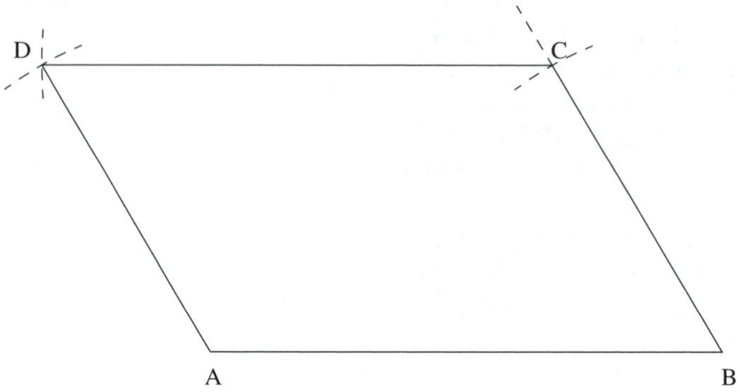


b) *Vorüberlegung:*

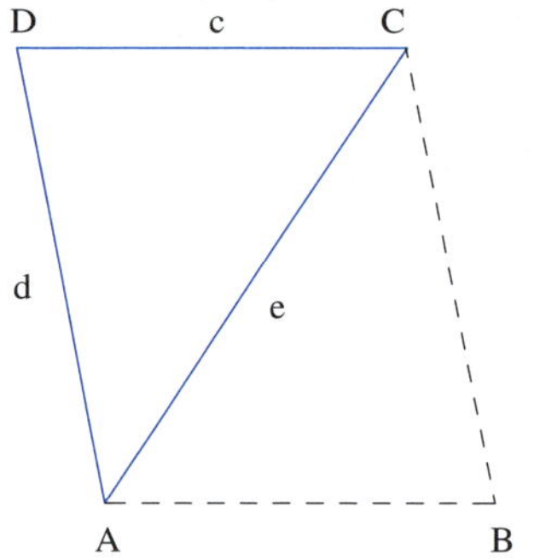


Dreieck ACD aus sss (e; c; d) eindeutig konstruierbar.

B liegt
1. auf k(A; a = c)
2. auf k(C; b = d)

*Konstruktion:*

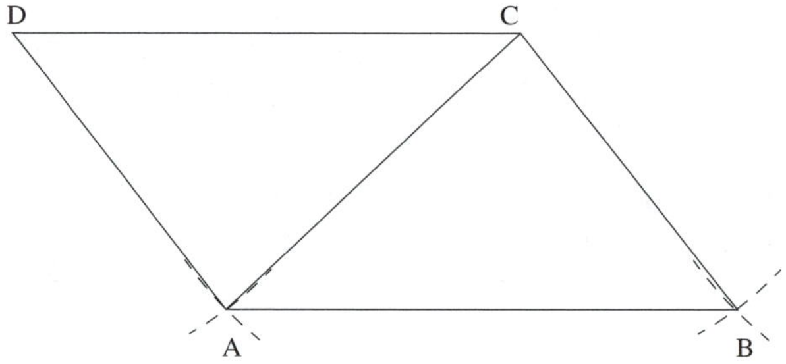

c) *Vorüberlegung:*

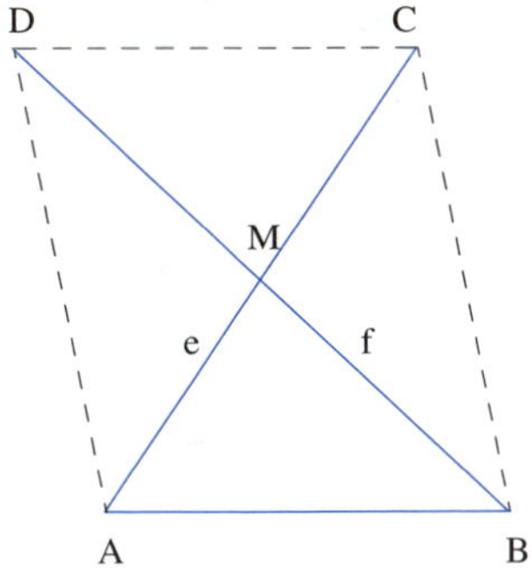


Dreieck ABM aus a, $\frac{e}{2}$, $\frac{f}{2}$ eindeutig konstruierbar.

C liegt
1. auf AM
2. auf k(A; e)

D liegt
1. auf BM
2. auf k(B; f)

*Konstruktion:*

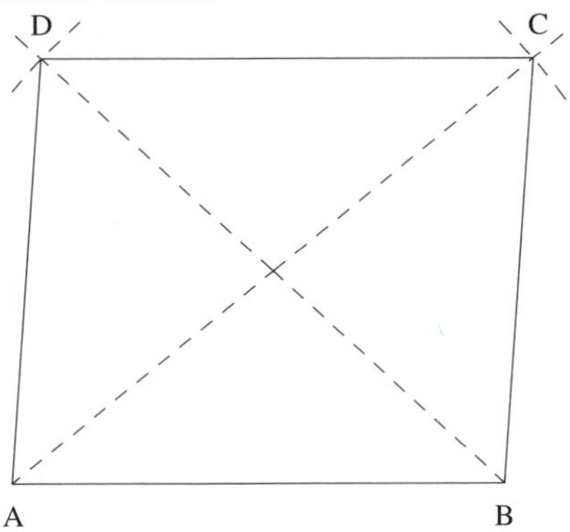


d) *Vorüberlegung:*

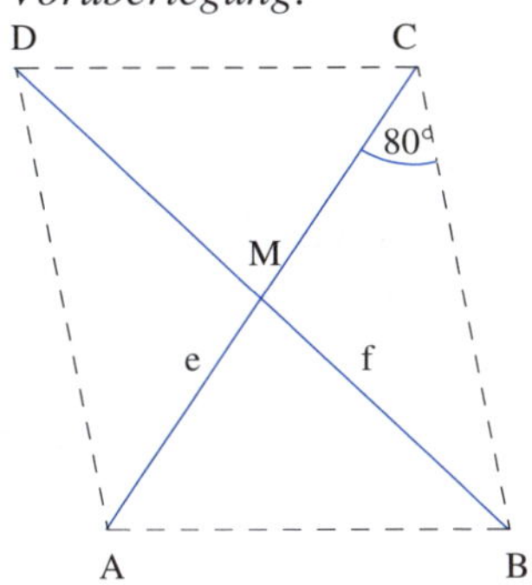


Durch e sind A, C und M gegeben.

B liegt
1. auf ∢(e; b)
2. auf k(M; $\frac{f}{2}$)

D liegt
1. auf BM
2. auf k(B;f)

*Konstruktion:*

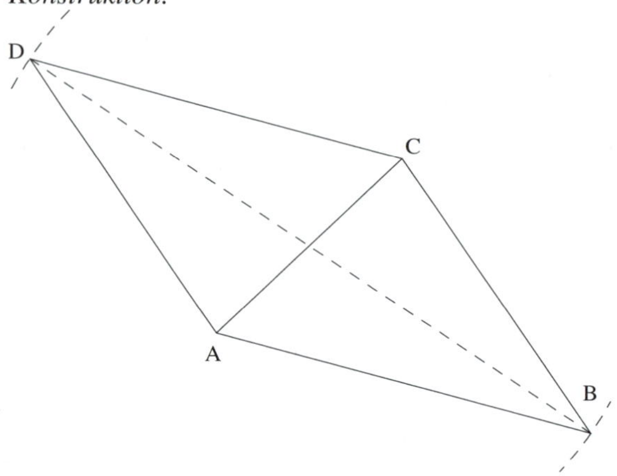


**32.** a) Gleichschenklige Trapeze
b) Rauten
c) Rechtecke
d) Trapeze
e) Drachenvierecke
f) Quadrate
g) Parallelogramme
h) Rauten
i) Parallelogramme
j) gleichschenklige Trapeze

**33.** a) f Gegenbeispiel: z. B. Trapez mit zwei 90°-Winkeln.
b) f Gegenbeispiel: Viereck mit zueinander senkrechten Diagonalen, in dem keine der Diagonalen die andere halbiert.
c) w
d) w
e) f Gegenbeispiel: Rechteck
f) f Gegenbeispiel: Ein Drachenviereck, das keine Raute ist.
g) w
h) w
i) f Gegenbeispiel: Eine Raute, die kein Quadrat ist.
j) w

**34.** a) Das Viereck ist eine Raute.

b) Das Viereck ist ein Drachenviereck.

c) Das Viereck ist ein Rechteck.

d) Das Viereck hat je zwei parallele Gegenseiten.

**35.** a) Hinreichend, aber nicht notwendig

b) Notwendig, aber nicht hinreichend

c) Notwendig, aber nicht hinreichend

**36.** KS: Wenn in einem Viereck gegenüberliegende Seiten gleich lang sind, dann ist das Viereck eine Raute. (f)

Gegenbeispiel: Ein Parallelogramm mit $a = c$, $b = d$ und $a \neq b$ ist keine Raute.

**37.** a) S: Wenn ein Viereck ein Parallelogramm ist, dann sind zwei Seiten gleich lang.

b) KS: Wenn in einem Viereck zwei Seiten gleich lang sind, dann ist das Viereck ein Parallelogramm. (f)

Gegenbeispiel: Ein gleichschenkliges Trapez ist kein Parallelogramm.

**38.** a) *Voraussetzung:*

1. $a = c$
2. $b = d$

*Behauptung:*

Viereck ABCD ist ein Parallelogramm, d. h. $a \parallel c$ und $b \parallel d$

*Beweis:*

$\Delta ABC \cong \Delta CDA$, weil

1. $a = c$
2. $b = d$
3. $e = e$

sws-Satz $\Rightarrow$ $\Delta DEB \cong \Delta ABC$

*Beweisfigur:*

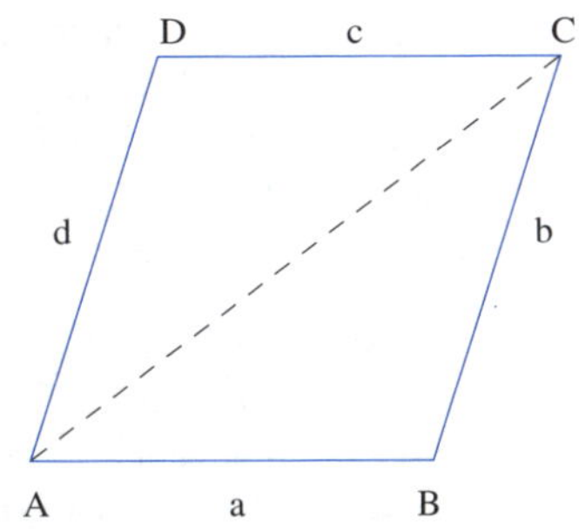


Insbesondere sind die Winkel $\sphericalangle BAC$ und $\sphericalangle CDA$ gleich. Da diese Winkel Wechselwinkel sind, müssen die Seiten a und c parallel zueinander sein. Entsprechendes gilt für b und d.

b) KS: Wenn ein Viereck ein Parallelogramm ist, dann sind die Gegenseiten jeweils gleich lang. (w)

V ist für B notwendig und hinreichend.

**39.** *Voraussetzung:*

1. $a \parallel c$ $\qquad b \parallel d$
2. $a = c$ $\qquad b = d$

*Behauptung:*

$\overline{AM} = \overline{MC}$

$\overline{BM} = \overline{MD}$

*Beweis:*

$\Delta ABM \cong \Delta CDM$, weil

1. $a = c$
2. $\sphericalangle BAC = \sphericalangle DCA$
3. $\sphericalangle DBA = \sphericalangle BDC$

wsw-Satz $\Rightarrow$ $\overline{AM} = \overline{MC}$

$\overline{BM} = \overline{MD}$

*Beweisfigur:*

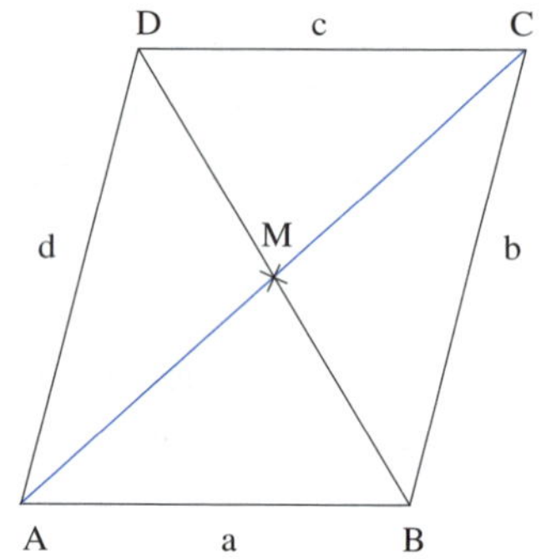


**40.** a) Jede Diagonale zerlegt das Viereck in zwei Dreiecke. Die Verbindung der Seitenmitten in einem Dreieck ist parallel zur Grundlinie (und halb so lang wie diese), d. h. [EF] und [HG] sind parallel zur Diagonalen e, [EH] und [FG] sind parallel zur Diagonalen f, d. h. je zwei Seiten des Vierecks EFEH sind parallel. Damit ist das Viereck EFGH ein Parallelogramm.

*Beweisfigur:*

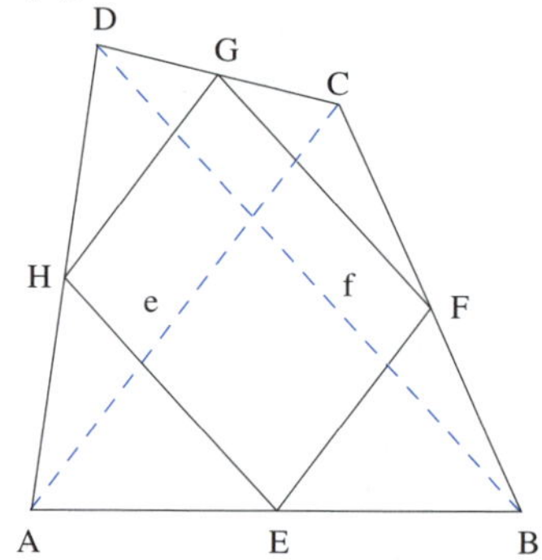


b) Die Symmetrieachsen des Rechtecks gehen durch die Seitenmitten und stehen aufeinander senkrecht. Das Mittenviereck EFGH hat somit zwei Diagonalen als Symmetrieachsen, die aufeinander senkrecht stehen und sich gegenseitig halbieren. Das Viereck EFGH ist eine Raute.

*Beweisfigur:*

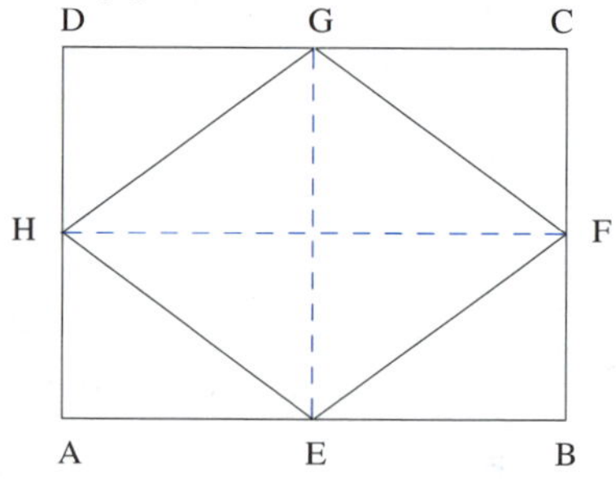

**41.** a) Im Parallelogramm ABCD gilt: $\alpha = \gamma$, $\beta = \delta$ und $\gamma + \delta = 180°$
Angenommen $\alpha = 90° \Rightarrow \beta = 180° - \alpha = 90°$, $\delta = \beta = 90°$
$\Rightarrow$ ABCD ist ein Rechteck.

b) Im Parallelogramm halbieren sich die Diagonalen. Sind die Diagonalen gleich lang, so entstehen vier gleichschenklige Dreiecke ABM, BCM, CDM, ADM. An jeder Ecke wird der Winkel aus zwei gleichen Teilwinkeln gebildet, so dass alle vier Winkel des Parallelogramms gleich groß sind, d. h. 90° sind. Damit ist das Parallelogramm ein Rechteck.

**42.** $\vec{x} = \vec{a} + \vec{b} + \vec{c} + \vec{d}$

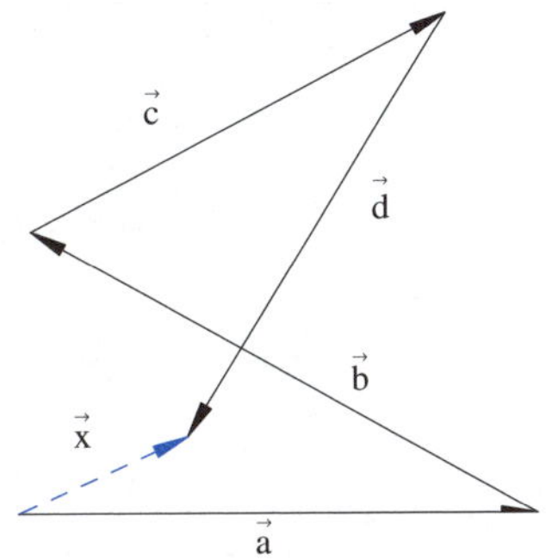


**43.** $\vec{a} + \vec{b} + \vec{c} + \vec{y} = \vec{0}$

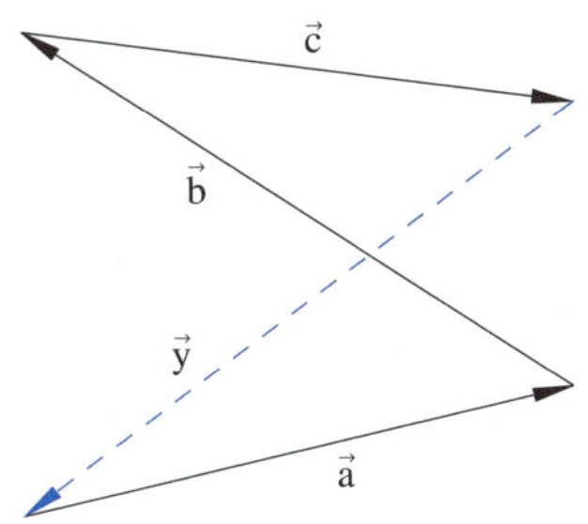


**44.** $\vec{a} + \vec{b} + \vec{c} = \vec{0}$

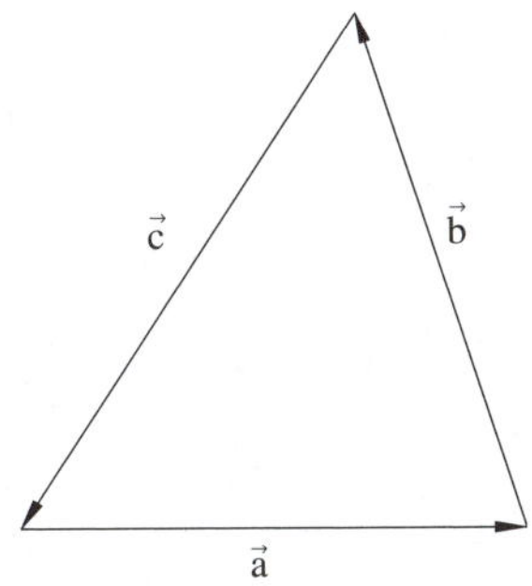

**45.**

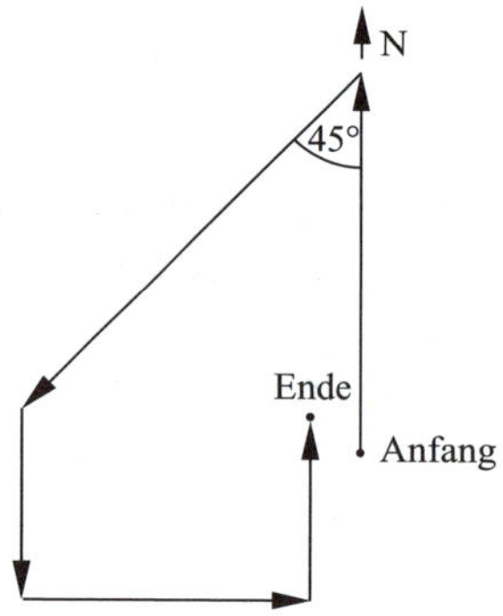


**46.** a) $\overrightarrow{MA} = -\vec{a}$

b) $\overrightarrow{AB} = \vec{a} - \vec{b}$

c) $\overrightarrow{DA} = -\vec{b} - \vec{a}$

d) $\overrightarrow{CD} = -\vec{a} + \vec{b}$

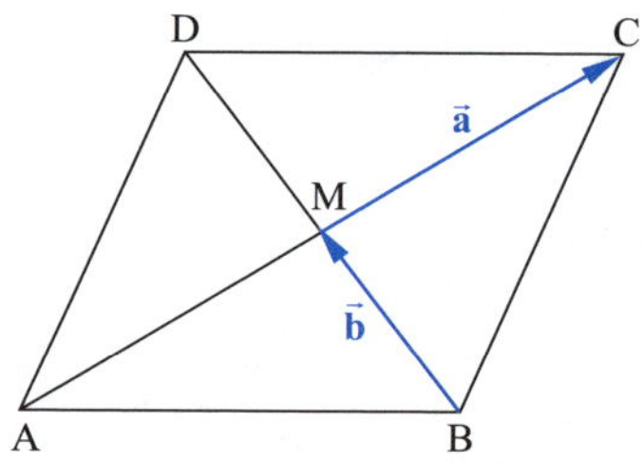


**47.** a) A' (1 | 5)

b) A' (4 | –2)

c) A' (–3 | 3)

d) A' (0 | 0)

**48.** a) $\overrightarrow{AA'} = \begin{pmatrix} 5 \\ 2 \end{pmatrix}$

b) $\overrightarrow{AA'} = \begin{pmatrix} -3 \\ 0 \end{pmatrix}$

c) $\overrightarrow{AA'} = \begin{pmatrix} -1 \\ 3 \end{pmatrix}$

d) $\overrightarrow{AA'} = \begin{pmatrix} -6 \\ -3 \end{pmatrix}$

**49.** a) $\vec{v} = \vec{a} + \vec{b} \iff \vec{b} = \vec{v} - \vec{a} = \begin{pmatrix} 3 \\ -6 \end{pmatrix} - \begin{pmatrix} -4 \\ 3 \end{pmatrix} = \begin{pmatrix} 7 \\ -9 \end{pmatrix}$

b) $\vec{a}' = -\vec{a} = -\begin{pmatrix} -4 \\ 3 \end{pmatrix} = \begin{pmatrix} 4 \\ -3 \end{pmatrix}$

**50.** $\vec{v} = \vec{a} + \vec{b} = \begin{pmatrix} 5 \\ -2 \end{pmatrix} + \begin{pmatrix} -3 \\ -4 \end{pmatrix} = \begin{pmatrix} 2 \\ -6 \end{pmatrix}$

**51.** $\vec{x} = \vec{a} - \vec{b} - \vec{c} = \vec{a} + (-\vec{b}) + (-\vec{c})$

$\vec{x} = \begin{pmatrix} 2 \\ 4 \end{pmatrix}$

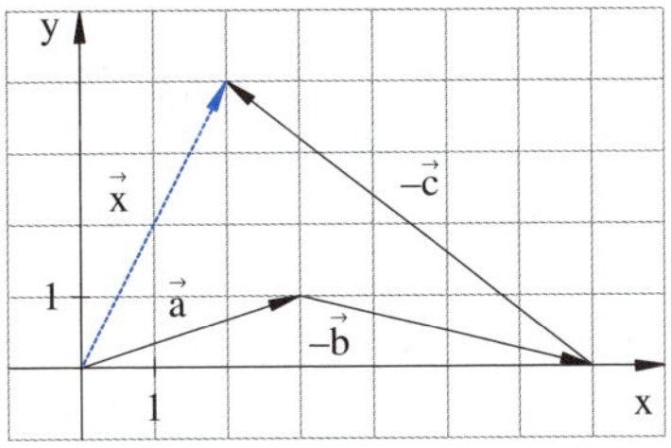


1 LE = 0,5 cm

**52.** $\overrightarrow{AB} = \begin{pmatrix} 3 \\ 2 \end{pmatrix}$ $\quad \overrightarrow{AC} = \begin{pmatrix} 1 \\ 3 \end{pmatrix}$ $\quad \overrightarrow{BC} = \begin{pmatrix} -2 \\ 1 \end{pmatrix}$

a) $\overrightarrow{AB} + \overrightarrow{AC} - \overrightarrow{BC} = \begin{pmatrix} 3 \\ 2 \end{pmatrix} + \begin{pmatrix} 1 \\ 3 \end{pmatrix} - \begin{pmatrix} -2 \\ 1 \end{pmatrix} = \begin{pmatrix} 6 \\ 4 \end{pmatrix}$

b) $\overrightarrow{AB} + \overrightarrow{BA} = \vec{0} = \begin{pmatrix} 0 \\ 0 \end{pmatrix}$

c) $\overrightarrow{AC} - \overrightarrow{BC} = \begin{pmatrix} 1 \\ 3 \end{pmatrix} - \begin{pmatrix} -2 \\ 1 \end{pmatrix} = \begin{pmatrix} 3 \\ 2 \end{pmatrix}$

**53.** Zeichnerisch:

$\vec{x} = \begin{pmatrix} 3 \\ 5 \end{pmatrix}$ $\quad \vec{y} = \begin{pmatrix} 5 \\ -1 \end{pmatrix}$

Rechnerisch:

$\overrightarrow{AB} = \begin{pmatrix} 4 \\ 2 \end{pmatrix}$ $\quad \overrightarrow{CD} = \begin{pmatrix} -1 \\ 3 \end{pmatrix}$

$\vec{x} = \overrightarrow{AB} + \overrightarrow{CD}$
$= \begin{pmatrix} 4 \\ 2 \end{pmatrix} + \begin{pmatrix} -1 \\ 3 \end{pmatrix} = \begin{pmatrix} 3 \\ 5 \end{pmatrix}$

$\vec{y} = \overrightarrow{AB} - \overrightarrow{CD}$
$= \begin{pmatrix} 4 \\ 2 \end{pmatrix} - \begin{pmatrix} -1 \\ 3 \end{pmatrix} = \begin{pmatrix} 5 \\ -1 \end{pmatrix}$

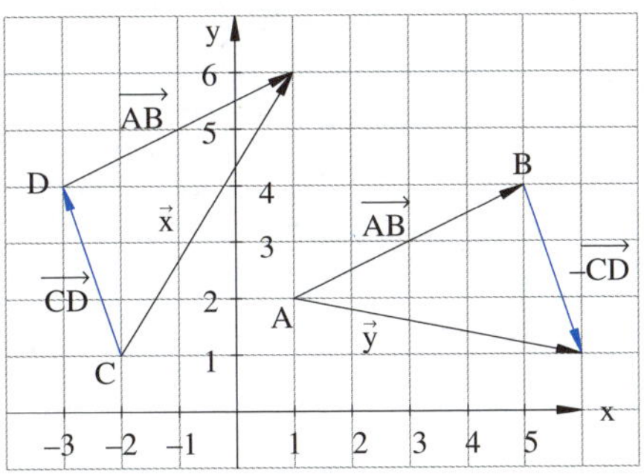


1 LE = 0,5 cm

**54.** $\vec{a} = \begin{pmatrix} 3 \\ -2 \end{pmatrix}$ $\quad \vec{b} = \begin{pmatrix} 0 \\ 4 \end{pmatrix}$ $\quad \vec{c} = \begin{pmatrix} -3 \\ 0 \end{pmatrix}$ $\quad \vec{d} = \begin{pmatrix} -2 \\ 4 \end{pmatrix}$

Verwendete Einheit: jeweils LE = 0,5 cm

a) $\vec{a} + \vec{b} = \begin{pmatrix} 3 \\ -2 \end{pmatrix} + \begin{pmatrix} 0 \\ 4 \end{pmatrix} = \begin{pmatrix} 3 \\ 2 \end{pmatrix}$

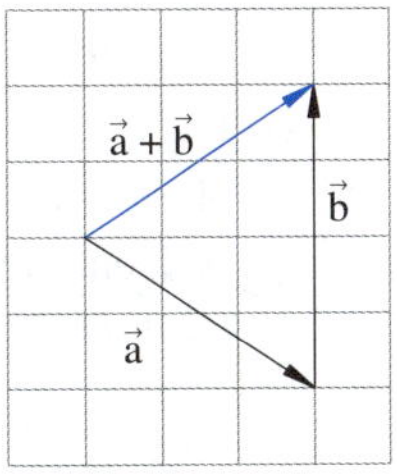

b) $\vec{b} - \vec{c} = \begin{pmatrix} 0 \\ 4 \end{pmatrix} - \begin{pmatrix} -3 \\ 0 \end{pmatrix} = \begin{pmatrix} 3 \\ 4 \end{pmatrix}$

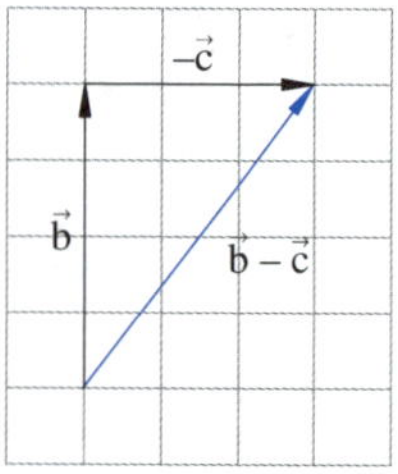


c) $\vec{a} + \vec{c} + \vec{d} = \begin{pmatrix} 3 \\ -2 \end{pmatrix} + \begin{pmatrix} -3 \\ 0 \end{pmatrix} + \begin{pmatrix} -2 \\ 4 \end{pmatrix} = \begin{pmatrix} -2 \\ 2 \end{pmatrix}$

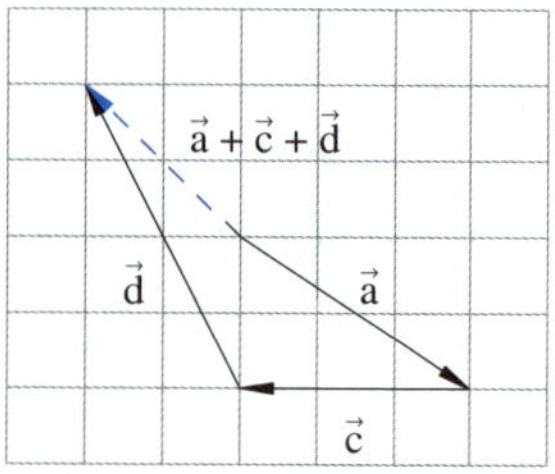


d) $\vec{a} - \vec{b} + \vec{c} - \vec{d} = \begin{pmatrix} 3 \\ -2 \end{pmatrix} - \begin{pmatrix} 0 \\ 4 \end{pmatrix} + \begin{pmatrix} -3 \\ 0 \end{pmatrix} - \begin{pmatrix} -2 \\ 4 \end{pmatrix}$
$= \begin{pmatrix} 2 \\ -10 \end{pmatrix}$

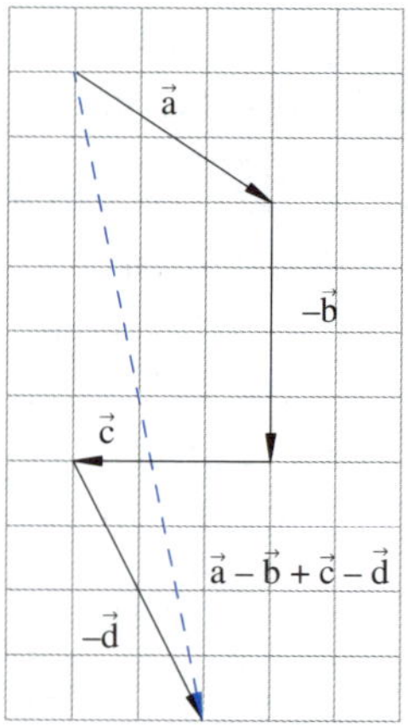


**55.** a) Drachenviereck
H: Das Viereck ist eine Raute.
N: Die Figur ist ein Viereck.
H. u. N: Das Viereck hat eine Diagonale als Symmetrieachse.

b) Raute
H: Das Viereck ist ein Quadrat.
N: Das Viereck ist ein Parallelogramm.
H. u. N: Das Viereck besitzt vier gleich lange Seiten.

c) Rechteck
H: Das Viereck ist ein Quadrat.
N: Das Viereck ist ein gleichschenkliges Trapez.
(oder: Das Viereck ist ein Parallelogramm)
H. u. N: Das Viereck besitzt vier rechte Winkel.

d) Parallelogramm
H: Das Viereck ist eine Raute.
N: Das Viereck ist ein Trapez.
H. u. N: Das Viereck besitzt je zwei parallele Gegenseiten.

e) Gleichschenkliges Trapez
H: Das Viereck ist ein Rechteck.
N: Das Viereck ist ein Trapez.
H. u. N: Das Viereck hat ein Lot auf eine Seite als Symmetrieachse.

f) Quadrat
H: Eine nur hinreichende Bedingung gibt es nicht, da alle hinreichenden Bedingungen auch notwendig sind.
N: Das Viereck ist ein Rechteck.
H. u. N: Das Viereck besitzt vier Symmetrieachsen.

**56.** a) Gegenbeispiel: Raute
b) Gegenbeispiel: Rechteck
c) Gegenbeispiel: gleichschenkliges Trapez

**57.** a) *Kongruenzbeweis:*

*Voraussetzung:*
1. $a = c$
2. $b = d$

*Behauptung:*
$\ell_1 = \ell_2$

*Beweis:*
$\Delta ABC \cong \Delta CDA$, weil
1. $a = c$
2. $b = d$
3. $e = e$

sss-Satz $\Rightarrow$
Die beiden Dreiecke stimmen in allen Stücken überein, also auch in den beiden Höhen $\ell_1 = \ell_2$.

*Überlegungsfigur:*

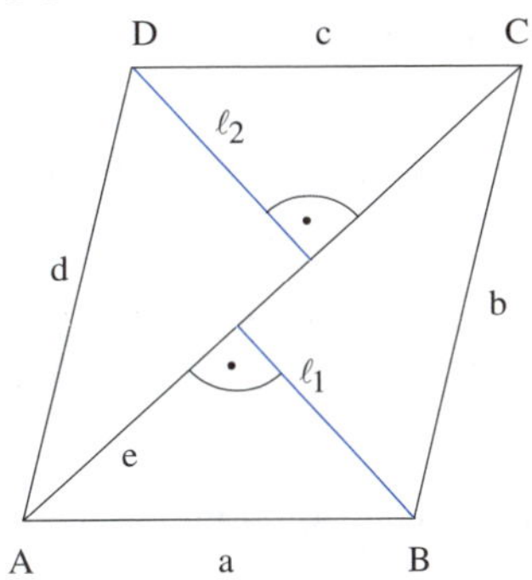

b) *Kongruenzbeweis:*

*Voraussetzung:*
1. ABCD ist ein Quadrat
2. $\overline{AE} = \overline{BF} = \overline{CG} = \overline{DH} = b$

*Behauptung:*
Viereck EFGH ist ein Quadrat

*Beweis:*
Die vier Dreiecke AEH, EBF, FCG und GDH sind kongruent, weil sie in der Seite b, in der Seite a – b und im rechten Winkel übereinstimmen.

*Überlegungsfigur:*

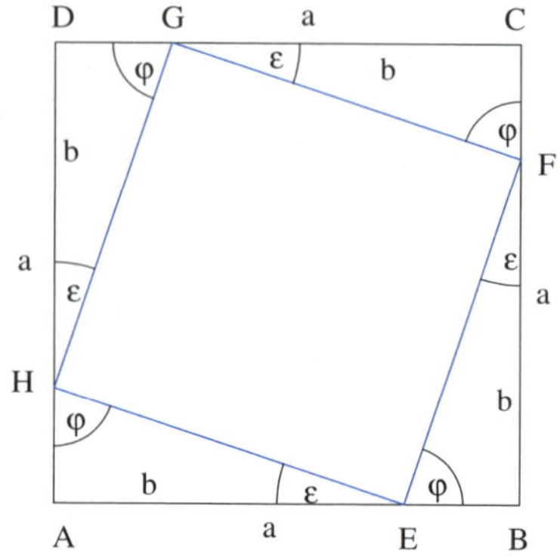


Alle vier Seiten sind gleich lang (EFGH ist schon eine Raute). Da die Winkel ε und φ zusammen 90° ergeben, folgt, dass die Innenwinkel des Vierecks EFGH jeweils 90° sind.

⇒ Das Viereck EFGH ist ein Quadrat.

**58.** a) Für den Radius r' gilt: $r' = \frac{10-2}{2}\,\text{cm} = 4\text{ cm}$.

b) Es handelt sich um ein rechtwinkliges Dreieck. Der Umkreis ist der Thaleskreis, die Dreieckseite die Hypotenuse des rechtwinkligen Dreiecks.

c) Für den Radius r' gilt: $r' = \frac{5+3}{2}\,\text{cm} = 4\text{ cm}$.

d) Es handelt sich um ein gleichseitiges Dreieck.

**59.** a) k liegt innerhalb von k'.

b) k liegt innerhalb von k'.

c) k' liegt innerhalb von k.

d) k liegt innerhalb von k'.

**60.** a) Die Mittelpunkte liegen auf dem Parallelenpaar zu g im Abstand $r_0$.

b) Das Lot zur Geraden g im Punkt P schneidet den Kreis um P mit Radius $r_0$ in den beiden Mittelpunkten $M_1$, $M_2$.

c) Falls der Abstand der parallelen Geraden $2 \cdot r_0$ beträgt, liegen die Mittelpunkte auf der Mittelparallelen. Sonst gibt es keine Lösung.

d) Die Parallelenpaare im Abstand $r_0$ zu den beiden Geraden schneiden sich in den vier Mittelpunkten $M_1$, $M_2$, $M_3$, $M_4$.

e) Die beiden Mittelpunkte $M_1$, $M_2$ erhält man als Schnittpunkte der Kreise $k(A; r_0)$ und $k(B; r_0)$.

f) Die Mittelpunkte liegen auf einem konzentrischen Kreis mit Radius $r - r_0$, $r_0 < r$.

g) Die Mittelpunkte liegen auf einem konzentrischen Kreis mit Radius $r + r_0$.

**61.** Man zeichnet den 100°-Winkel in E sowie die Parallelen zu den Zäunen im Abstand 3 cm und einen Kreis um E mit Radius 5 cm. Der mögliche Bereich ist schraffiert.

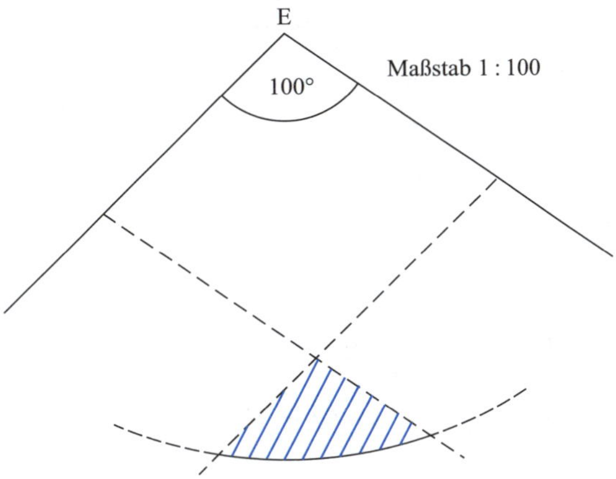


**62.** a) k' berührt k von innen.

b) k' liegt innerhalb von k.

c) k und k' berühren einander von außen.

d) k schneidet k' in zwei Punkten. M' liegt innerhalb von k.

e) k und k' liegen getrennt voneinander.

f) k und k' schneiden sich in zwei Punkten. M' liegt außerhalb von k.

**63.** Das Lot $\ell$ zur Geraden h durch den Punkt P schneidet die Gerade g im gesuchten Punkt M. Der Radius ist $\overline{PM}$ .

**64.**

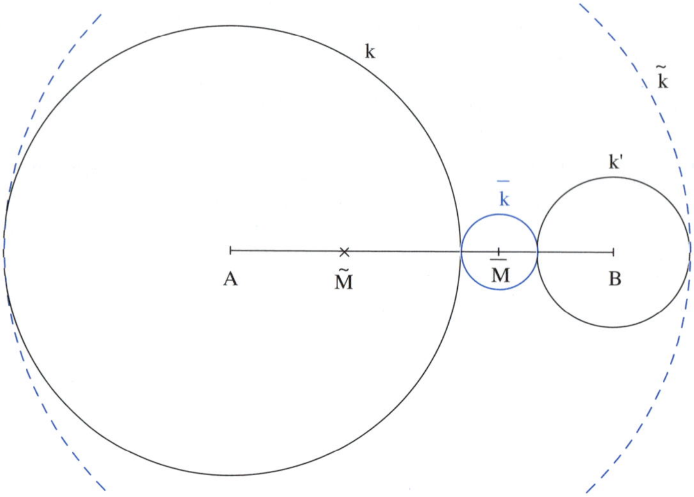


a) $\overline{r} = \frac{5-3-1}{2}\text{ cm} = 0{,}5\text{ cm}$

b) $\tilde{r} = \frac{5+3+1}{2}\text{ cm} = 4{,}5\text{ cm}$

**65.**

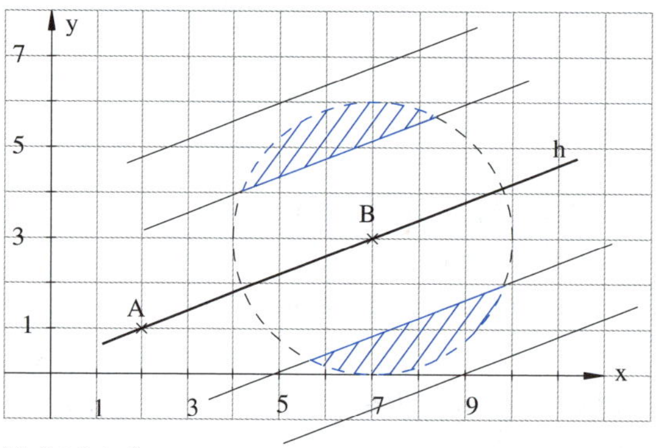


Maßstab 1 : 2

$M = \{P \mid \overline{PB} < 3\text{ cm} \wedge 2\text{ cm} \le d(P; h) \le 3{,}5\text{ cm}\}$

**66.** Man zeichnet die Strecke Krankenhaus–Bahnhof mit 5 cm sowie die Kreise mit Radius 4 cm um KH, mit Radius 3 cm um Bh und mit Radius 0,5 cm um den Mittelpunkt K. Der mögliche Wohnbereich ist schraffiert.

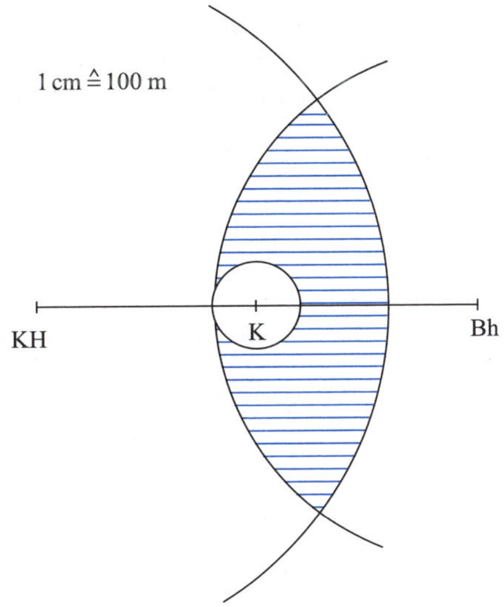


**67.**

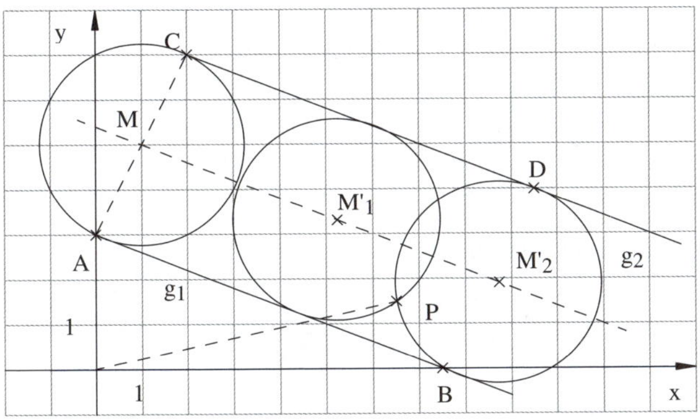


Maßstab 1 : 2

a) M ist der Schnittpunkt des Lotes $\ell$ zur Geraden $g_2$ im Punkt C mit der Mittelparallelen zu $g_1$ und $g_2$. Der Radius ist $r = \overline{MC}$.

b) M' ist der Schnittpunkt des Kreises um P mit Radius r und der Mittelparallelen. Es gibt zwei Lösungen $M'_1$ und $M'_2$.

c) Für den Radius r' des Kreises um O muss gelten:
$\overline{OP} - 5\text{ cm} < r' < \overline{OP} + 5\text{ cm}$

**68.** Die Strecke [EF] wird halbiert. Dann werden die Strecken [ED] und [DF] nochmals halbiert. Man erhält die Mittelpunkte M und N.
S ist der Schnittpunkt der Geraden MC mit der Geraden BD.

**69.** Es sei $r > r'$. Die Menge der Mittelpunkte der Kreise, die k von innen berühren, liegen auf einem konzentrischen Kreis mit Radius $r - r_0$, die, die k' von außen berühren, auf einem konzentrischen Kreis mit Radius $r' + r_0$.

Da $r_0 = \frac{r-r'}{2}$ gilt, folgt:

$$R = r - \frac{r-r'}{2} = r - \frac{1}{2}r + \frac{1}{2}r' = \frac{1}{2}r + \frac{1}{2}r' = \frac{r+r'}{2} \quad \text{oder}$$

$$R = r' + \frac{r-r'}{2} = r' + \frac{1}{2}r - \frac{1}{2}r' = \frac{1}{2}r + \frac{1}{2}r' = \frac{r+r'}{2}$$

**70.** a)

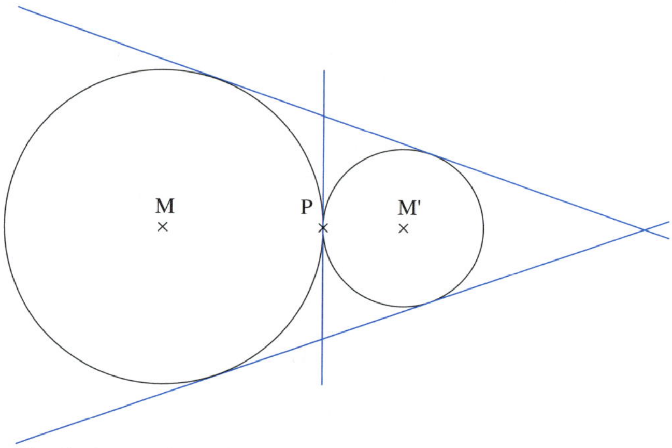


Es gibt drei gemeinsame Tangenten.

b) Es gibt vier gemeinsame Tangenten.
$\overline{MM'} > r + r'$

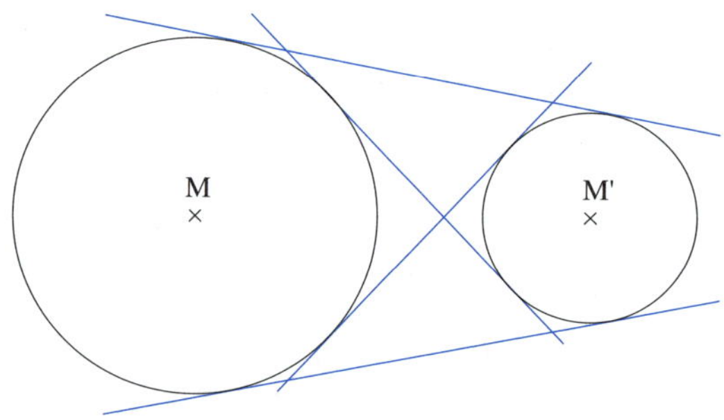

Es gibt drei gemeinsame Tangenten.
$\overline{MM'} = r + r'$

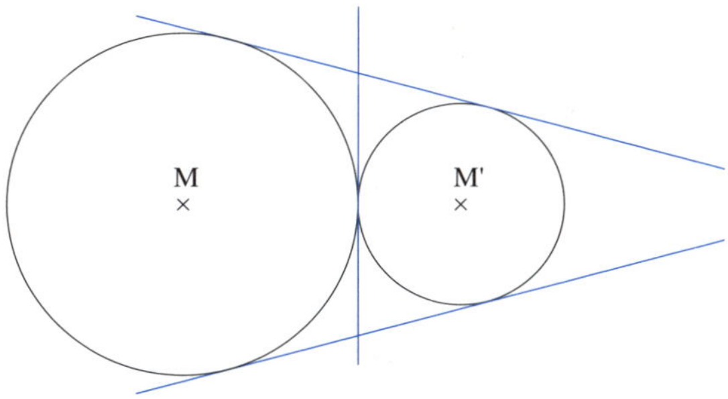


Es gibt zwei gemeinsame Tangenten.
$r - r' < \overline{MM'} < r + r'$

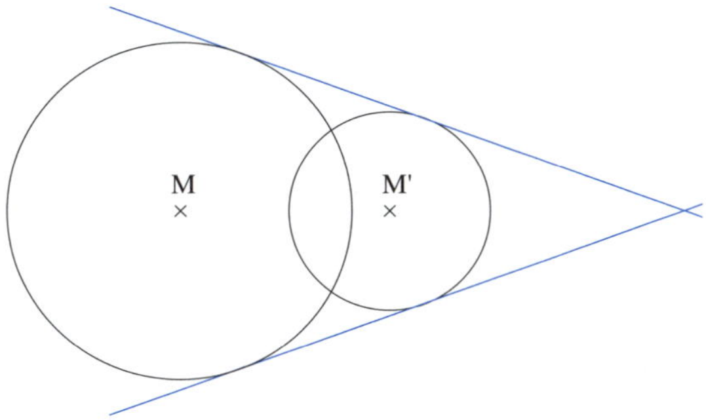


Es gibt eine gemeinsame Tangente.
$\overline{MM'} = r - r'$

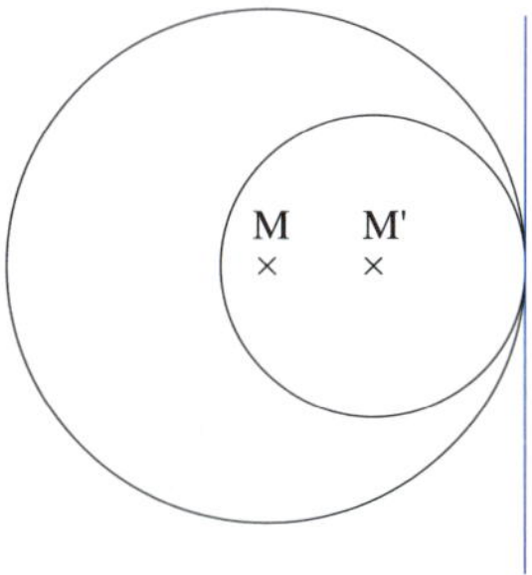


Es gibt keine gemeinsame Tangente.
$\overline{MM'} < r - r'$

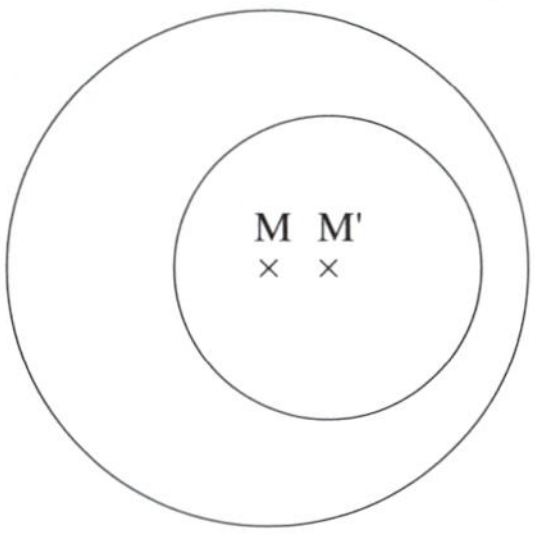


**71.** Der Kreis k' berührt den Kreis k im Punkt P von innen. g ist die gemeinsame Tangente von k und k' im Punkt P.

**72.** Man zeichnet eine beliebige Gerade durch M und trägt in M einen 65°-Winkel an.
Die Tangente im Schnittpunkt des Schenkels des 65°-Winkels mit dem Kreis schneidet die Gerade im gesuchten Punkt P.

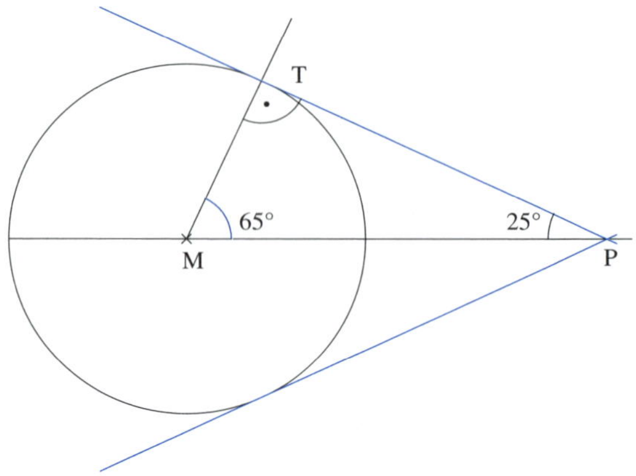


**73.** Das Dreieck MTP ist gleichschenklig rechtwinklig, d. h. an M wird ein 45°-Winkel angetragen. Weitere Lösung wie in Aufgabe 72.

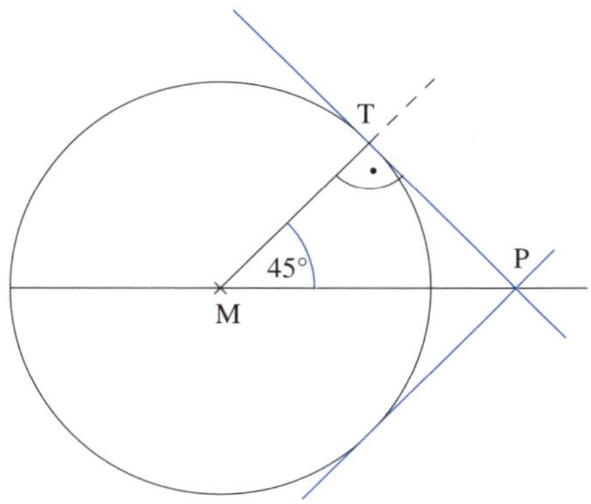


**74.** Das Dreieck $PT_1T_2$ ist gleichseitig, wenn die beiden Tangenten sich in P unter einem 60°-Winkel schneiden, d. h. die Gerade PM schließt mit der Tangente $PT_1$ einen 30°-Winkel ein.
Mit der Überlegung zur Aufgabe 72 trägt man im Mittelpunkt M einen 60°-Winkel ab und konstruiert den Punkt P so wie in Aufgabe 72 bzw. Aufgabe 73.

**75.**

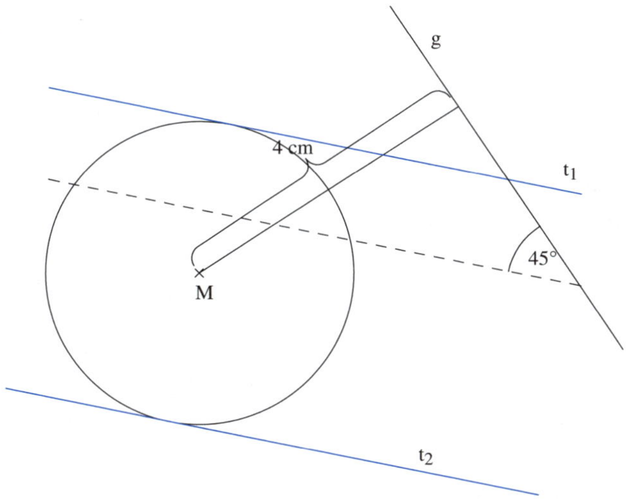


Man zeichnet zur Geraden g eine Gerade unter einem 45°-Winkel. Die Parallelen $t_1$ und $t_2$ zu dieser Geraden sind die gesuchten Tangenten, d. h. es gibt zwei parallele Tangenten $t_1$ und $t_2$.

**76.** Vom Standpunkt der Maus aus wird die Tangente an die (kreisrunde) Pfütze konstruiert. Der kürzeste Weg geht jetzt längs der Tangente bis zum Punkt B und dann dem „Ufer“ entlang bis zur Erdbeere. 1 cm $\hat{=}$ 20 cm. Der symmetrische Weg über B' wäre gleich lang!

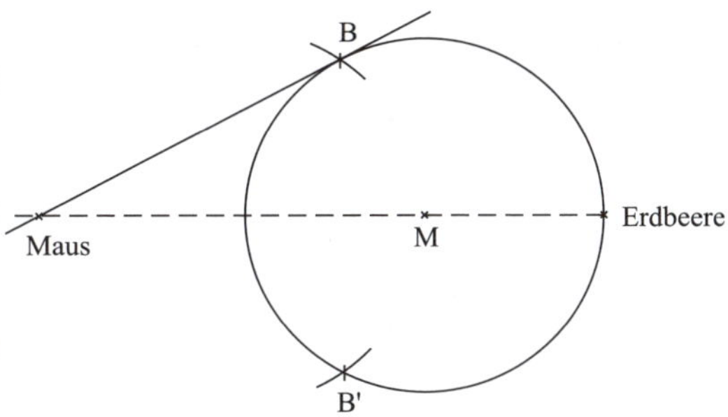

**77.**

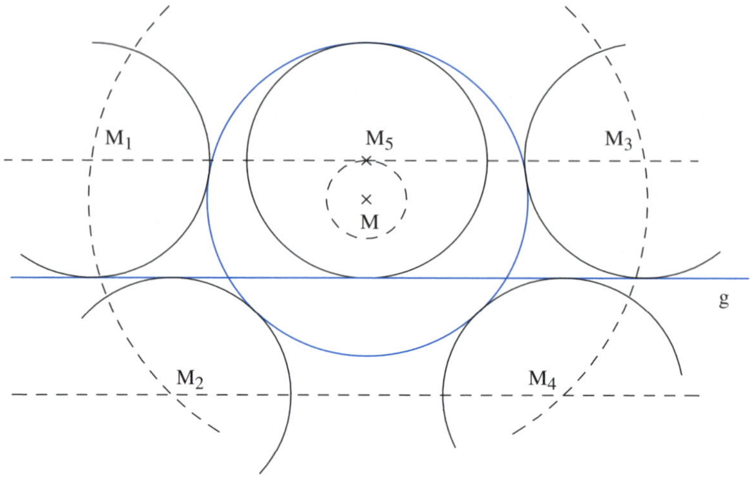


Die Mittelpunkte der Kreise ergeben sich als Schnittpunkte des Parallelenpaares zu g im Abstand 1,5 cm mit den konzentrischen Kreisen um M mit den Radien $r+d=3{,}5$ cm und $r-d=0{,}5$ cm, denn die Punkte, die von einer Geraden einen bestimmten Abstand d besitzen, liegen auf einem Parallelenpaar im Abstand d und die Punkte, die einen Kreis mit Radius r im Abstand d berühren, auf konzentrischen Kreisen mit den Radien $r+d$ und $r-d$.
Es gibt fünf solche Kreise mit den Mittelpunkten $M_1$, $M_2$, $M_3$, $M_4$, $M_5$ und dem Radius 1,5 cm.

**78.** M liegt
1. auf der Mittelsenkrechten zu [CD].
2. auf dem Lot zu h im Punkt D.

$r=\overline{MD}$

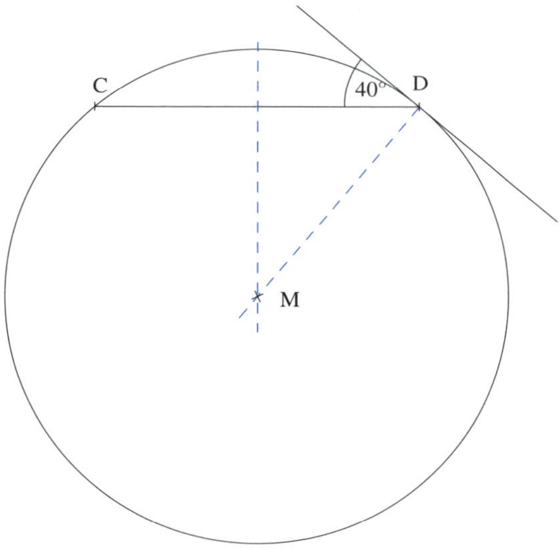

**79.**

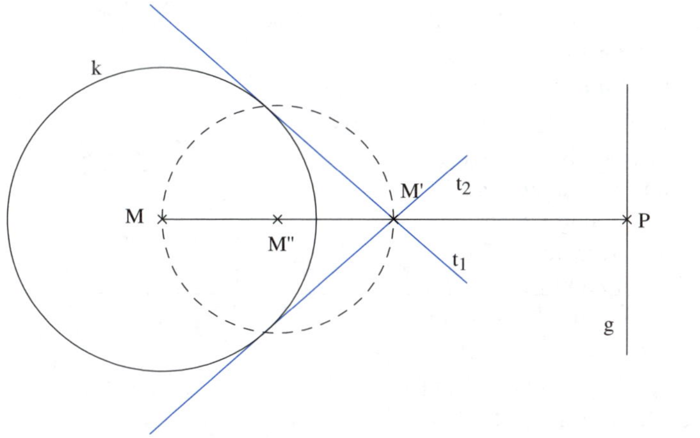


Die Strecke [MP] mit $\overline{MP} = 6$ cm wird halbiert. Durch den Punkt M' müssen die Tangenten $t_1$ und $t_2$ laufen.
Der Thaleskreis über [MM'] schneidet den Kreis k in den Berührpunkten der Tangenten.

**80.**

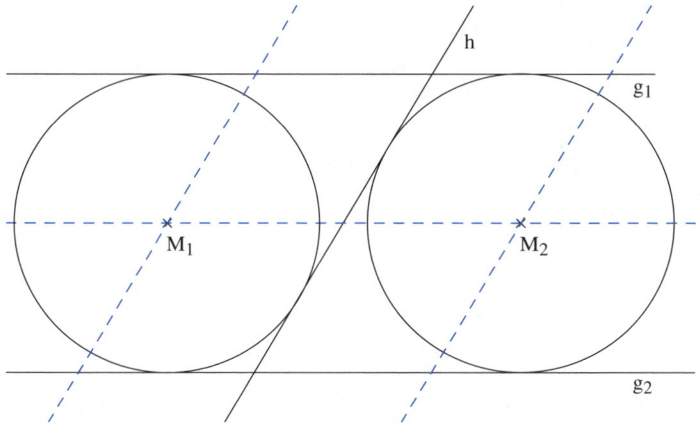


Der Radius des Kreises muss $r = \frac{d_{g_1g_2}}{2} = 2$ cm sein.

Die Mittelparallele zu $g_1$, $g_2$ schneidet das Parallelenpaar zu h im Abstand 2 cm in den gesuchten Mittelpunkten $M_1$, $M_2$.

**81.** a) Eine mögliche Lösung: M ist der Mittelpunkt der Lotstrecke von C auf g. Der Radius ist $r = \overline{MC}$.

Es gibt beliebig viele Lösungen: Man wählt einen beliebigen Punkt D auf g, errichtet dort das Lot $\ell$ auf g und konstruiert die Mittelsenkrechte zu [DC]. Deren Schnittpunkt M mit dem Lot $\ell$ ist ein solcher Kreismittelpunkt.

b) Das Lot von D auf AM schneidet den Kreis im Berührpunkt E der zweiten Tangente.

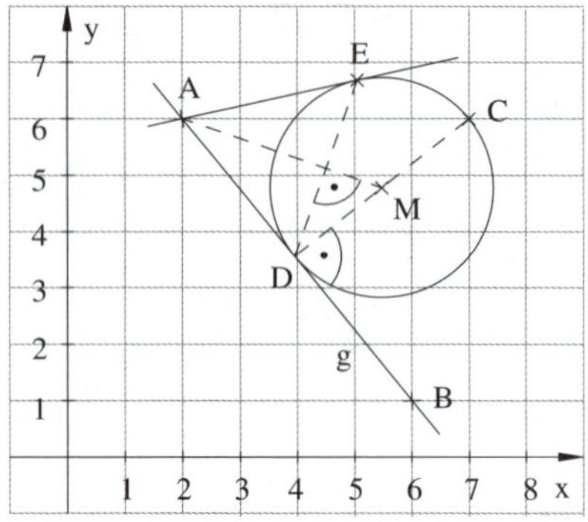


1 LE = 0,5 cm

**82.**

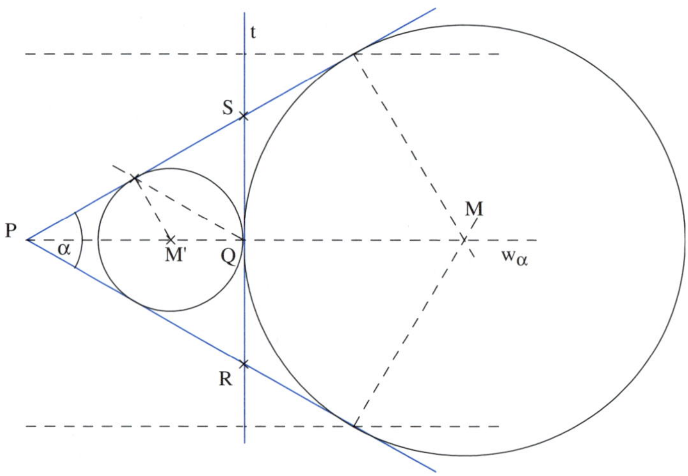


a) Der Mittelpunkt des Kreises liegt auf der Winkelhalbierenden $w_\alpha$. Die Berührpunkte liegen auf dem Parallelenpaar zu $w_\alpha$ im Abstand 2,5 cm. Der Mittelpunkt M des Kreises ist der Schnittpunkt der Lote in den Berührpunkten mit $w_\alpha$.

b) Die Tangente in Q an den Kreis k ist das Lot auf $w_\alpha$ in Q.

c) Die Punkte R, S seien die Schnittpunkte von t mit $\alpha$. Der gesuchte Kreis ist der Inkreis des Dreiecks RSP. Q ist deshalb Berührpunkt, weil das Dreieck PRS gleichschenklig und wegen des Winkels $\alpha = 60°$ sogar gleichseitig ist.

**83.** Die Gerade g schneidet die beiden Sehnen $s_1$ und $s_2$ aus.
Die Gerade a durch M, die senkrecht auf g steht, ist Symmetrieachse der Figur aus den konzentrischen Kreisen und der Gerade g. $s_1$ und $s_2$ sind als symmetrische Strecken gleich lang.

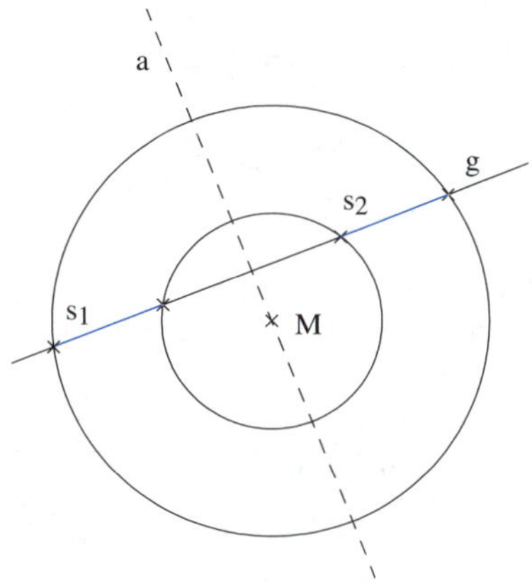


**84.** a) Vorüberlegung:

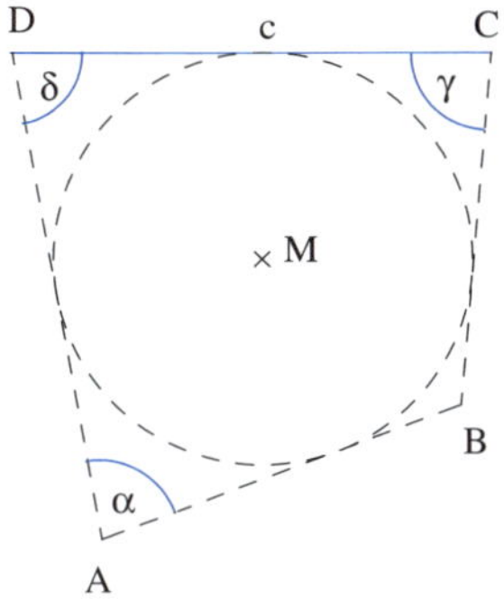


Durch c sind C und D gegeben.

M liegt
1. auf $w_\gamma$
2. auf $w_\delta$

Man trägt am freien Schenkel von δ eine Gerade g unter dem Winkel α an.

A liegt
1. auf δ
2. auf der Tangente an b(M; r) parallel zu g

B liegt
1. auf γ
2. auf der Tangente von vorher

*Konstruktion:*

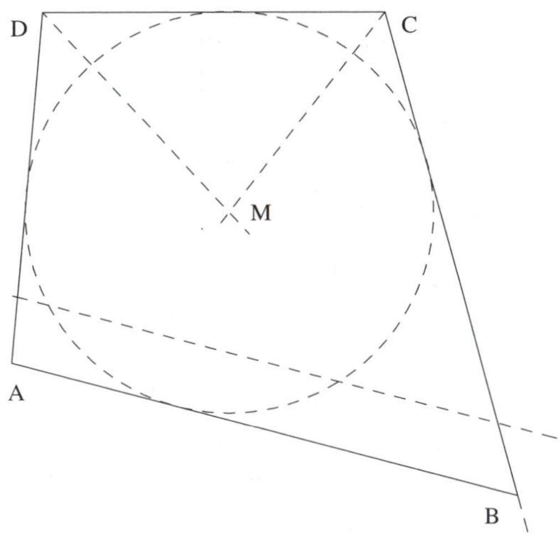

b) *Vorüberlegung:*

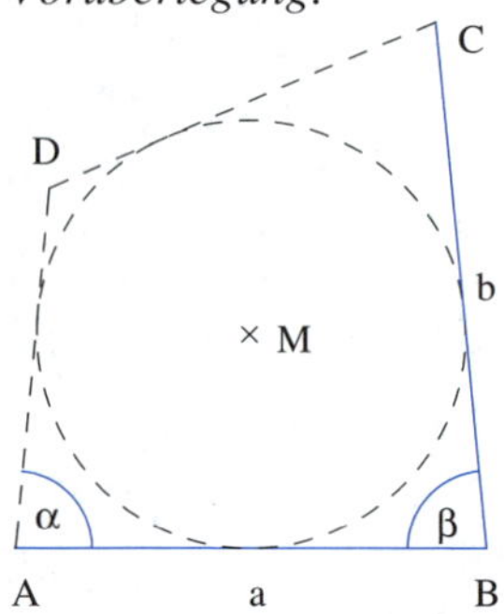


Dreieck ABC aus sws (a; β; b) eindeutig konstruierbar.

D liegt

1. auf α
2. auf der Tangente von C an den Inkreis des Vierecks ABCD

*Konstruktion:*

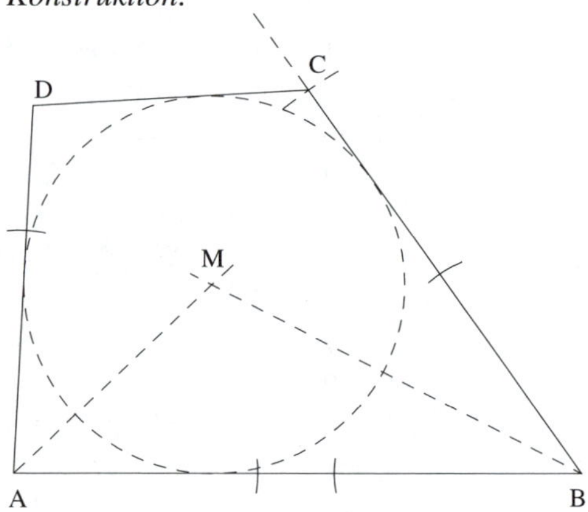

c) *Vorüberlegung:*

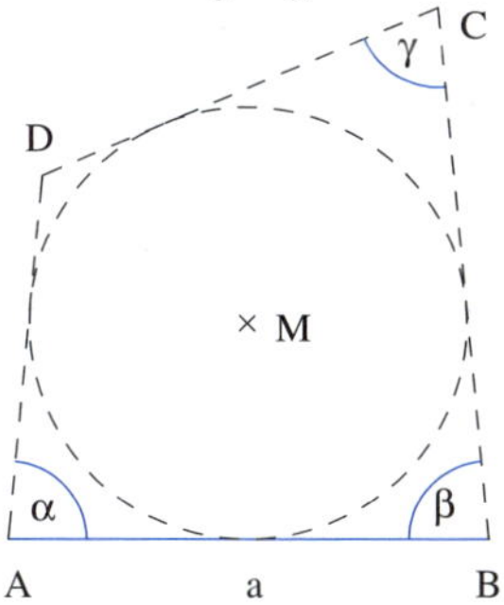


Durch a sind A und B gegeben.

M liegt
1. auf $w_\alpha$
2. auf $w_\beta$

g sei eine Gerade, die den freien Schenkel von β unter dem Winkel γ schneidet.

C liegt
1. auf β
2. auf der Parallelen p zu g als Tangente an k(M; r)

D liegt
1. auf α
2. auf p

*Konstruktion:*

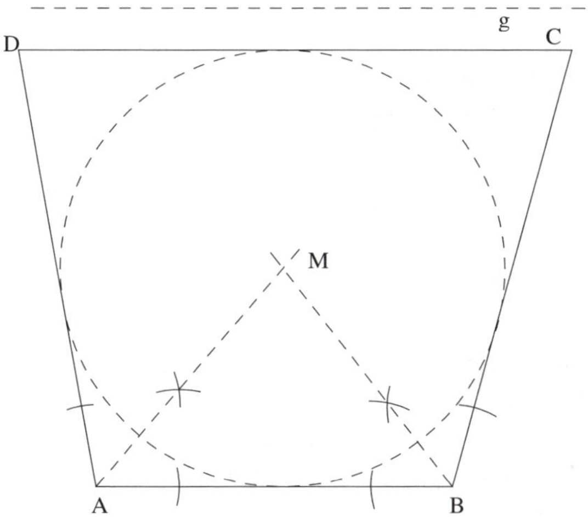

d) *Vorüberlegung:*

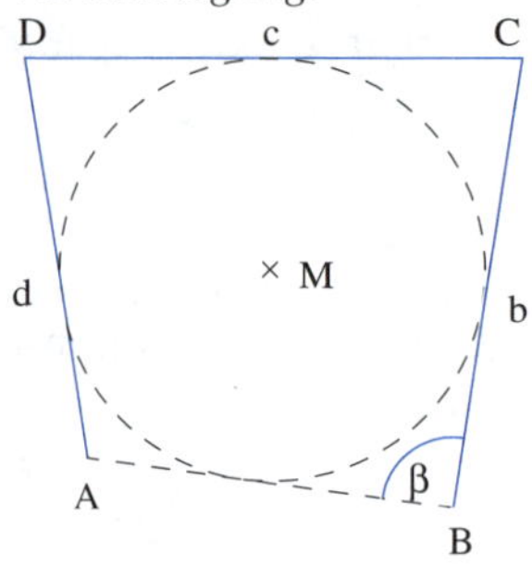


a = b + d − c = 5,5 cm

Dreieck ABC aus **sws** (a; β; b) eindeutig konstruierbar.

D liegt

1. auf k(C, c)
2. auf k(A, d)

*Konstruktion:*

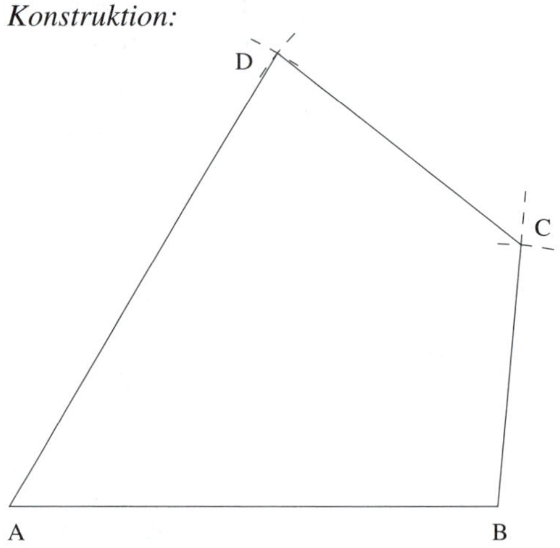


**85.** Verwendet man die Zeichnung von Aufgabe 84a (Maßstab 1 : 100) und zeichnet um M einen Kreis mit Radius 2 cm, dann gibt der schraffierte Bereich den „Bewegungsbereich" der Ziege.

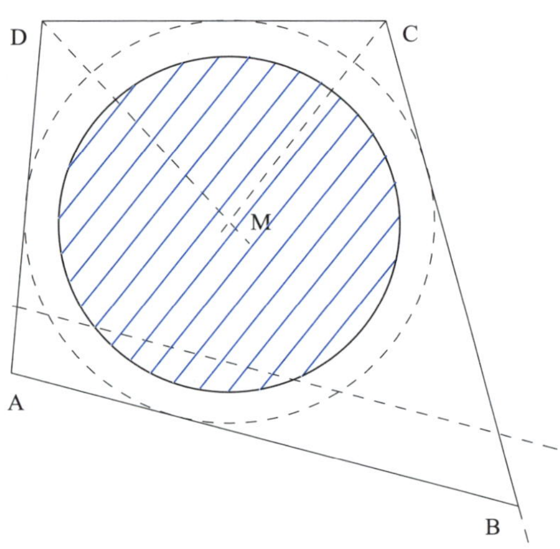

**86.** a) *Vorüberlegung:*

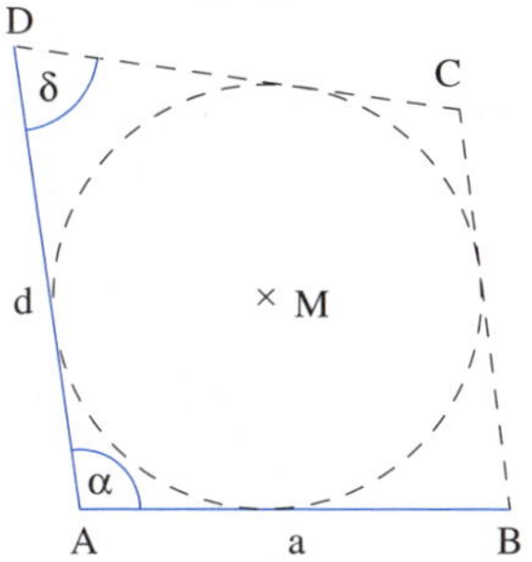


Dreieck ABD aus sws (d; $\alpha$; a) eindeutig konstruierbar.

C liegt
1. auf $\delta$
2. auf der Tangente von B an den Inkreis des Vierecks ABCD.

b) *Vorüberlegung:*

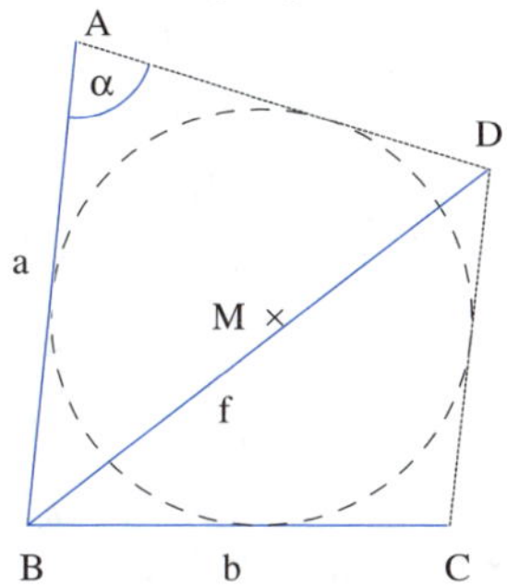


Dreieck ABD aus ssw konstruierbar. Eindeutige Konstruktion, falls $f > a$ gilt.
Da der Mittelpunkt des Inkreises aus den gegebenen Stücken nicht konstruiert werden kann, wird die Länge der Seite c zeichnerisch bestimmt:
$k(D; b) \cap [AD = E$
$k(A; a) \cap [AD = F$
Wegen $\overline{AE} = b + d = a + c$ ist dann $\overline{EF} = c$.
C liegt
1. auf k(B; b)
2. auf k(D; c)

c) *Vorüberlegung:*

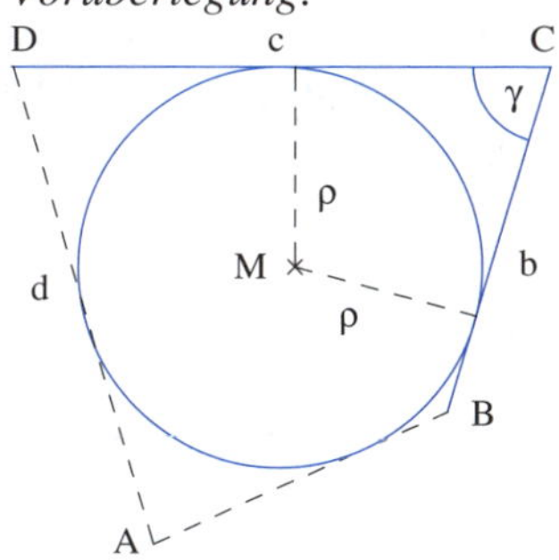


Dreieck BCD aus sws (b; $\gamma$; c) eindeutig konstruierbar.
A liegt
1. auf der Tangente von D an den Inkreis des Vierecks ABCD, wobei der Mittelpunkt M der Schnittpunkt der Parallelen zu CD und CB im Abstand $\rho$ ist.
2. auf der Tangente von B an den Inkreis des Vierecks ABCD.

**87.** a) Alle diagonalsymmetrischen Vierecke sind Tangentenvierecke, d. h. Drachenviereck, Raute, Quadrat.

b) In einem Viereck ist die Summe von je zwei Gegenseiten gleich groß.

c) Wegen $a+c \neq b+d$ (10 cm ≠ 11,5 cm) folgt: Es gibt kein solches Tangentenviereck.

**88.** Da die beiden Tangentenabschnitte von einem Punkt bis zu den Berührpunkten gleich groß sind, gilt:

$\overline{AP} = \overline{AR}$ und $\overline{BR} = \overline{BQ}$

Wegen $\overline{AR} + \overline{BR} = \overline{AB}$ folgt: $\overline{AB} = \overline{AP} + \overline{BQ} = \overline{PA} + \overline{QB}$

**89.** Im Parallelogramm gilt: $a=c$ und $b=d$
Im Viereck mit Inkreis, d. h. dem Tangentenviereck gilt: $a+c=b+d$.
Das geht aber nur, wenn $a=b=c=d$ gilt, d. h. das Parallelogramm eine Raute ist.

**90.** a) *Vorüberlegung:*

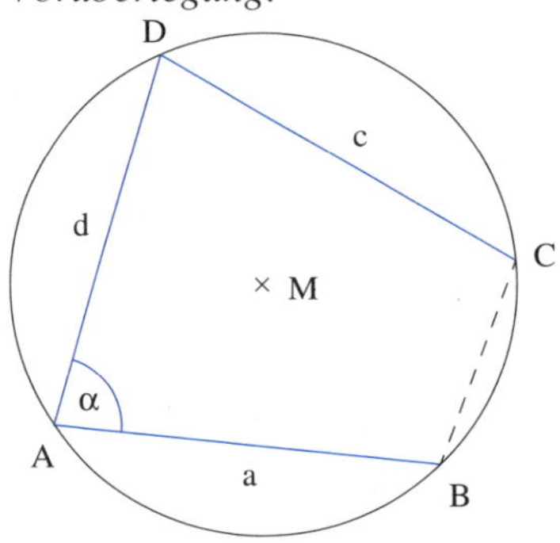


Dreieck ABD aus **sws** (d; α; a) eindeutig konstruierbar.

C liegt
1. auf k(D; c)
2. auf dem Umkreis des Vierecks ABCD = Umkreis des Dreiecks ABD

M ergibt sich als Schnittpunkt der Symmetrieachsen zu [AB] und [AD].

*Konstruktion:*

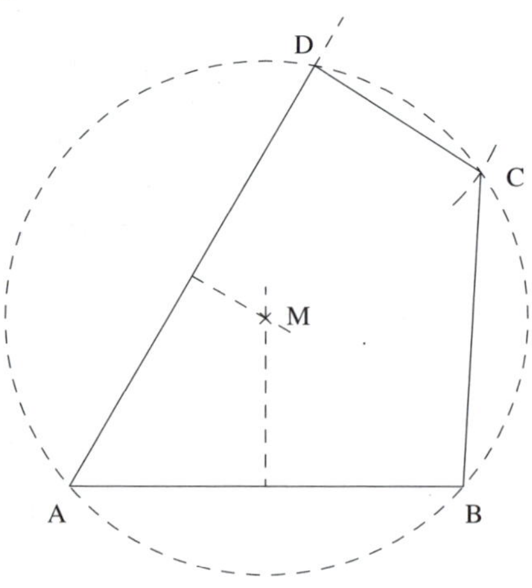

b) *Vorüberlegung:*

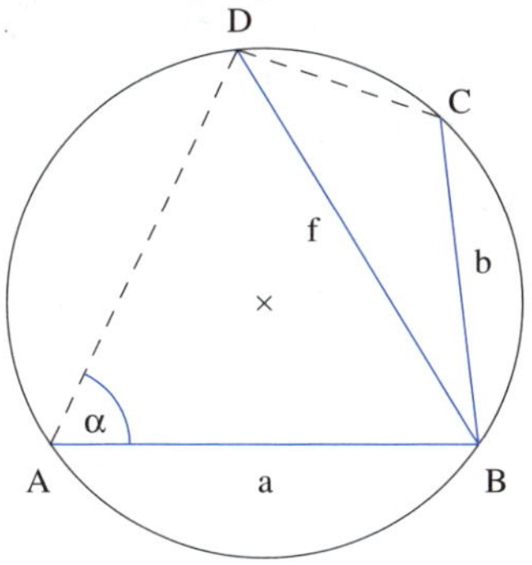


Dreieck ABD aus $\text{ssw}_g$ (a; f; α) eindeutig konstruierbar.

C liegt
1. auf k(B; b)
2. auf dem Umkreis

*Konstruktion:*

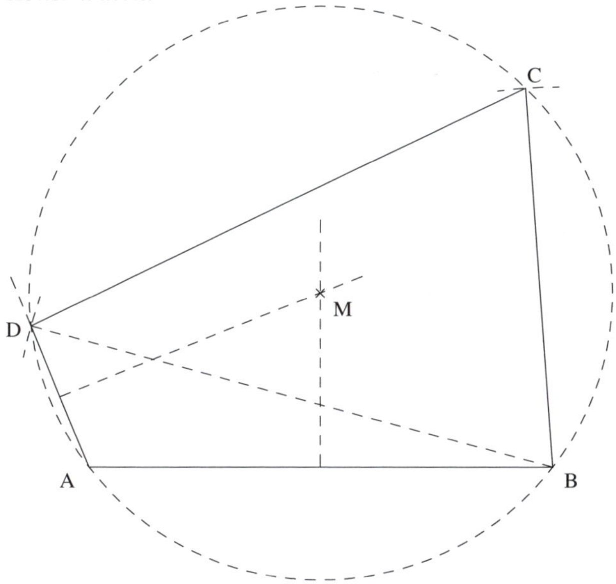

c) *Vorüberlegung:*

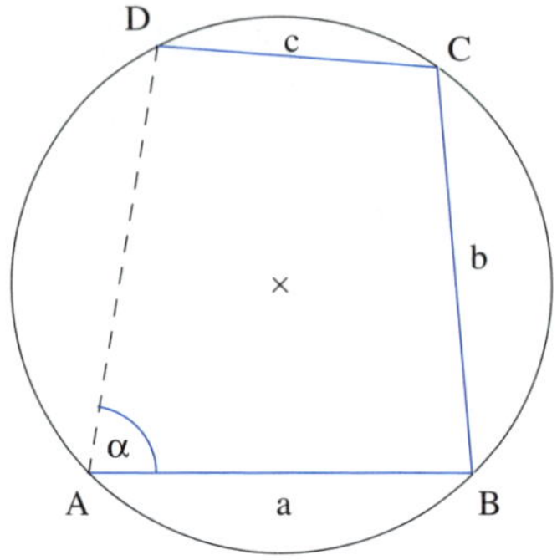


Dreieck BCD aus **sws** (b; γ; c) eindeutig konstruierbar ($\gamma = 180° - \alpha$).

A liegt

1. auf k(B; a)
2. auf dem Umkreis

*Konstruktion:*

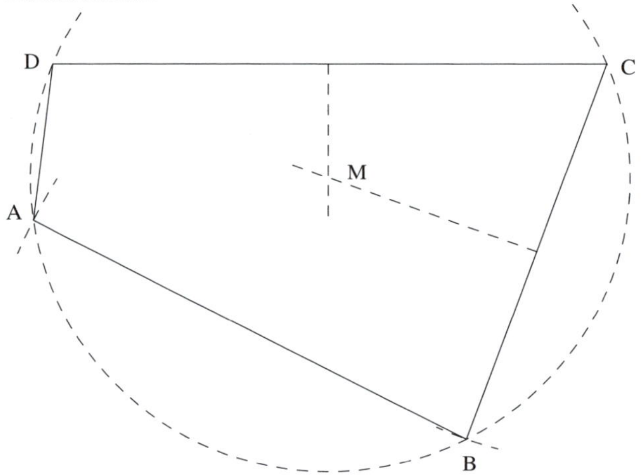

d) *Vorüberlegung:*

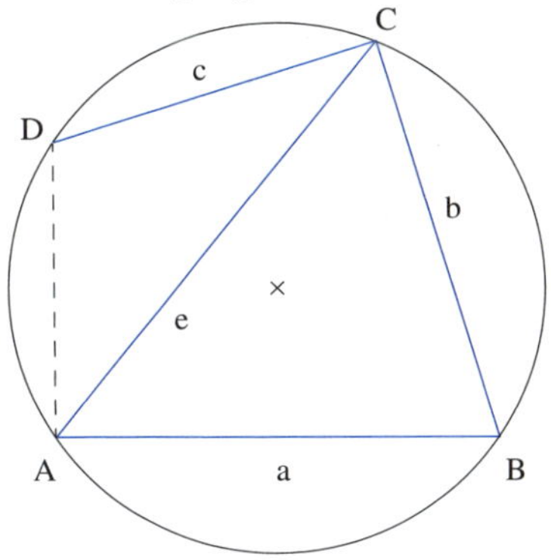


Dreieck ABC aus sss (a; b; e) eindeutig konstruierbar.

D liegt

1. auf k(C; c)
2. auf dem Umkreis

*Konstruktion:*

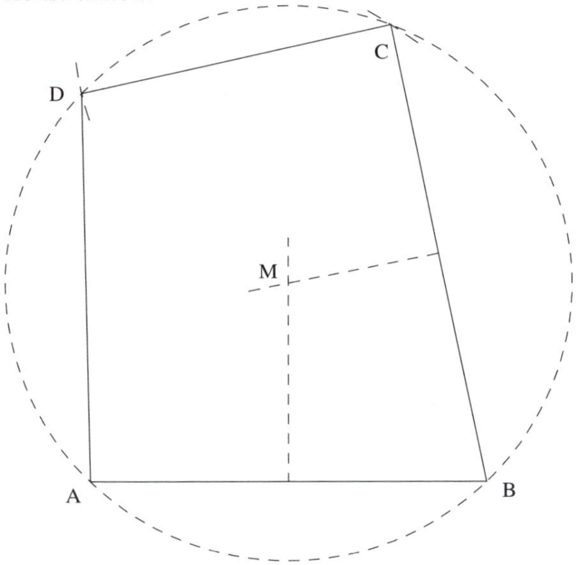

**91.** a) *Vorüberlegung:*

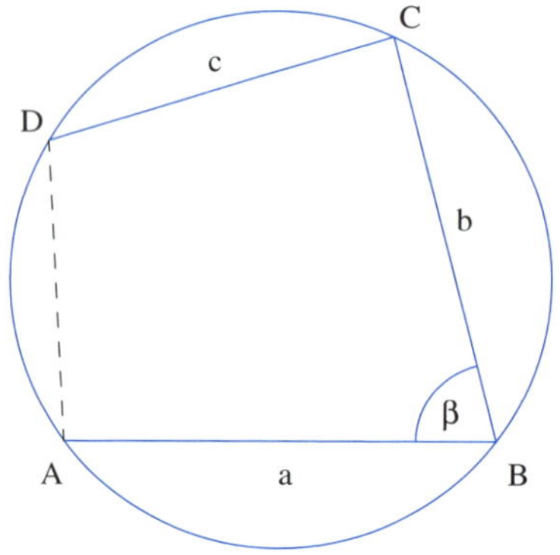


Dreieck ABC aus sws (a; β; b) eindeutig konstruierbar.

D liegt
1. auf k(C; c)
2. auf dem Umkreis

b) *Vorüberlegung:*

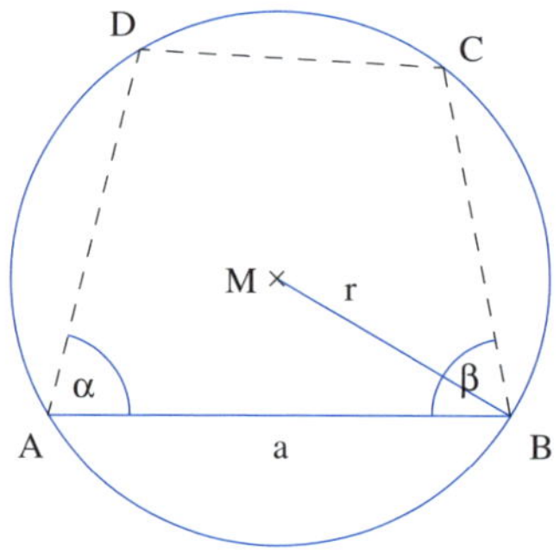


Der Umkreis ist durch M und r eindeutig gegeben.
A liegt auf dem Umkreis (beliebig).

B liegt
1. auf k(A; a)
2. auf dem Umkreis

C liegt
1. auf β
2. auf dem Umkreis

D liegt
1. auf α
2. auf dem Umkreis

c) *Vorüberlegung:*

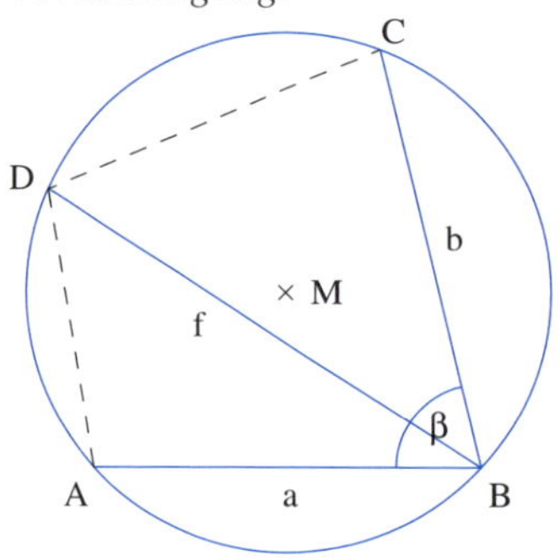


Dreieck ABC aus sws (a; β; b) eindeutig konstruierbar.

D liegt
1. auf k(B; f)
2. auf dem Umkreis

d) *Vorüberlegung:*

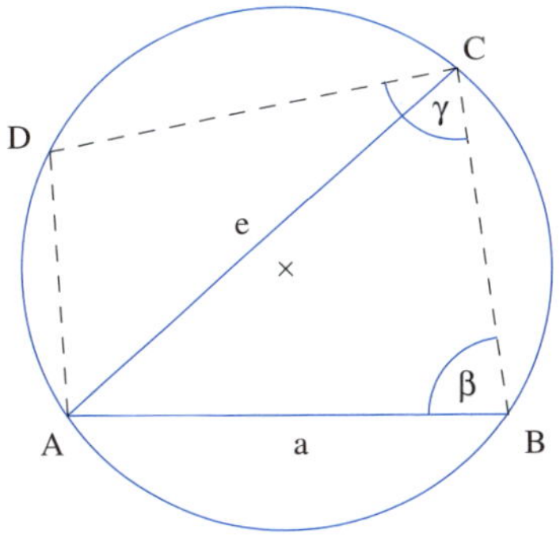


Dreieck ABC aus ssw konstruierbar. Eindeutige Konstruktion, falls $e > a$ gilt.

D liegt
1. auf $\gamma$
2. auf dem Umkreis

**92.** a) Jedes lotsymmetrische Viereck ist ein Sehnenviereck, d. h. gleichschenkliges Trapez, Rechteck, Quadrat.

b) In einem Viereck ergänzen sich je zwei Gegenwinkel zu 180°.

c) Nur das Quadrat hat zugleich einen In- und Umkreis, d. h. ist Sehnen- und Tangentenviereck zugleich.

d) Ein Parallelogramm mit Umkreis muss ein Rechteck sein.

**93.** a) $\gamma = 180° - \alpha = 180° - 70° = 110°$
$\beta + \delta = 2\delta + \delta = 180° \quad \Rightarrow 3\delta = 180° \quad \Rightarrow \delta = 60°,\ \beta = 120°$

b) $\alpha + \gamma = \alpha + 2\alpha = 180° \quad \Rightarrow 3\alpha = 180° \quad \Rightarrow \alpha = 60°,\ \gamma = 120°$
$\beta + \delta = \beta + 2\beta = 180° \quad \Rightarrow 3\beta = 180° \quad \Rightarrow \beta = 60°,\ \delta = 120°$

c) $\beta + \delta = 5\delta + \delta = 180° \quad \Rightarrow 6\delta = 180° \quad \Rightarrow \delta = 30°,\ \beta = 150°$
$\alpha + \gamma = 3\gamma + \gamma = 180° \quad \Rightarrow 4\gamma = 180° \quad \Rightarrow \gamma = 45°,\ \alpha = 135°$

d) $\alpha + \gamma = 180° \wedge \alpha = 4\beta = 4 \cdot 2\gamma = 8\gamma$
$8\gamma + \gamma = 180° \quad \Rightarrow 9\gamma = 180° \quad \Rightarrow \gamma = 20°;\ \alpha = 160°$
$\beta = 2\gamma \quad \Rightarrow \beta = 40°;\ \delta = 140°$

**94.** a) S: f Gegenbeispiel: lotsymmetrische Vierecke (gleichschenklige Trapeze)
KS: w

b) S: f Gegenbeispiel: beliebiges Parallelogramm
KS: f Gegenbeispiel: Lotsymmetrische Vierecke

c) S: w
KS: w

d) S: f Gegenbeispiel: beliebiges Drachenviereck
KS: f Gegenbeispiel: Rechtecke

**95.** Parallele Geraden haben ein gemeinsames Lot.
Da die beiden Strecken Sehnen sind, geht das gemeinsame Symmetrielot durch den Mittelpunkt des Kreises und durch die Mittelpunkte beider Sehnen.
Das Viereck ABCD ist lotsymmetrisch und damit ein gleichschenkliges Trapez.

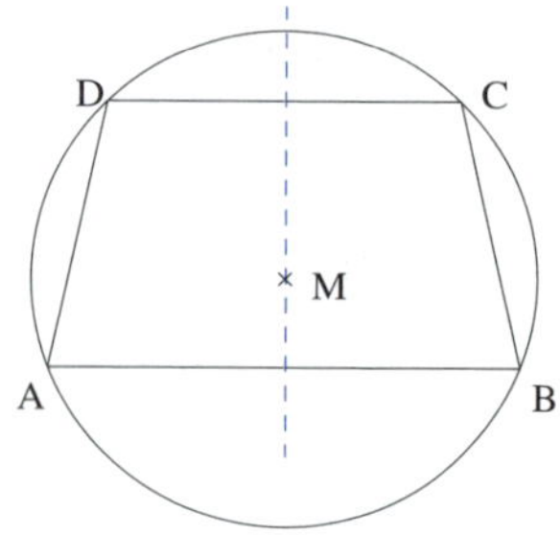


**96.** a) *Vorüberlegung:*

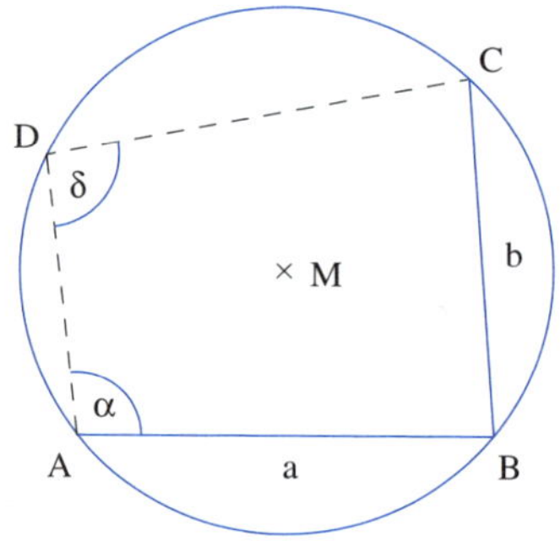


Es gilt:
$\gamma = 180° - \alpha = 80°$
$\beta = 180° - \delta = 100°$
Dreieck ABC aus sws (a; β; b) eindeutig konstruierbar.

D liegt
1. auf γ
2. auf α

*Konstruktion:*

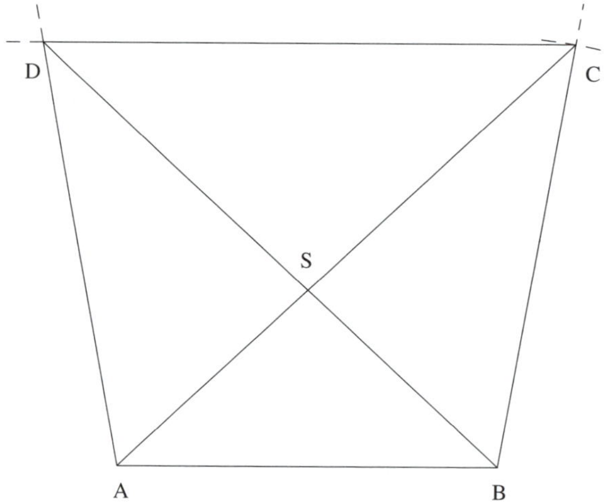


Wegen $\alpha = \beta$ und $\gamma = \delta$ handelt es sich hier um ein gleichschenkliges Trapez.

b) $\Delta ABS$ und $\Delta CDS$:
   1. $\sphericalangle ASB = \sphericalangle CSD$ (Scheitelwinkel)
   2. $\sphericalangle BAS = \sphericalangle DCS$ (Wechselwinkel an Parallelen)
   3. $\sphericalangle SBA = \sphericalangle SDC$ (Wechselwinkel an Parallelen)
   $\Rightarrow$ Behauptung

**97.** a) Die Punkte liegen außerhalb des Fasskreisbogenpaares über [AB] zum Winkel $\varphi = 90°$, d. h. außerhalb des Thaleskreises über [AB].

b) Die Punkte liegen innerhalb des Thaleskreises über [AB].

**98.**

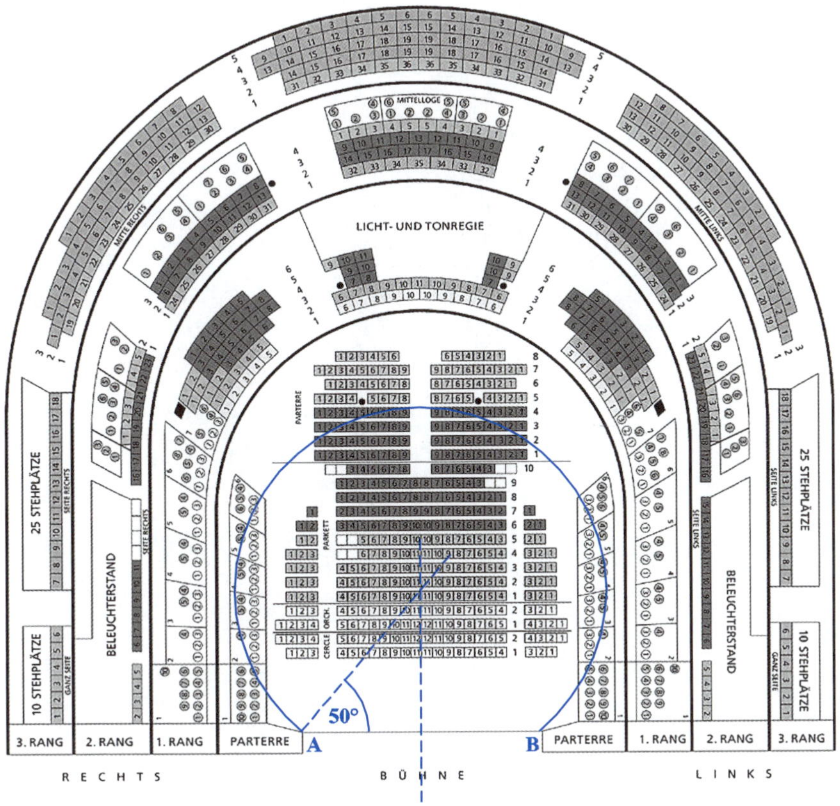


Man konstruiert den Fasskreisbogen über der Bühnestrecke [AB] zum Winkel $\varphi$=40°. Alle Zuschauer, die vom Kreisbogen erfasst werden, sehen die Bühne unter dem Winkel 40°.

**99.** $\varphi + \varphi' = 180° \wedge \varphi = \frac{\mu}{2}$

a) $\frac{\mu}{2} + \mu = 180° \quad \Rightarrow \frac{3}{2}\mu = 180° \quad \Rightarrow \mu = 120°$

b) $\mu = \frac{1}{4}\varphi' \Rightarrow \mu = \frac{1}{4}(180° - \frac{1}{2}\mu) \Rightarrow \mu = 40°$

c) $\varphi + 2\varphi = 210° \quad \Rightarrow 3\varphi = 210° \quad \Rightarrow \varphi = 70°;\ \mu = 140°$

d)
$$\begin{aligned} \mu - \varphi' &= 75° \\ \mu - (180° - \varphi) &= 75° \\ \mu - 180° + \varphi &= 75° \\ \mu - 180° + \frac{\mu}{2} &= 75° \\ \frac{3}{2}\mu &= 255° \\ \mu &= 170° \end{aligned}$$

**100.** M umfasst alle Punkte, die innerhalb des Fasskreisbogenpaares über [AB] zum Winkel 80° und außerhalb des Kreises k(B; 3 cm) liegen.

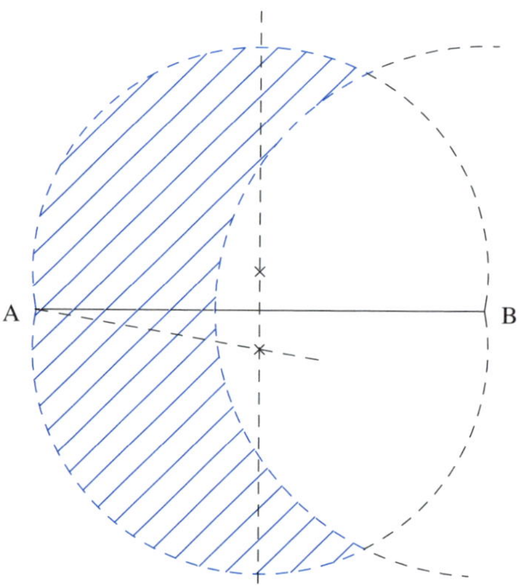

**101.** M umfasst alle Punkte, die innerhalb des Thaleskreises über [AB] und links von der Symmetrieachse $m_a$ der Strecke [AB] liegen.

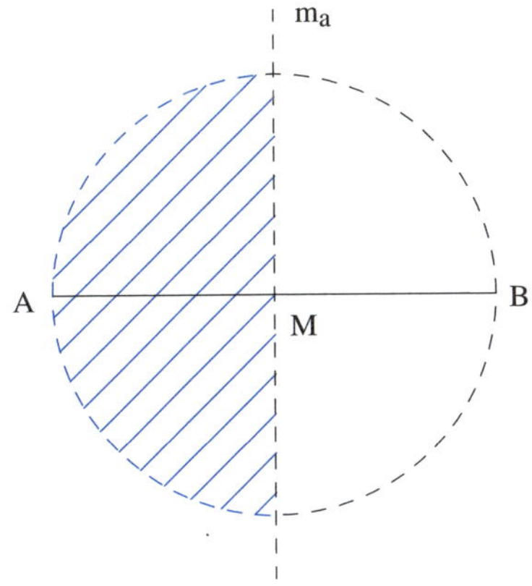


**102.** Die gesuchten Punkte liegen innerhalb und auf dem Fasskreisbogenpaar über [AB] zum Winkel 50° sowie außerhalb und auf dem Fasskreisbogenpaar über [AB] zum Winkel 120°.

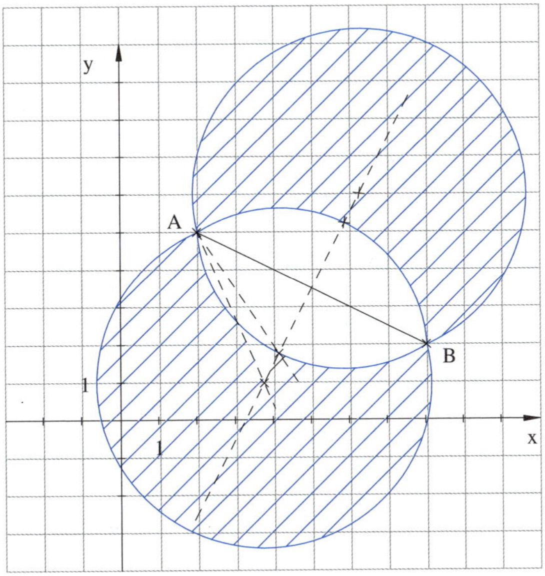

**103.** Die gesuchten Punkte $P_1$ und $P_2$ ergeben sich als Schnittpunkte des Fasskreisbogenpaares über [AB] zum Winkel 40° mit dem Fasskreisbogenpaar über [CD] zum Winkel 100°.

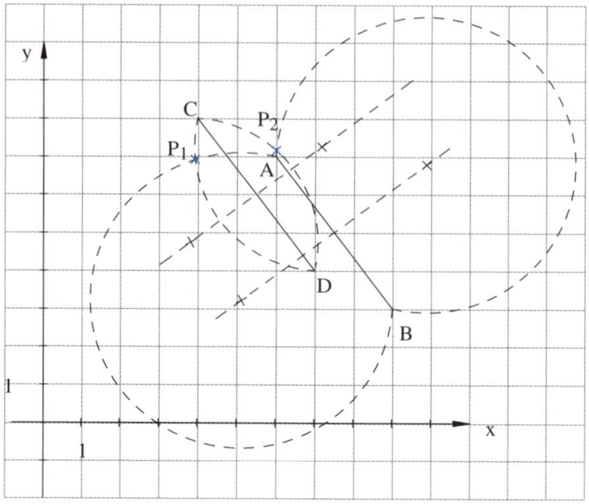


1 LE = 0,5 cm

**104.** Die Punkte liegen außerhalb und auf dem Fasskreisbogenpaar über [AB] zum Winkel 60° sowie innerhalb und auf dem Thaleskreis über der Strecke [BC].

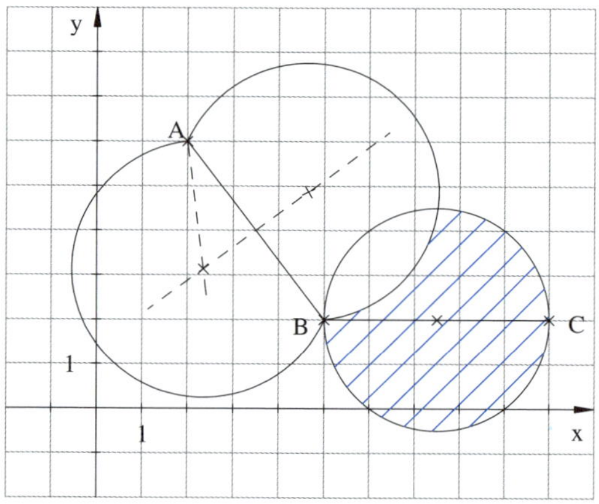


1 LE = 0,5 cm

**105.** a) *Vorüberlegung:*

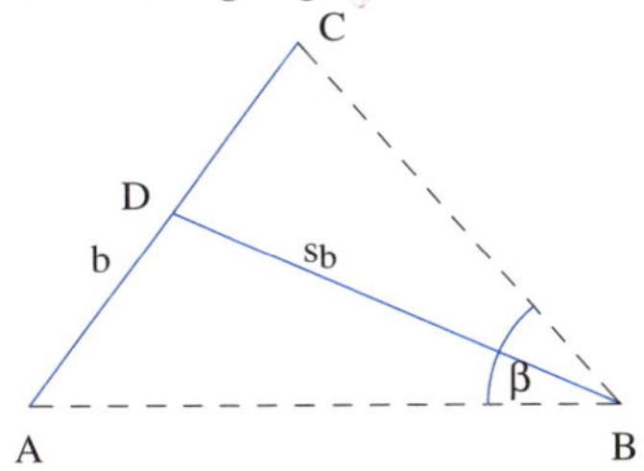


Durch b sind A und C gegeben.
D ist der Mittelpunkt der Strecke [AC].

B liegt
1. auf k(D; $s_b$)
2. auf dem Fasskreisbogen über [AC] zum Winkel β.

b) *Vorüberlegung:*

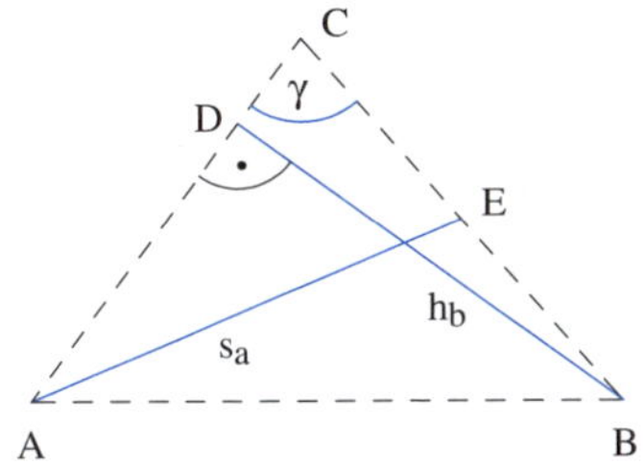


Durch $h_b$ sind B und D gegeben.

C liegt
1. auf dem Fasskreisbogen über [BD] zum Winkel γ.
2. auf dem 90°-Winkel in D.

A liegt
1. auf k (E; $s_a$) (E ist der Mittelpunkt von [BC]).
2. auf dem 90°-Winkel in D.

c) *Vorüberlegung:*

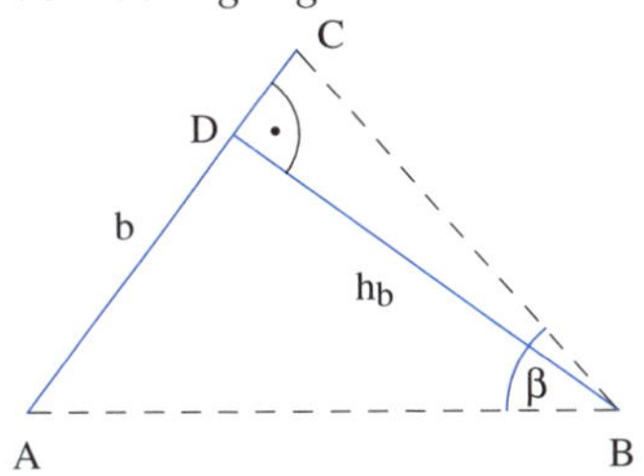


Durch b sind A und C gegeben.

B liegt
1. auf dem Fasskreisbogen über [AC] zum Winkel β.
2. auf der Parallelen zu [AC] im Abstand $h_b$.

Es kann zwei Lösungen geben.

d) *Vorüberlegung:*

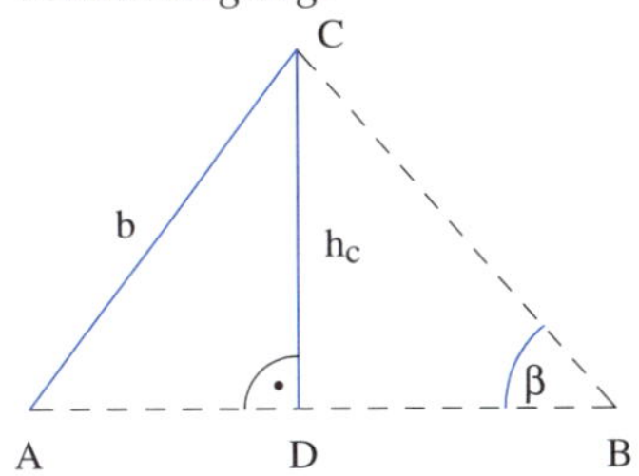


Durch $h_c$ sind D und C gegeben.

A liegt
1. auf k(C; b)
2. auf dem 90°-Winkel in D.

B liegt
1. auf dem Fasskreisbogen über $h_c$ zum Winkel β.
2. auf dem 90°-Winkel in D.

**106.** a) *Vorüberlegung:*

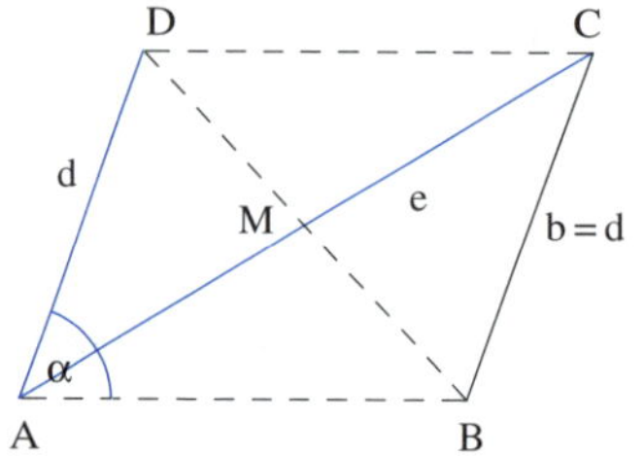


Es gilt: $\beta = \delta = 180° - \alpha = 120°$
$\gamma = \alpha = 60°$

*1. Möglichkeit:*
Durch e sind A und C gegeben.

D liegt
1. auf k(A; d)
2. auf dem Fasskreisbogen über [AC] zum Winkel δ.

B liegt
1. auf k(C; b = d)
2. auf der Parallelen zu [DC] durch A.

*2. Möglichkeit:*
Durch d sind A und D gegeben.

C liegt
1. auf k(A; e)
2. auf δ

B liegt
1. auf γ
2. auf α

*Konstruktion:*

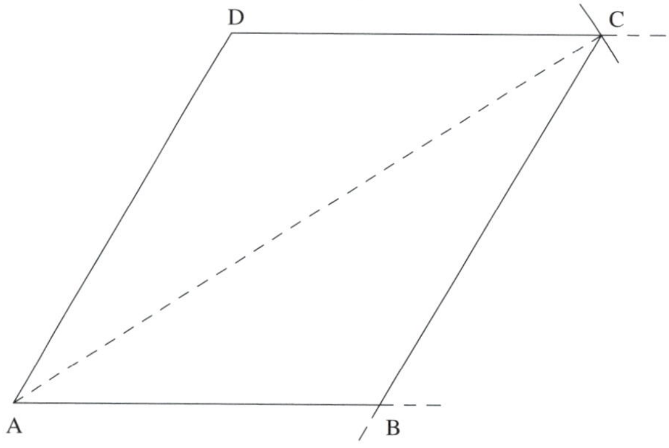

b) *Vorüberlegung:*

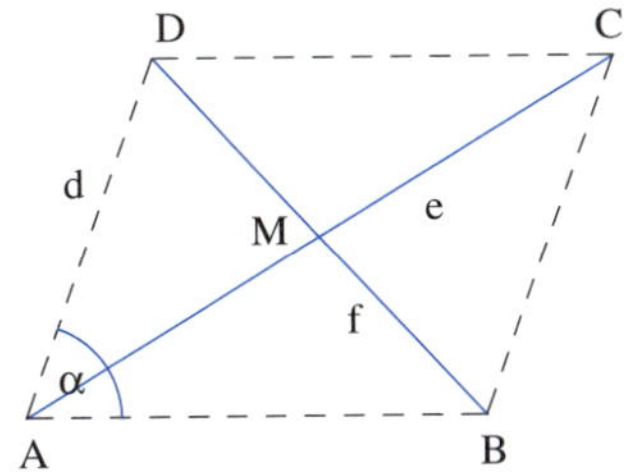


Durch f sind B und D gegeben.

A liegt

1. auf k(M; $\frac{1}{2}$ e)
2. auf dem Fasskreisbogen über [BD] zum Winkel α.

C liegt

1. auf AM
2. auf der Parallelen zu [AB] durch B.

*Konstruktion:*

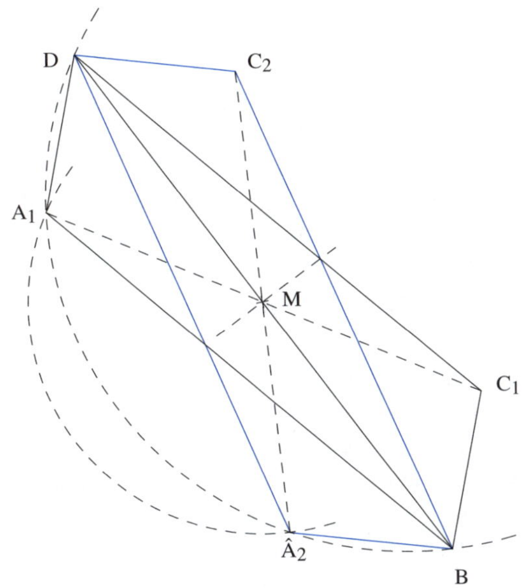


Es gibt zwei Lösungen!

**107.** Da in P ein 360°-Winkel (Vollwinkel) in drei gleiche Teile geteilt wird, wird jede Seite von P aus unter einem 120°-Winkel gesehen.
P ist der Schnittpunkt der Fasskreisbögen über [AB] und [AC] zum Winkel 120°.
Der Fasskreisbogen über [BC] zum Winkel 120° verläuft auch durch den Punkt P.

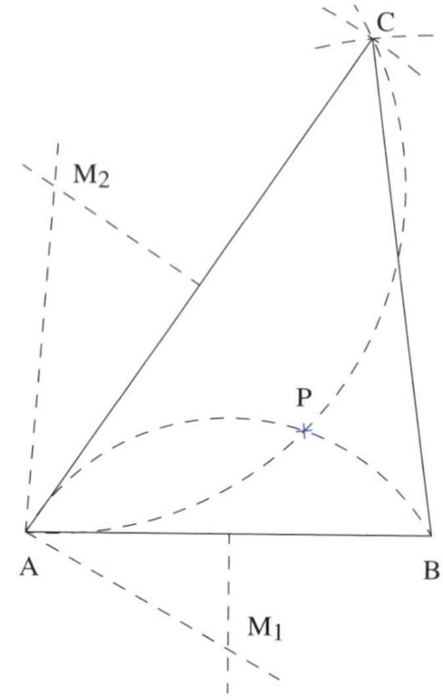


**108.** Man trägt in einem beliebigen Punkt des Kreises den Winkel so ab, dass die Schenkel Kreissehnen sind. Die Eckpunkte dieser beiden Schenkel (= Schnittpunkte der Schenkel mit dem Kreis k (M; r)) werden verbunden und bilden die Sehne s mit der gesuchten Eigenschaft.

**109.** Da Augustus die Bühne unter einem Winkel von 60° sehen will, muss der Kreis des Amphitheaters den Fasskreisbogen über der Bühne [AB] zum Winkel 60° berühren. Eine mögliche Anordnung zeigt die nebenstehende Konstruktion.

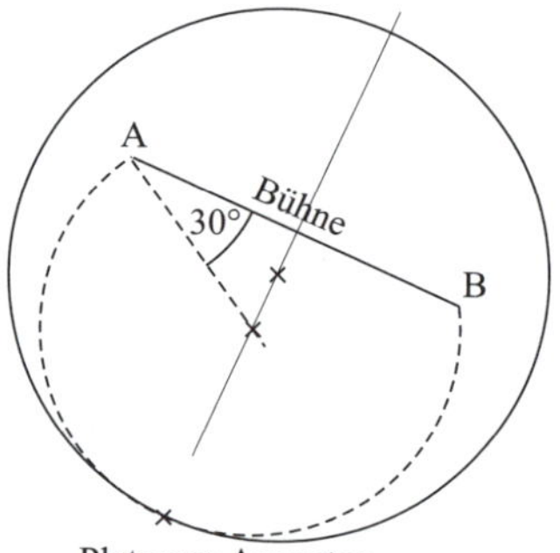

**110.** $\alpha = 90°$, weil der Kreis für den Durchmesser [BC] der Thaleskreis ist.

$\gamma = \varphi$, weil $\gamma$ der Nebenwinkel zu $\varphi'$ ($\gamma = 180° - \varphi'$) ist und $\varphi' = 180° - \varphi$ gilt.

$\beta = 90° - \varphi' = 90° - (180° - \varphi)$
$= 90° - 180° + \varphi = \varphi - 90°$

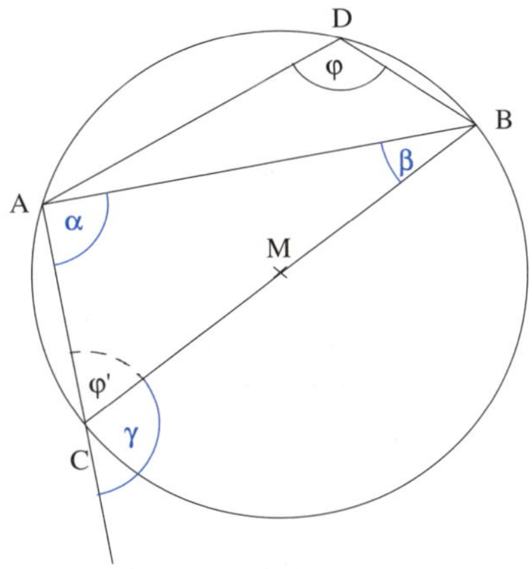


**111.** Da die Seiten [AB], [AD] und [DC] gleich lang sind, gilt:

$\mu_1 = \mu_4 = \mu_3$

Der Winkel $\mu_3 + \mu_4$ ist der Mittelpunktswinkel zum Umfangswinkel $\beta$, d. h. $\mu_3 + \mu_4 = 2\beta$.

Wegen $\mu_3 = \mu_4$ folgt:

$\mu_1 = \mu_3 = \mu_4 = \beta$

$\mu_2 = 360° - (\mu_1 + \mu_3 + \mu_4)$
$= 360° - 3\beta$

$\delta = 180° - \beta$
(Umfangswinkel zum Restbogen)

$\gamma = \frac{\mu_1 + \mu_4}{2} = \beta$

$\alpha = 360° - (\beta + \gamma + \delta) = 360° - (\beta + \beta + 180° - \beta)$
$= 360° - (180° + \beta) = 180° - \beta$

Für $\beta = 90°$ ist das Sehnenviereck ein Quadrat.

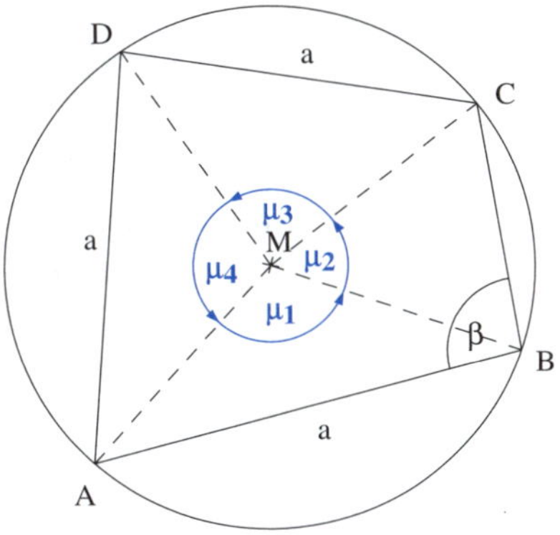

**112.** a) Konstruktion des Fasskreisbogenpaares.

b) C liegt auf k(B; $\overline{BM}$ ) und auf dem Fasskreisbogen.
Das Dreieck BMC ist gleichschenklig.

c) $\mu = 2\varphi = 100°$
$\sphericalangle AMB = \mu = 100°$
Das Dreieck BMC ist gleichseitig wegen $\overline{BM} = \overline{BC}$ und $\overline{BM} = r = \overline{CM}$. Daher gilt:
$\sphericalangle BMC = \varepsilon = 60°$

d) $\mu + \varepsilon = 160°$ ist der Mittelpunktswinkel zum Umfangswinkel $\sphericalangle ASC$, d. h.
$\sphericalangle ASC = \frac{1}{2}(\mu + \varepsilon) = 80°$

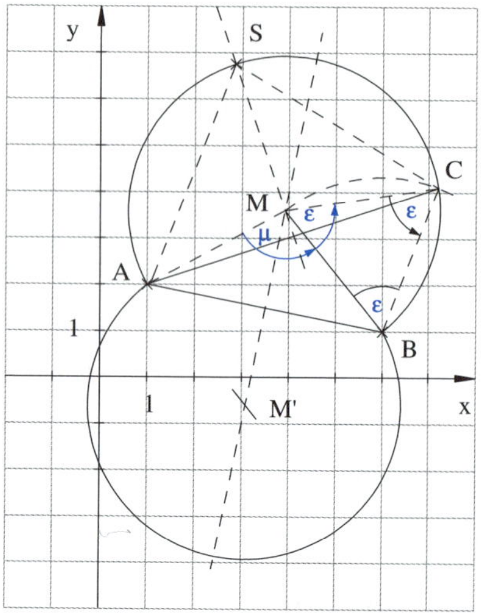

1 LE = 0,5 cm

**113.** a) $\mu$ ist der Mittelpunktswinkel zum Umfangswinkel $\delta$, d. h.
$\delta = \frac{1}{2}\mu$ .

b) Der Winkel $\sphericalangle ADC$ ist der Umfangswinkel, der zur Sehne [AC] gehört. Zu dieser Sehne gehört der Mittelpunktswinkel $\frac{1}{2}\mu$ , d. h.

$\varepsilon = \sphericalangle ADC = \frac{1}{4}\mu = \frac{1}{2}\delta$

[DC] ist demnach die Winkelhalbierende von $\delta$.

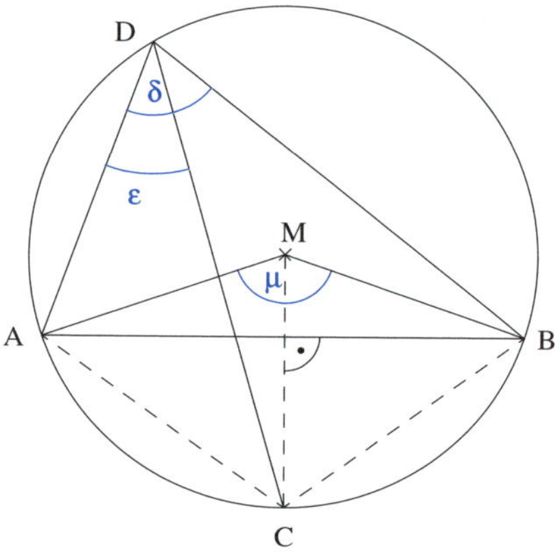

**114.** Der Ort des Schatzes S ist der Schnittpunkt der Mittelsenkrechten zur Strecke [BC] (1. Bedingung) mit dem rechten (3. Bedingung) Fasskreisbogen über [AB] zum Winkel 80° (2. Bedingung).

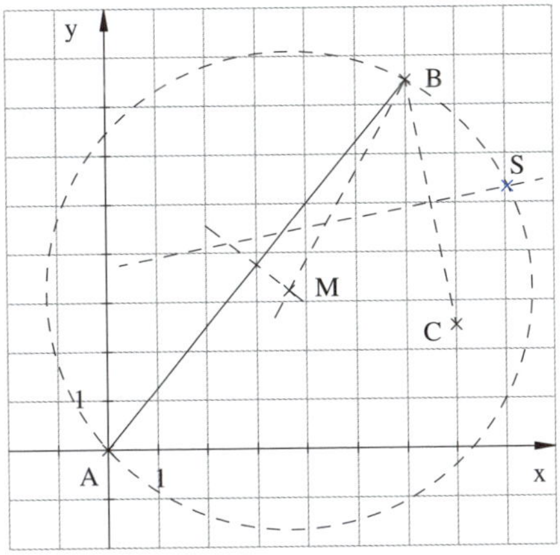


1 LE = 0,5 cm

**115.**

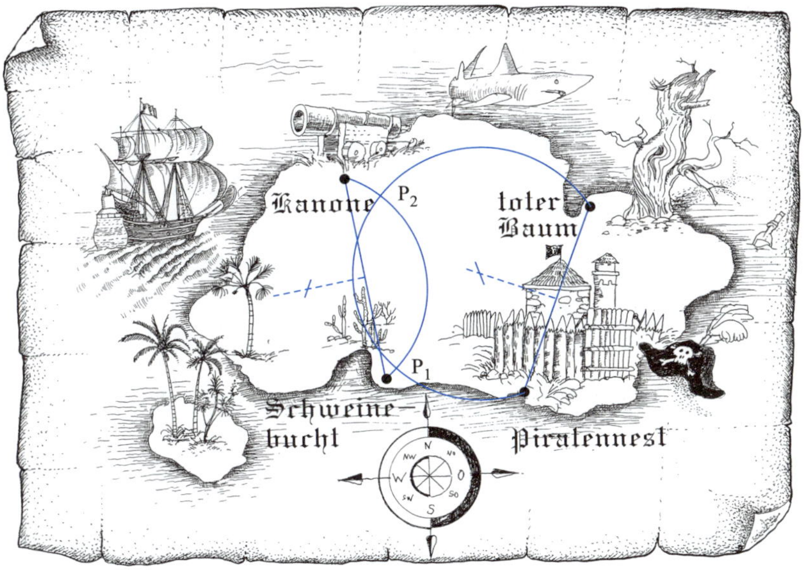


Es gibt zwei solche Orte $P_1$ und $P_2$, die sich als Schnittpunkte der beiden Fasskreisbögen ergeben.

**116.**

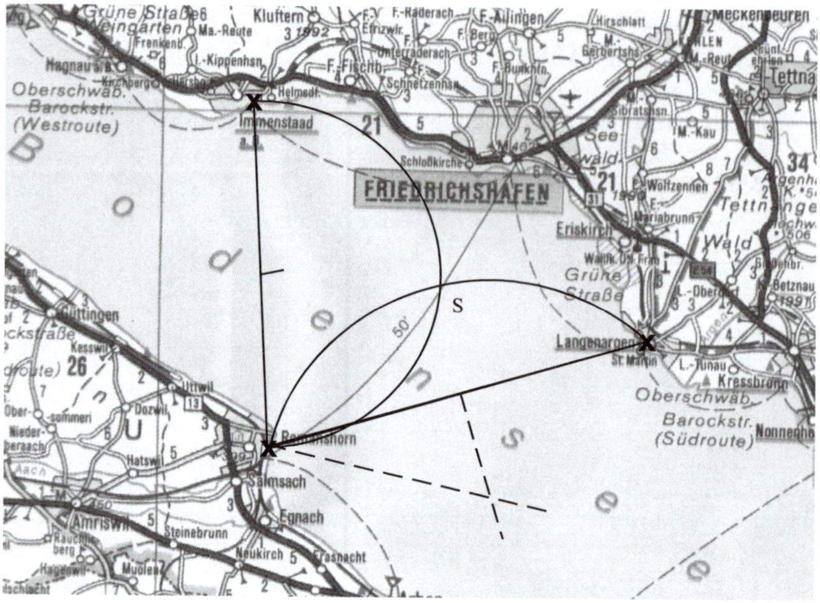


Der momentane Standpunkt S ergibt sich als Schnittpunkt des Thaleskreises über der Strecke [IR] mit dem Fasskreisbogen über [RL] zum Winkel 120°.

**117.** $\Delta ABM$:

$$\alpha = \frac{180° - \mu}{2} = \frac{180° - 2\varphi}{2}$$

$$= \frac{180° - 150°}{2} = 15°$$

$\Delta ABC$:

$\beta = 90°$ (Umfangswinkel im Thaleskreis über [AC])

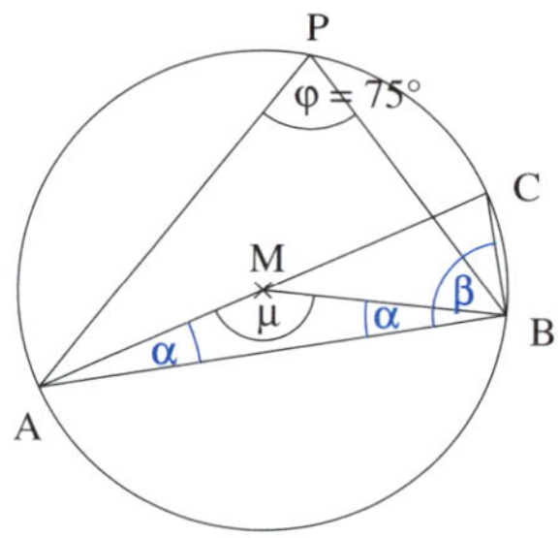


**118.** Die Dreiecke APM und PM'B sind gleichschenklig und haben jeweils gleiche Basiswinkel. Da aber ∢MPA = ∢M'PB (Scheitelwinkel) gilt, sind alle vier Basiswinkel gleich groß. Wegen der jeweiligen Winkelsumme von 180° im Dreieck muss $\mu = \mu'$ gelten.

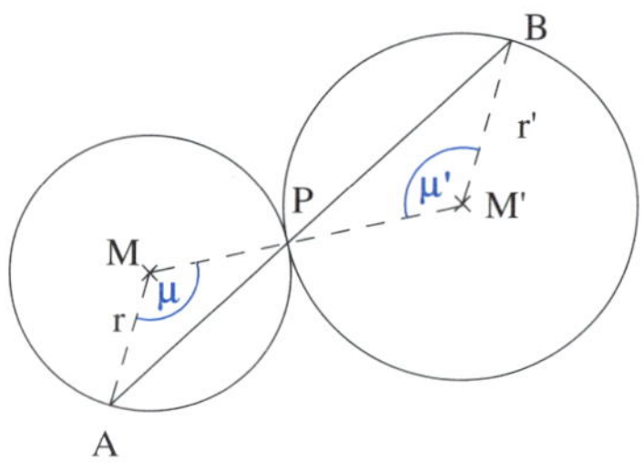

**119.** a) Im Dreieck ABM gilt:

$\beta = \frac{180° - \mu}{2} = 90° - \frac{\mu}{2}$.

Damit folgt:

$\varepsilon = \sphericalangle PBA$

$= 180° - 90° - \left(90° - \frac{\mu}{2}\right)$

$= 180° - 90° - 90° + \frac{\mu}{2}$

$= \frac{\mu}{2}$

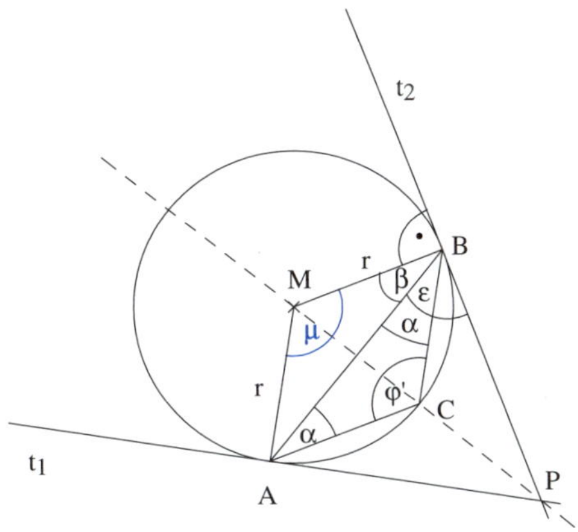


b) Im Dreieck ACB gilt:

$\alpha = \sphericalangle CBA = \frac{180° - \varphi'}{2}$

$= \frac{180° - (180° - \varphi)}{2}$

$= \frac{180° - 180° + \varphi}{2} = \frac{\varphi}{2} = \frac{\mu}{4}$

φ und φ' sind die Umfangswinkel über [AB].

**120.** $(n-2) \cdot 180° = 1\,800° \Rightarrow n - 2 = 10 \Rightarrow n = 12$

Es handelt sich um ein reguläres 12-Eck.

$\mu = \frac{360°}{12} = 30°$

**121.** a) Im regulären Sechseck mit der Seite a gilt für den Umkreis:

r = a

Der Inkreisradius ρ ergibt sich als Lot von M auf die Seite a.

b) Das reguläre 12-Eck erhält man durch Halbierung der Mittelpunktswinkel des regulären Sechsecks.

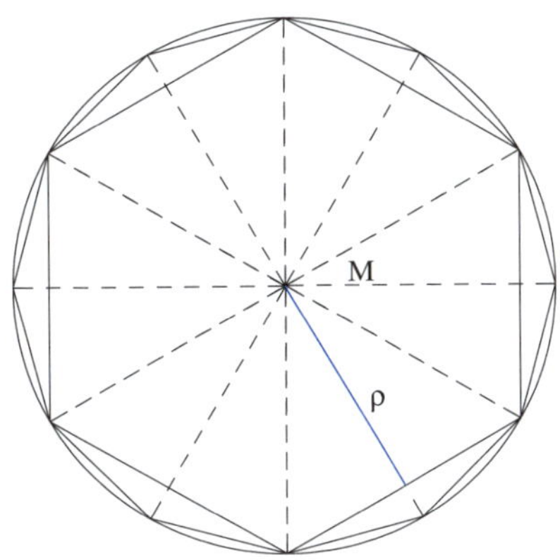

**122.** Für den Mittelpunktswinkel $\mu$ gilt:

$$\mu = \frac{360°}{8} = 45°,$$

d. h. der Vollwinkel um M wird in acht gleich große Winkel unterteilt.

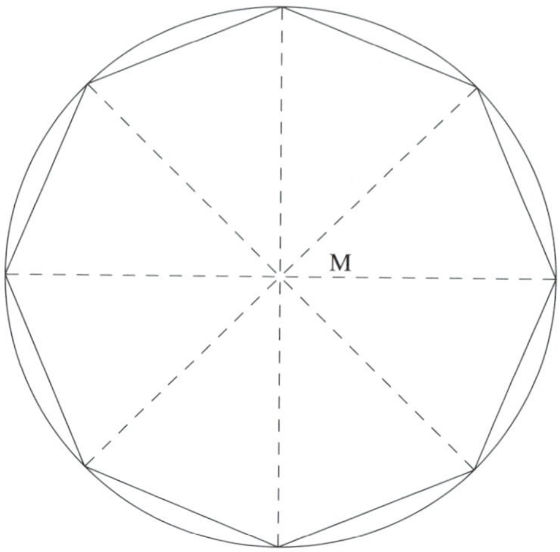


**123.** 1. Möglichkeit: Zerlegung in gleich viele kongruente Teilflächen.
2. Möglichkeit: Ergänzung zu kongruenten Flächen durch gleich viele kongruente Teilflächen.

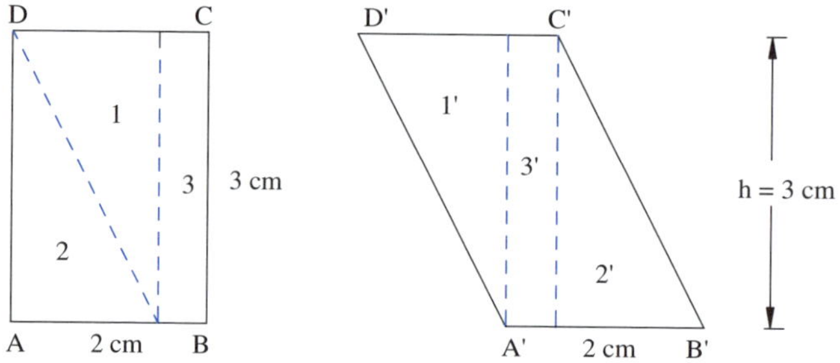


Verwendung des Prinzips der Zerlegungsgleichheit

**124.**

$$\begin{aligned} a^2 - (a-8)^2 &= 256 \\ a^2 - (a^2 - 16a + 64) &= 256 \\ a^2 - a^2 + 16a - 64 &= 256 \\ 16a &= 320 \\ a &= 20 \text{ cm} \end{aligned}$$

Die Kunststoffplatte ist 20 cm lang.

**125.** a)

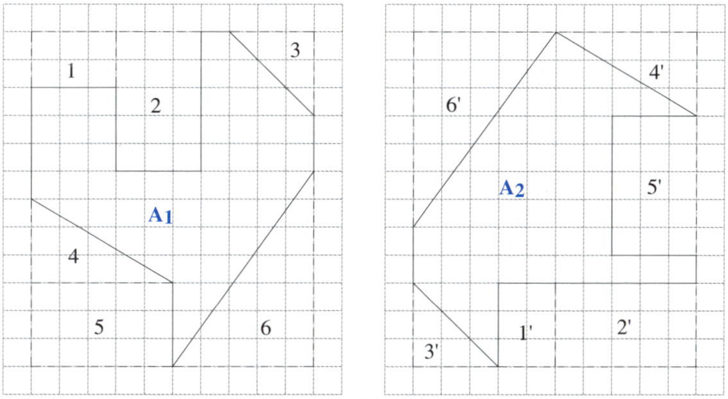


Die kongruenten Teilflächen 1–6 bzw. 1'–6' wurden ergänzt, d. h. es galt bereits vorher $A_1 = A_2$.

b)

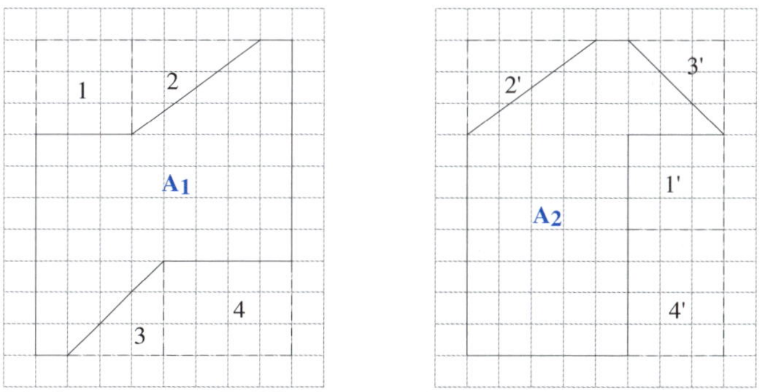


Die kongruenten Teilflächen 1–4 bzw. 1'–4' wurden ergänzt, d. h. es galt bereits vorher $A_1 = A_2$.

**126.**

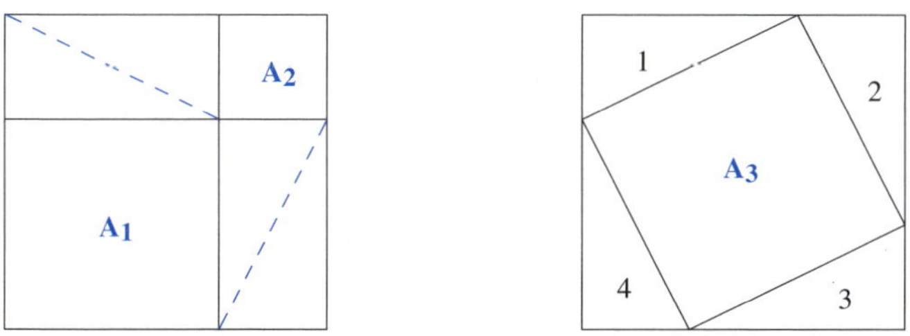


Von der Fläche des großen Quadrats werden jeweils vier kongruente Teilflächen weggenommen, d. h. die Restflächen sind gleich groß. Damit gilt: $A_1 + A_2 = A_3$

**127.** $\mathbf{u} = 2 \cdot (a + b)$ mit $a = \frac{480}{12}$ cm $= 40$ cm und $b = \frac{480}{16}$ cm $= 30$ cm

$\mathbf{u} = 2 \cdot (40 + 30)$ cm $= 140$ cm

Das Parallelogramm besitzt einen Umfang von 140 cm.

**128.** a) Das Parallelogramm ist flächengleich einem Rechteck mit den Seiten $e = 7$ cm und $d = 2$ cm.

$A_P = 7 \cdot 2\ \text{cm}^2$
$= 14\ \text{cm}^2$

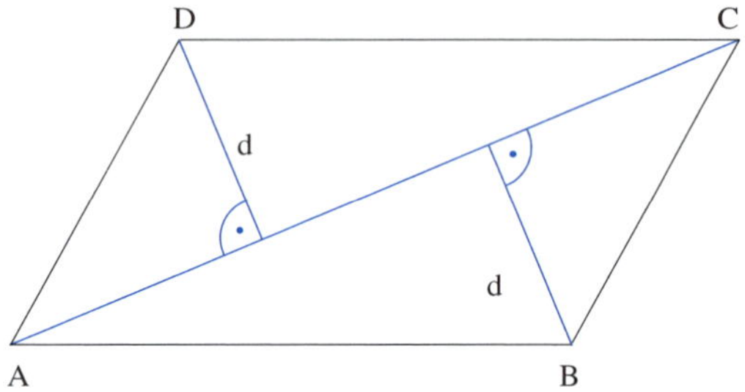


b) $A_P = g \cdot h \Rightarrow$

$h = \frac{A_P}{g} = \frac{14}{6}$ cm
$= \frac{7}{3}$ cm $= 2\frac{1}{3}$ cm

Der Abstand der parallelen Seite beträgt $2\frac{1}{3}$ cm.

**129.**

$$A_P = A_R$$
$$g \cdot h = \ell \cdot b$$
$$4{,}2 \cdot h = 6{,}6 \cdot 4{,}9$$
$$h = \frac{6{,}6 \cdot 4{,}9}{4{,}2}\ \text{cm} = 7{,}70\ \text{cm}$$

Die Höhe $h_a$ des Parallelogramms beträgt 7,70 cm.

**130.** $A_P = a \cdot h \quad \Rightarrow \quad a = \frac{A_P}{h} = \frac{56}{8}$ cm $= 7$ cm

$u = 2 \cdot a + 2 \cdot b \quad \Rightarrow \quad b = \frac{u - 2a}{2} = \frac{27 - 14}{2}$ cm $= 6{,}5$ cm

Die Seitenlängen des Parallelogramms sind 7 cm und 6,5 cm.

**131.** a) $A_P = a \cdot h_a$

$A_R = \frac{3}{7} a \cdot \frac{2}{5} h_a = \frac{6}{35} a \cdot h_a = \frac{6}{35} A_P$

$\Rightarrow \frac{29}{35} \cdot 100\,\% = 82{,}86\,\%$ der ursprünglichen Fläche sind nicht bebaut.

b) $A_P = a \cdot h_a = b \cdot h_b \Rightarrow h_b = \frac{a \cdot h_a}{b}$

**132.** Die Behauptung folgt mit dem Prinzip der Zerlegungsgleichheit.
$A_{ABCD} = 1' + 2' + 3'$
$A_{ACEF} = 1 + 2 + 3$
Die Dreiecke 1 | 1' bzw. 2 | 2' sind jeweils nach dem wsw-Satz kongruent.

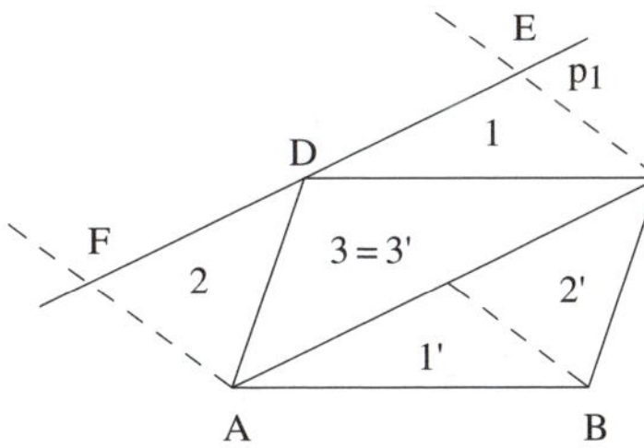


**133.** Die Aufteilung ist gerecht, wenn man unter der Breite des Parallelogramms den Abstand der parallelen Seiten versteht, nicht gerecht, wenn man unter der Breite des Parallelogramms die Länge der zweiten parallelen Gegenseiten versteht.

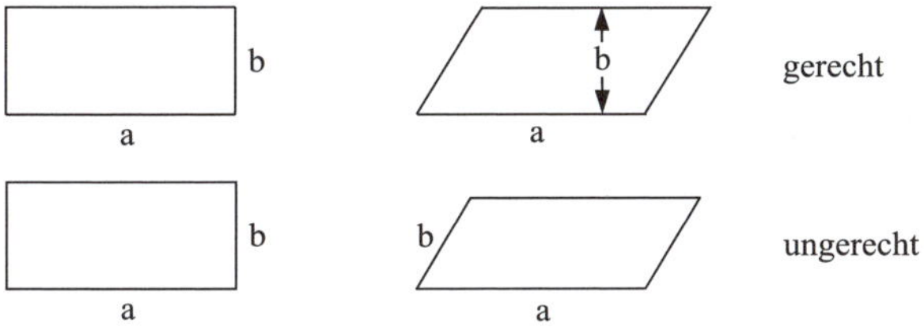


**134.**

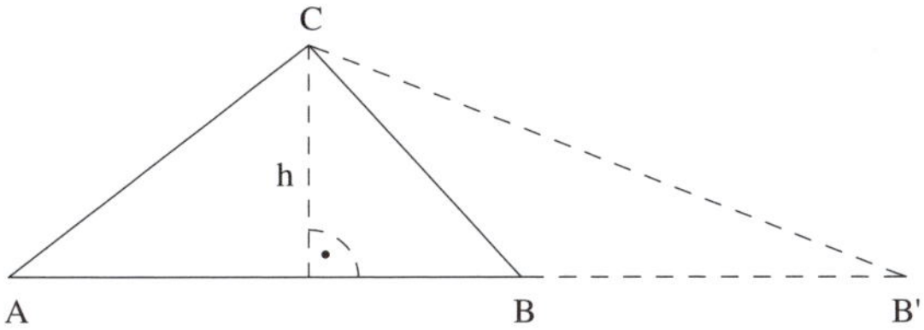


$A_{\Delta\,ABC} = \frac{1}{2} \cdot 4 \cdot h = 2h$

$A_{\Delta\,AB'C} = \frac{1}{2} \cdot 7 \cdot h = 3{,}5 \cdot h = 1{,}75 \cdot 2h = 1{,}75 \cdot A_{ABC}$

Die beiden Dreiecke haben gleiche Höhe, d. h. ihre Flächen verhalten sich so wie die Grundlinien c': c = 7 : 4 = 1,75.

**135.** a) $\frac{1}{2}a \cdot h_a = A_\Delta$

$\frac{1}{2}a \cdot 4 = 7{,}6$

$a = 3{,}8\text{ cm}$

Die Länge der Strecke [BC] beträgt 3,8 cm.

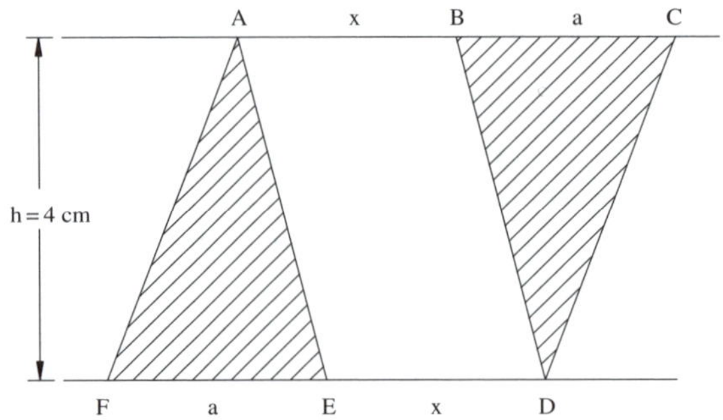


b) $A_{AEDB} = A_{ges} - 2 \cdot A_\Delta = 31{,}2\text{ cm}^2 - 15{,}2\text{ cm}^2 = 16\text{ cm}^2$

Die Fläche des Parallelogramms beträgt 16 cm².

c) $x \cdot h = A_P$

$x \cdot 4 = 16$

$x = 4\text{ cm}$

Die Strecken [AB] und [FD] haben die Länge 4 cm bzw. 7,8 cm.

**136.** a) $A_P = c \cdot d$

$c \cdot 2 = 4{,}8 \Rightarrow c = 2{,}4\text{ cm}$

b) $A_D = \frac{1}{2} c \cdot h_c = \frac{1}{2} \cdot 2{,}4 \cdot 3{,}5\text{ cm}^2 = 4{,}2\text{ cm}^2$

**137.** $A_{ges} = A_Q + 4 \cdot A_\Delta$

$52 = 16 + 4 \cdot A_\Delta \Rightarrow \Delta_\Delta = 9\text{ cm}^2$

$\frac{1}{2} \cdot a \cdot h = A_\Delta$

$\frac{1}{2} \cdot 4 \cdot h = 9 \Rightarrow h = 4{,}5\text{ cm}$

Die gleichschenkligen Dreiecke haben die Höhe 4,5 cm.

**138.** Die noch sichtbare Fläche weißen Papiers erhält man als Differenz der Quadratfläche und der beiden Dreiecksflächen.

$A = A_Q - 2 \cdot A_\Delta = 8 \cdot 8\text{ cm}^2 - 2 \cdot \frac{1}{2} \cdot 4 \cdot 5\text{ cm}^2 = 64\text{ cm}^2 - 20\text{ cm}^2 = 44\text{ cm}^2$

**139.** $b = h - h' = 20{,}5\text{ m} - 4{,}5\text{ m} = 16\text{ m}$

$A_{ges} = A_R + A_\Delta = 15 \cdot 16\text{ m}^2 + \frac{1}{2} \cdot 15 \cdot 4{,}5\text{ m}^2$

$= 240\text{ m}^2 + 33{,}75\text{ m}^2 = 273{,}75\text{ m}^2$

Der Flächeninhalt der Hausseite beträgt 273,75 m².

**140.** a) $\frac{1}{2} 2 \cdot h = 6$

$h = 6$ cm

b) $\frac{1}{2} \cdot c \cdot h = A_{ABC}$

$\frac{1}{2} \cdot c \cdot 6 = 21 \Rightarrow c = 7$ cm

Die Höhe h des Dreiecks beträgt 6 cm, die Seite c ist 7 cm lang.

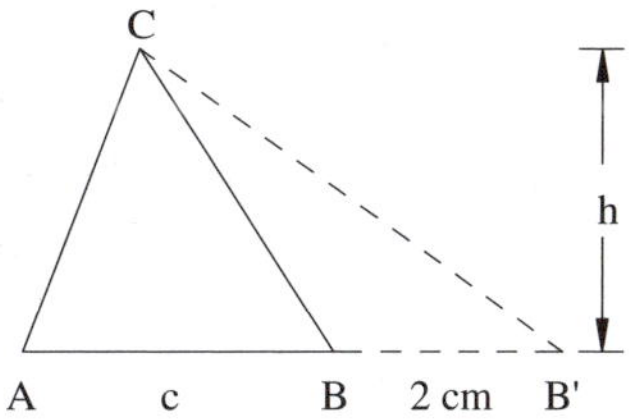


**141.**

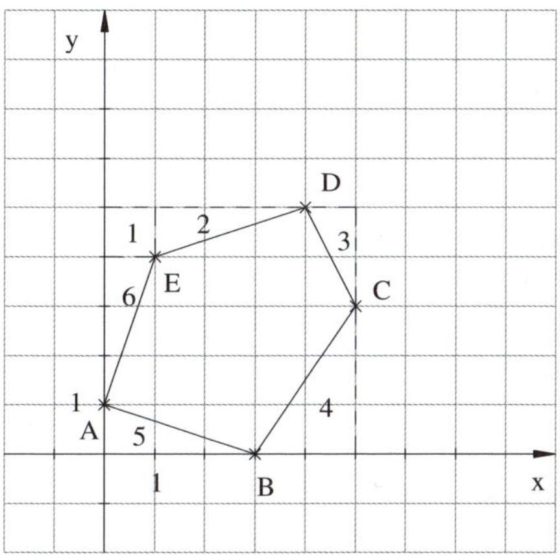


Maßstab 1 : 2

$A_{Fünfeck} = A_Q - (A_1 + A_2 + A_3 + A_4 + A_5 + A_6)$

$= 25 - \left(1 + \frac{1}{2} \cdot 3 \cdot 1 + \frac{1}{2} \cdot 2 \cdot 1 + \frac{1}{2} \cdot 2 \cdot 3 + \frac{1}{2} \cdot 3 \cdot 1 + \frac{1}{2} \cdot 3 \cdot 1\right)$

$= 25 - (1 + 1{,}5 + 1 + 3 + 1{,}5 + 1{,}5) = 25 - 9{,}5 = 15{,}5 \text{ cm}^2$

Der Flächeninhalt des Fünfecks beträgt 15,5 cm².

Man hätte das Fünfeck auch in Dreiecksflächen zerlegen können, deren Katheten achsenparallel verlaufen.

**142.** a) Wegen $a+c=b+d$ ist das Drachenviereck ein Tangentenviereck.

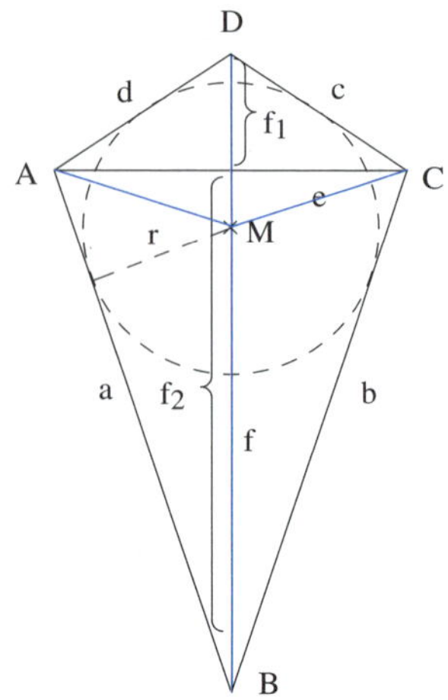


b) Verbindet man M mit den vier Eckpunkten A, B, C, D des Drachenvierecks, so entstehen vier Dreiecke mit der Höhe r. Es gilt mit $a=b$ und $c=d$:

$$A_{Dr}=\frac{1}{2}r(a+b+c+d)$$
$$=\frac{1}{2}r(2a+2c)$$
$$=\frac{1}{2}r\cdot 2(a+c)=r\cdot(a+c)$$

Für die Raute mit $a=b=c=d$ ergibt sich:

$$A_{Raute}=r\cdot(a+a)=2a\cdot r$$

c) Die beiden Dreiecke ACD und ABC haben die Höhen $f_1$ und $f_2$ mit $f_1+f_2=f$. Damit gilt:

$$A_{Dr}=\frac{1}{2}\cdot e\cdot f_1+\frac{1}{2}\cdot e\cdot f_2=\frac{1}{2}e(f_1+f_2)=\frac{1}{2}e\cdot f$$

d) $A_Q=\frac{1}{2}\cdot e\cdot e=\frac{1}{2}\cdot 15\cdot 15\ cm^2=112{,}5\ cm^2$

**143.** Im Tangentenviereck gilt: $a+c=b+d$
Verbindet man M mit den vier Eckpunkten, so entstehen vier Dreiecke mit der gleichen Höhe $h=r$.

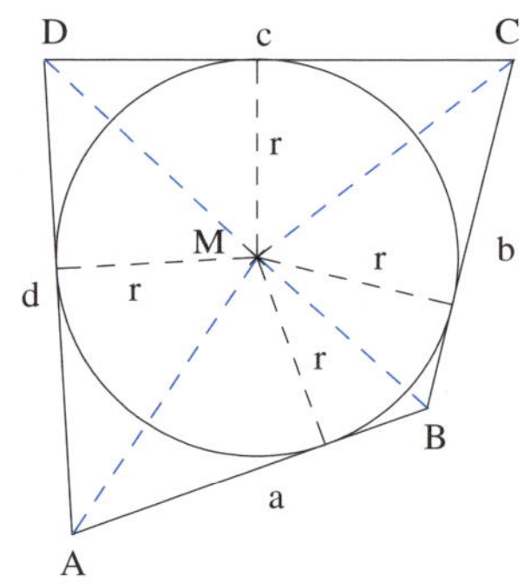


$$A_{TV}=\frac{1}{2}a\cdot r+\frac{1}{2}b\cdot r+\frac{1}{2}c\cdot r+\frac{1}{2}d\cdot r$$
$$=\frac{1}{2}r\cdot(a+c+b+d)$$
$$=\frac{1}{2}r\cdot(b+d+b+d)$$
$$=\frac{1}{2}r\cdot 2\cdot(b+d)=r\cdot(b+d)$$

**144.** Verbindet man den Mittelpunkt M des Inkreises mit den n Ecken des Vielecks, so entstehen n Dreiecke, die alle den Radius r als Höhe besitzen.

$$A_{Vieleck}=\frac{1}{2}\cdot a_1\cdot r+\frac{1}{2}a_2\cdot r+\ldots+\frac{1}{2}a_n\cdot r=\frac{1}{2}r\cdot(a_1+a_2+\ldots+a_n)$$
$$=\frac{1}{2}\cdot u\cdot r$$

**145.** $A_{Tr} = A_{Dr}$

$\frac{1}{2} \cdot (a' + c') \cdot h = \frac{1}{2} a \cdot b \Rightarrow a' + c' = \frac{a \cdot b}{h} = \frac{6 \cdot 8}{4} = 12 \text{ cm}$

1. Beispiel: $a' = 8 \text{ cm} \quad c' = 4 \text{ cm}$

2. Beispiel: $a' = 9 \text{ cm} \quad c' = 3 \text{ cm}$

**146.** $u = a + b + c + d = a + c + b + d$

$\Rightarrow a + c = u - b - d = 28{,}4 \text{ cm} - 8 \text{ cm} = 20{,}4 \text{ cm}$

$A_{Tr} = \frac{1}{2} \cdot (a + c) \cdot h = \frac{1}{2} \cdot 20{,}4 \cdot 3{,}6 \text{ cm}^2 = 36{,}72 \text{ cm}^2$

**147.** a) $m = \frac{1}{2}(a + c) = \frac{1}{2}(u - b - d) = \frac{1}{2}(30 \text{ cm} - 6{,}2 \text{ cm} - 3{,}8 \text{ cm}) = 10 \text{ cm}$

$A_{Tr} = m \cdot h = 10 \cdot 2{,}4 \text{ cm}^2 = 24 \text{ cm}^2$

b) $A_{Dr} = A_{Tr}$

$\frac{1}{2} \cdot 8 \cdot h_c = 24$

$h_c = 6 \text{ cm}$

**148.** $A_{Tr} = A_R$

$m \cdot h = a \cdot b$

$m = \frac{7{,}2 \cdot 5}{3} \text{ cm} = 12 \text{ cm} = \frac{1}{2}(a + c) \Rightarrow a + c = 24 \text{ cm}$

$u = a + c + 2 \cdot s \Rightarrow s = \frac{u - a - c}{2} = 8 \text{ cm}$

Die Länge der Schenkel beträgt 8 cm.

**149.** $A_{Tr} = \frac{1}{2} \cdot (a + c) \cdot h = \frac{1}{2} \cdot (4 + 2{,}8) \cdot 2{,}2 \text{ m}^2 = 7{,}48 \text{ m}^2$

**150.** $a = 5c \Rightarrow m = \frac{1}{2}(a + c) = \frac{1}{2} \cdot 6c$

$A_{Tr} = 3 \cdot c \cdot h = 30 \text{ cm}^2$

$c = 4 \text{ cm}$

Die Längen der parallelen Seiten sind $a = 20$ cm und $c = 4$ cm.

**151.** $m = \frac{a + c}{2}$

$A_Q = A_{Tr}$

$m^2 = m \cdot h \Rightarrow m = h = 5 \text{ cm}$

$c = 2\,m - a = 6 \text{ cm}$

$A_{Tr} = 5 \cdot 5 \text{ cm}^2 = 25 \text{ cm}^2$

**152.** $A_1 = \frac{1}{2} \cdot 3 \cdot 2\ cm^2 = 3\ cm^2$

$A_2 = \frac{1}{2} \cdot 6 \cdot 2\ cm^2 = 6\ cm^2$

$A_3 = A_{Tr} - A_1 - A_2$

$= \frac{1}{2}(6+3) \cdot 4\ cm^2 - 3\ cm^2 - 6\ cm^2$

$= 18\ cm^2 - 9\ cm^2 = 9\ cm^2$

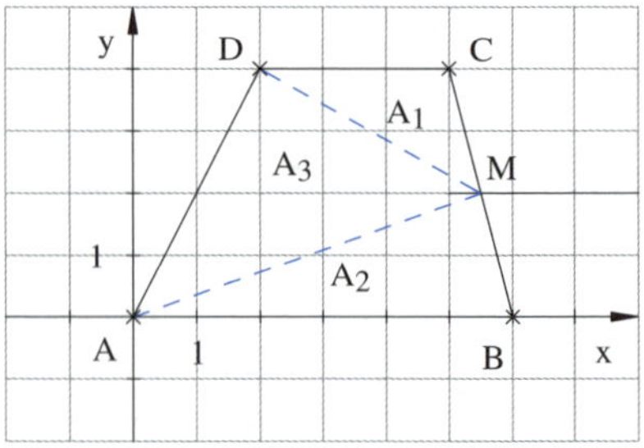


Maßstab 1 : 2

**153.** a) $x = \overline{AB}$

$\frac{1}{2} x \cdot h = A_D$

$\frac{1}{2} \cdot x \cdot 5 = 7{,}5$

$x = 3\ cm$

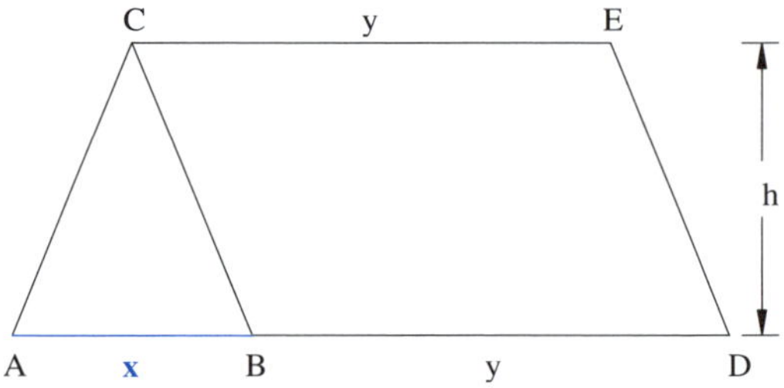


b) $y \cdot h = A_{Tr} - A_D$

$y \cdot 5 = 20 \Rightarrow y = 4\ cm$

$\overline{AD} = x + y = 7\ cm$

**154.**

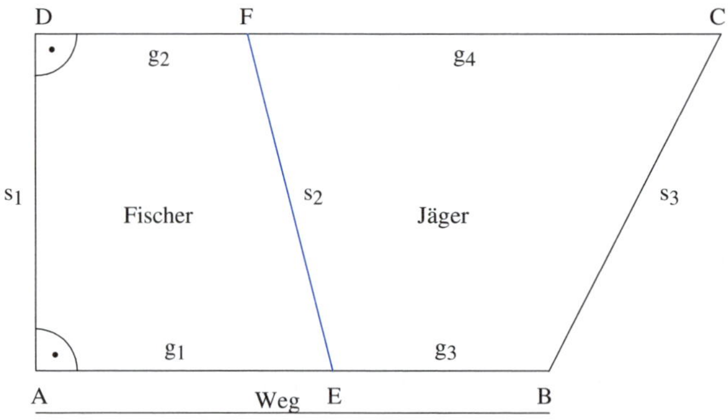


a) $A_{Fischer} = 576\ m^2$

$\frac{g_1 + g_2}{2} \cdot s_1 = 576$

$(g_1 + 20{,}5) \cdot 24 = 576 \cdot 2$

$g_1 = 27{,}5\ m$

Die Familie Fischer muss 27,5 m Weg schippen.

b) $g_3 + g_4 + s_2 + s_3 = 115$ m

$g_3 + g_4 = 115 \text{ m} - 25 \text{ m} - 30 \text{ m} = 60$ m

$A = \frac{1}{2}(g_3 + g_4) \cdot s_1 = \frac{1}{2} \cdot 60 \cdot 24 \text{ m}^2 = 720 \text{ m}^2$

Das Grundstück der Familie Jäger hat einen Flächeninhalt von 720 m$^2$.

**155.** a) Wegen c = c' gilt:
A' = A; B' = B
C' liegt
1. auf β'
2. auf der Parallelen zu [AB] durch C.

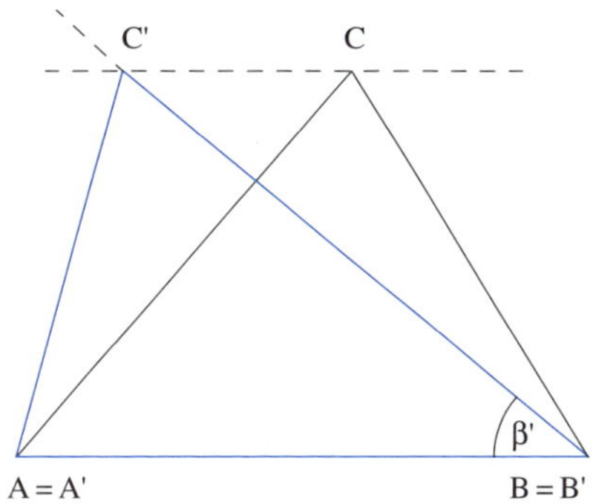


b) Wegen β' = β gilt:
B = B'
A' liegt
1. auf AB
2. auf k(B; c')
C' liegt
1. auf BC
2. auf der Parallelen zu A'C durch A.

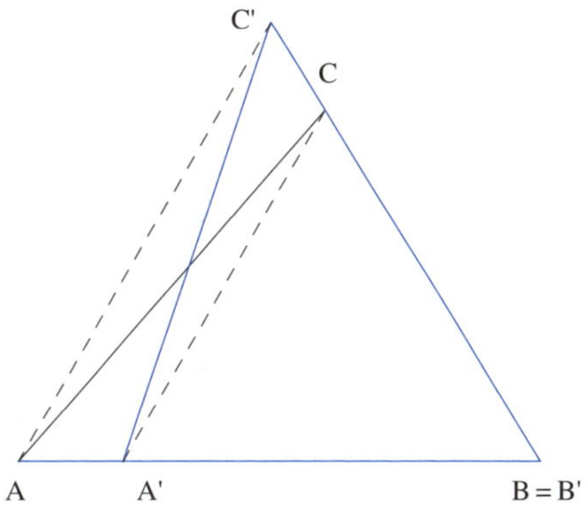


c) Wegen β = β' gilt:
B = B'
C' liegt
1. auf BC
2. auf k(B; a')
A' liegt
1. auf AB
2. auf der Parallelen zu AC' durch C.

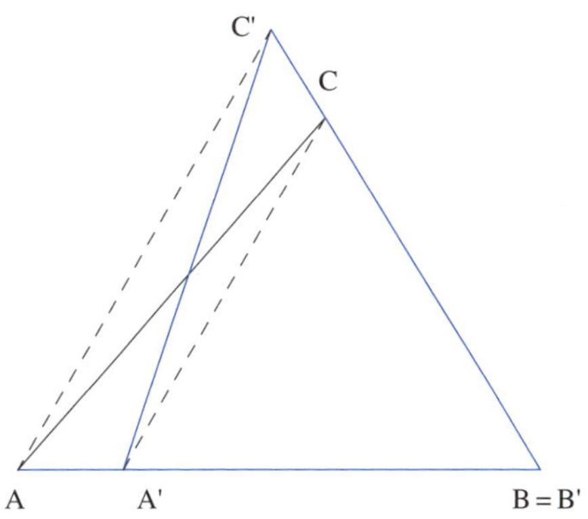

d) 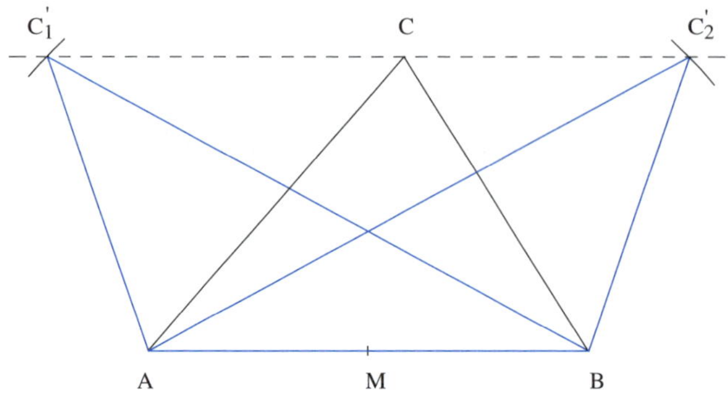


Wegen c = c' gilt: A = A', B = B'
C liegt
1. auf $k(M;\ s_c')$
2. auf der Parallelen zu [AB] durch C.
Es gibt zwei Lösungen.

**156.** a) $\frac{1}{2} a \cdot h_a = \frac{1}{2} c \cdot h_c$

$$h_a = \frac{c \cdot h_c}{a} = \frac{5 \cdot 3{,}2}{4} \text{ cm} = 4 \text{ cm}$$

b) $A_{Tr} = \frac{1}{2}(a' + c') \cdot h = \frac{1}{2} \cdot c \cdot h_c$

$$\frac{1}{2}(a' + c') \cdot 3{,}2 = 8$$

$$a' + c' = 5 \text{ cm}$$

1. Beispiel: a' = 4 cm c' = 1 cm
2. Beispiel: a' = 3 cm c' = 2 cm

c) Das rechtwinklige Dreieck hat den größten Flächeninhalt, wenn a und c Katheten sind.
$A = \frac{1}{2} \cdot a \cdot c = \frac{1}{2} \cdot 4 \cdot 5 \text{ cm}^2 = 10 \text{ cm}^2$

d) Wegen α = α' gilt:
A = A'
B' liegt
1. auf AB
2. auf k(A; c')
C' liegt
1. auf AC
2. auf der Parallelen zu B'C durch B.

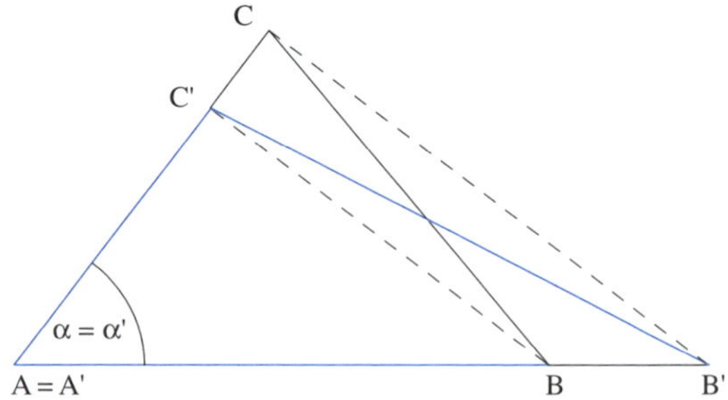

**157.** a)

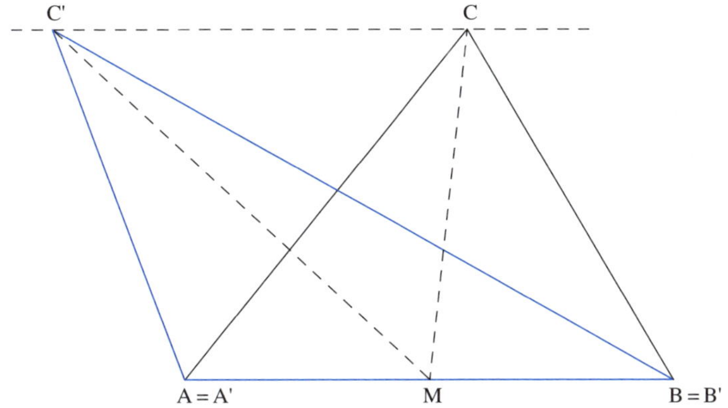


Wegen c = c' gilt: A = A', B = B'
C' liegt
1. auf β'
2. auf der Parallelen zu [AB] durch C.

b) Die Dreiecke AMC', BMC', AMC und BMC sind mit gleicher Grundlinie und Höhe jeweils flächengleich, ebenso die Dreiecke CC'A, CC'M, CC'B.

**158.** $\overline{CB'} = 4\text{ cm} = 2 \cdot \overline{BC}$

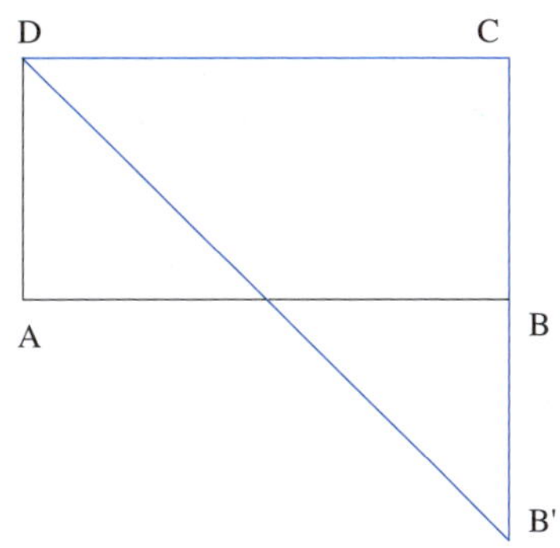

**159.** Die Diagonale [AC] zerlegt das Viereck in zwei Dreiecke. Jedes dieser Dreiecke ist flächengleich einem Rechteck mit der Grundlinie [AC] und der halben Höhe.

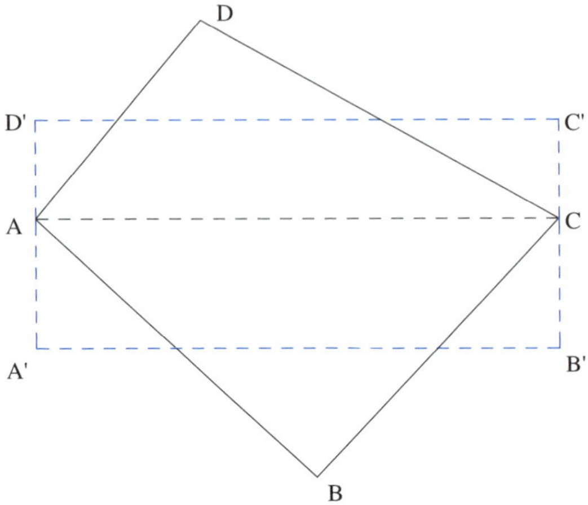


**160.** Man zeichnet das Parallelogramm ABCD. [BC] wird um 5 cm verlängert bis D'. Die Parallele zu [DC] durch D' und die Gerade AD schneiden sich im Punkt E. Die Gerade EC schneidet die Gerade AB im Punkt F. Die Parallele zu [AD] durch F schneidet die Gerade DC in B' und die Gerade ED' in C'. A'B'C'D' ist das gesuchte Parallelogramm.

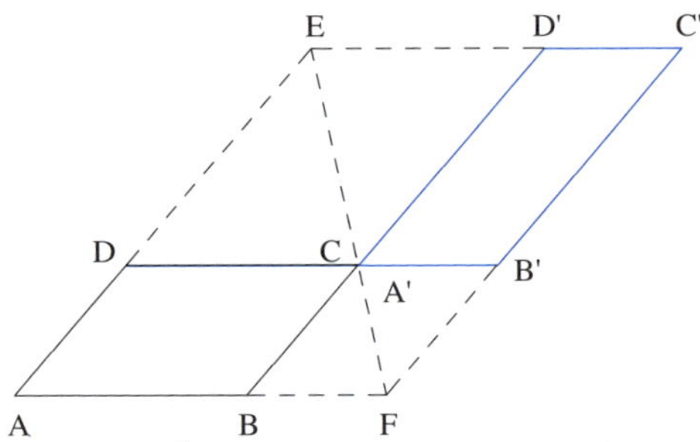


Maßstab 1 : 2

**161.** Die beiden Dreiecke AMC und MBC haben gleiche Grundlinie $\frac{c}{2}$ und gleiche Höhe h.
Sie sind damit flächengleich.
(Die Schwerlinie geht immer von der Seitenmitte zur gegenüberliegenden Ecke).

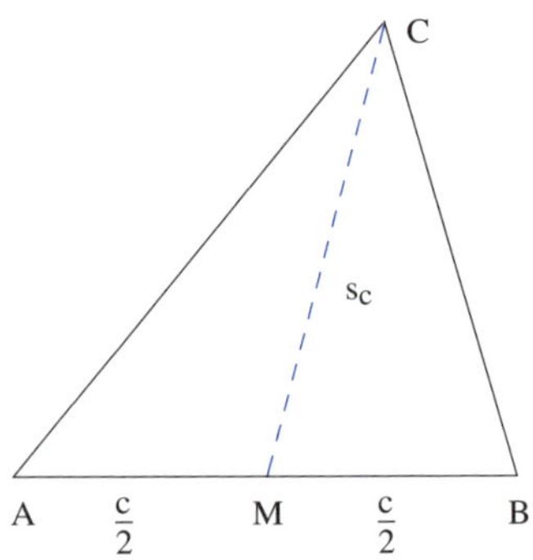

**162.**

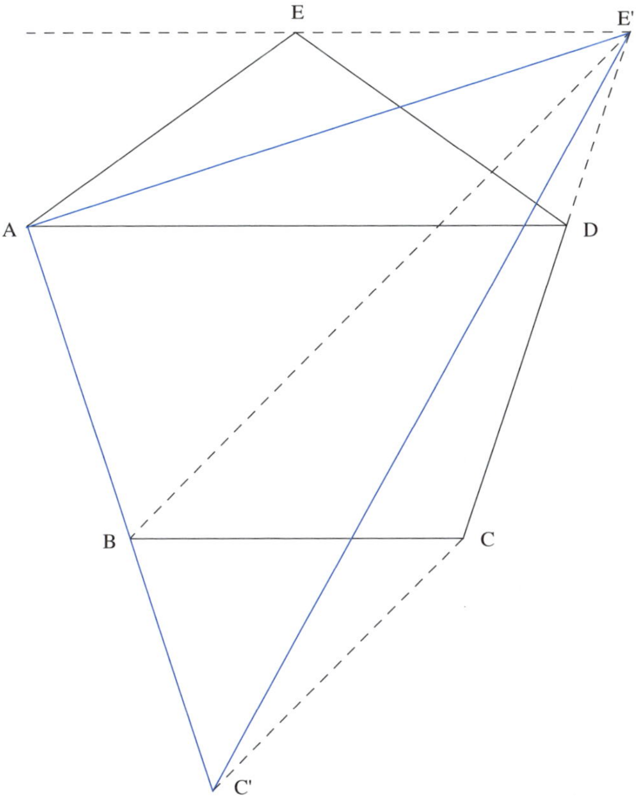


Der Punkt E wird parallel zur Diagonalen [AD] verschoben, bis er auf der Verlängerung von [CD] liegt. Die Dreiecke ADE und ADE' sind flächengleich.

Das Viereck ABCE' ist flächengleich dem Fünfeck ABCDE.

Der Punkt C wird parallel zur Diagonalen [BE'] verschoben, bis er auf der Verlängerung von [AB] liegt. Die Dreiecke BE'C und BE'C' sind flächengleich.

Das Dreieck AC'E' ist flächengleich dem Viereck ABCE' und damit dem Fünfeck ABCDE.

**163.** Fläche des Trapezes:

$A_{Tr} = \frac{1}{2}(a+c) \cdot h$

Fläche eines kleinen Trapezes:

$$A'_{Tr} = \frac{1}{2}\left(\frac{a}{2}+\frac{c}{2}\right) \cdot h = \frac{1}{2} \cdot \frac{1}{2}(a+c) \cdot h = \frac{1}{2} \cdot A_{Tr}$$

Jan hat Recht, da die beiden Flächen gleich groß sind.

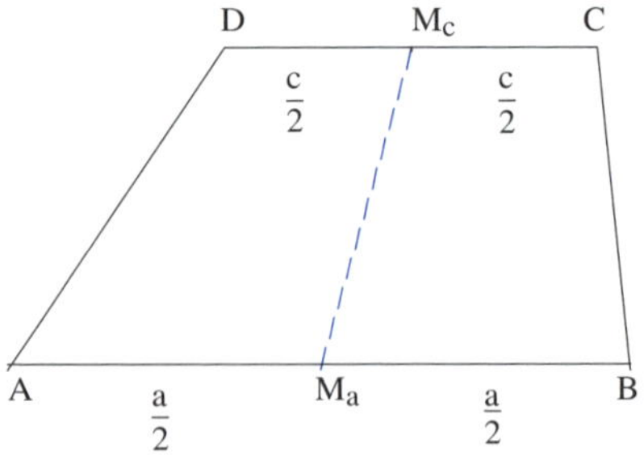


**164.** a) Eine Ebene im Raum ist eindeutig festgelegt durch
- drei Punkte, die nicht auf einer Geraden liegen.
- eine Gerade und einen Punkt, der nicht auf der Geraden liegt.
- zwei sich schneidende Geraden.
- zwei parallele Geraden, die nicht zusammenfallen.

b) Zwei Geraden im Raum können
- sich in einem Punkt schneiden.
- echt parallel sein.
- zusammenfallen.
- windschief sein.

**165.** a) Die Punkte H und B liegen auf beiden Ebenen, d. h. Schnittgerade HB.

b) ED ist parallel zur Ebene BCG.

c) AE, DH, AB, DC sind windschief zur Geraden GF.

d) Es gibt genau ein Lot. Es geht von M zur Mitte der Kante [AD].

**166.** a) $g \perp E \quad \wedge\ h \| h \ \Rightarrow\ h \perp E$

b) $E \| E' \quad \wedge\ g \subset E \Rightarrow\ g \| E'$

c) $g \perp E \quad \wedge\ E \| E' \Rightarrow\ g \perp E'$

d) $g \| E \quad \wedge\ g \| E' \ \wedge E \cap E' = s\ \Rightarrow\ g \| s$

**167.** a) Das Dreieck MBN wird in wahrer Größe gezeichnet.

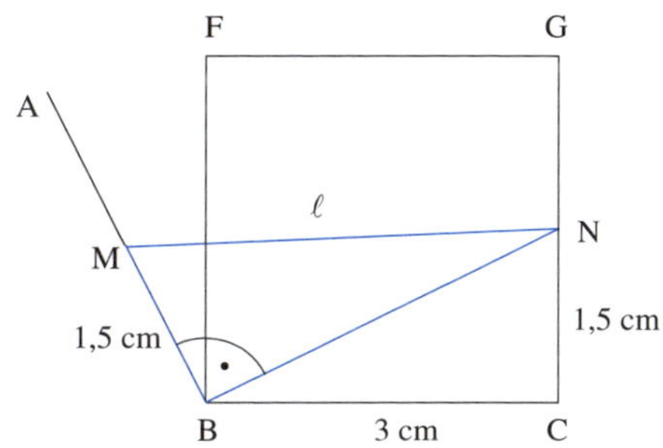


b) $M_{GH}$ sei der Mittelpunkt der Kante [GH].
Das Dreieck $MM_{GH}P$ wird in wahrer Größe gezeichnet.

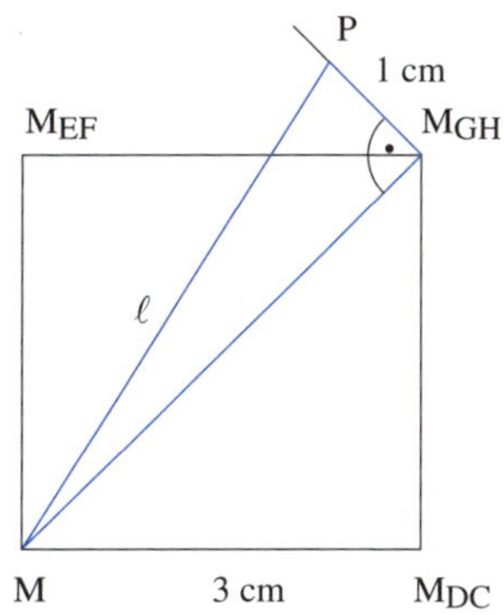


**168.**

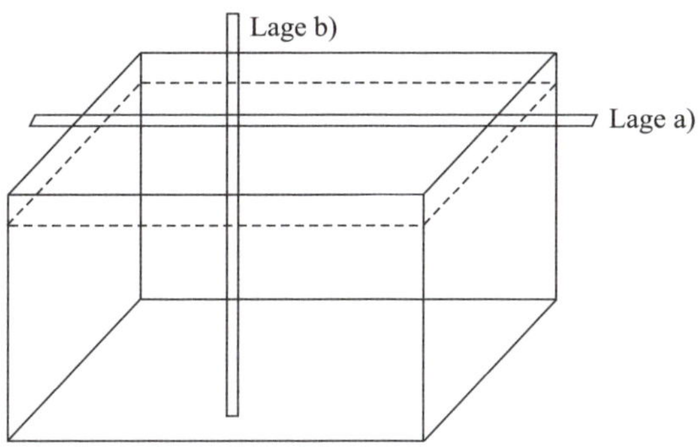


**169.** Welche Aussage ist wahr, welche falsch?

a) $E_1 \cap E = s_1 \wedge E_2 \cap E = s_2 \wedge E_1 \| E_2 \Rightarrow s_1 \| s_2$ (w)

b) $g \subset E \wedge h \| g \Rightarrow h \| E$ (w)

c) $E_1 \cap E_2 = s \wedge g \perp s \wedge g \subset E_1 \Rightarrow E_1 \perp E_2$, (f),
weil z. B.

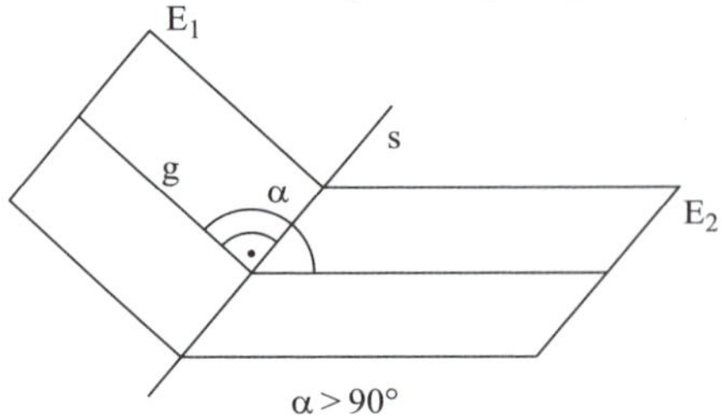


d) $g \| E \wedge h \| E \Rightarrow g \| h$ (f),
weil z. B.

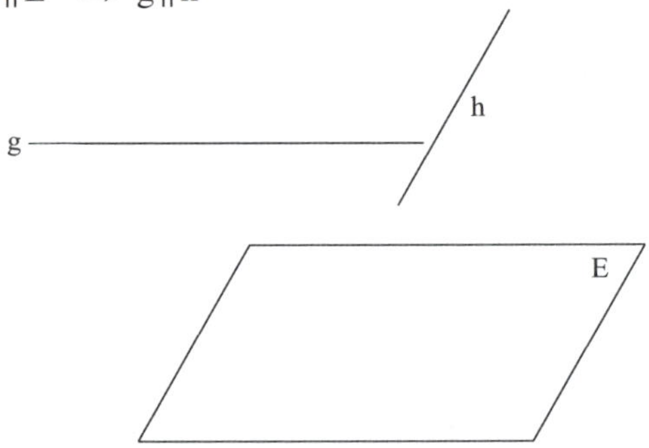


**170.** a) $\{P'\} = BE \cap AC$
(siehe Skizze)

b) Parallelebene CD'I'
(siehe Skizze)

c) B und G liegen auf beiden Ebenen
$\Rightarrow$ Schnittgerade BG

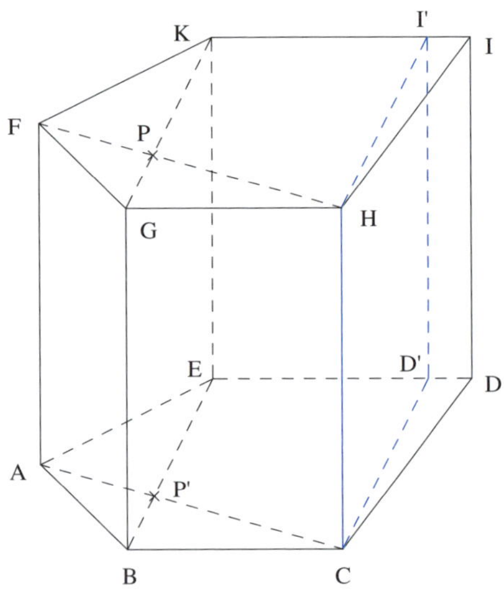

**171.** a) Gerade quadratische Pyramide, die auf der Grundrissebene und vor der Aufrissebene steht.

b) Quader, der auf der Grundrissebene steht und die Aufrissebene berührt.

c) Quader, der über der Grundrissebene und vor der Aufrissebene liegt.

d) Der „untere“ Teil einer quadratischen Pyramide ohne Spitze, der auf der Grundrissebene und vor der Aufrissebene steht. Ein solcher Körper heißt **Pyramidenstumpf**.

e) Dreiseitiges Prisma, das auf der Grundrissebene und vor der Aufrissebene steht.

f) Sechsseitiges Prisma, das auf der Grundrissebene und vor der Aufrissebene steht.

**172.**

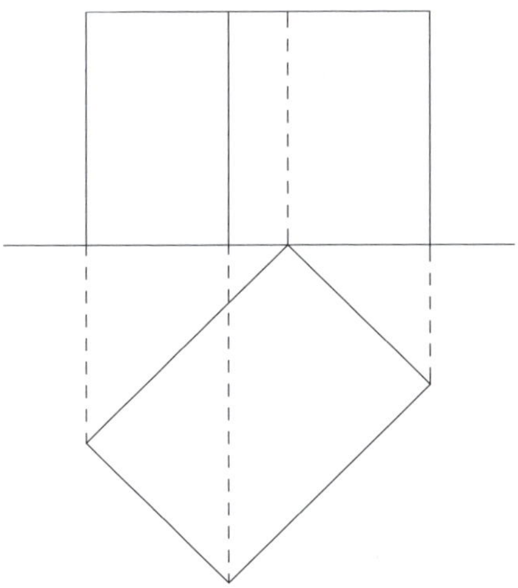

**173.**

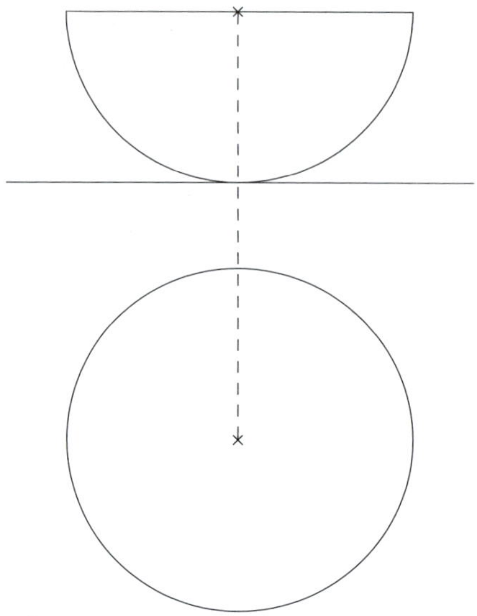

oder

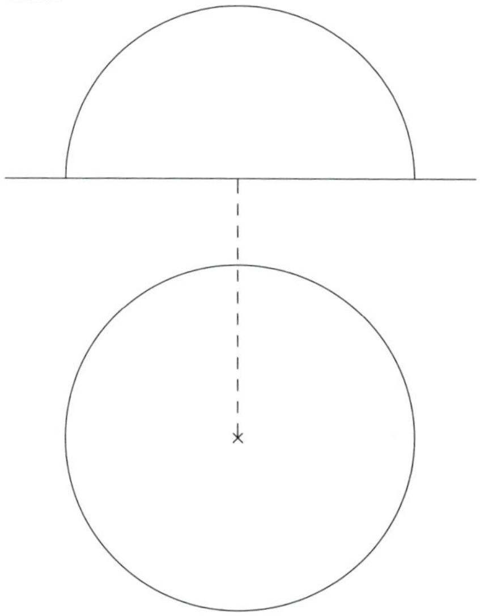

**174.**

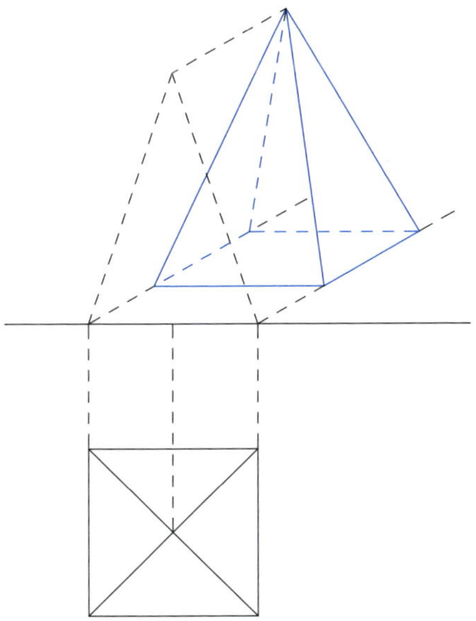

**175.**

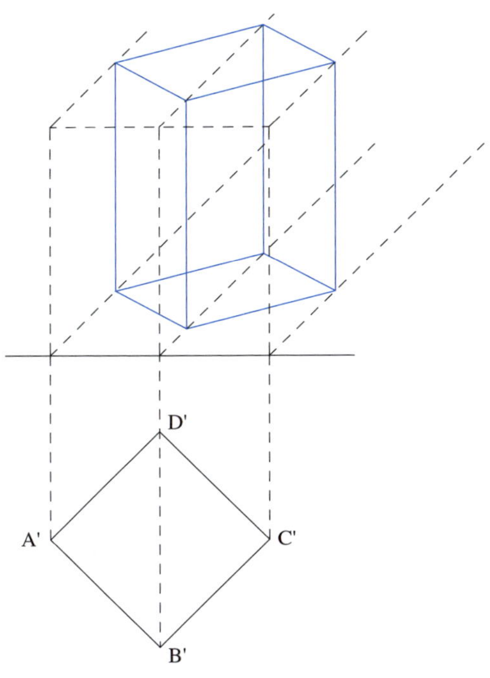

**176.**

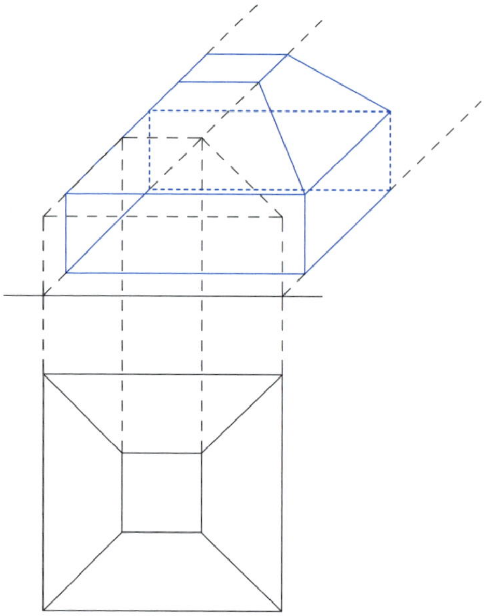

**177.**

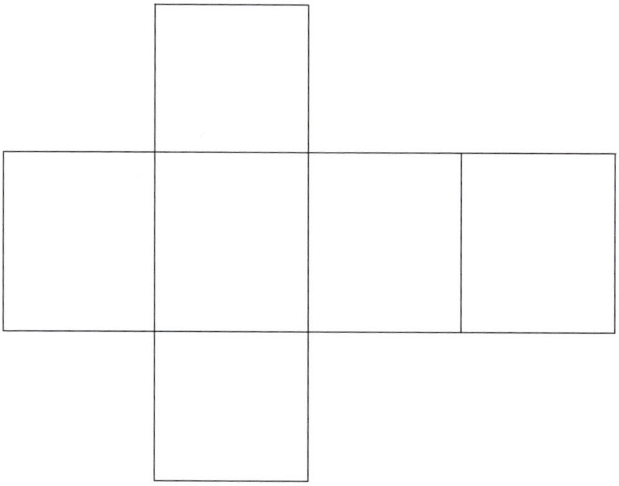

Die Grund- und Deckflächenquadrate können auch anders angesetzt werden.

**178.**

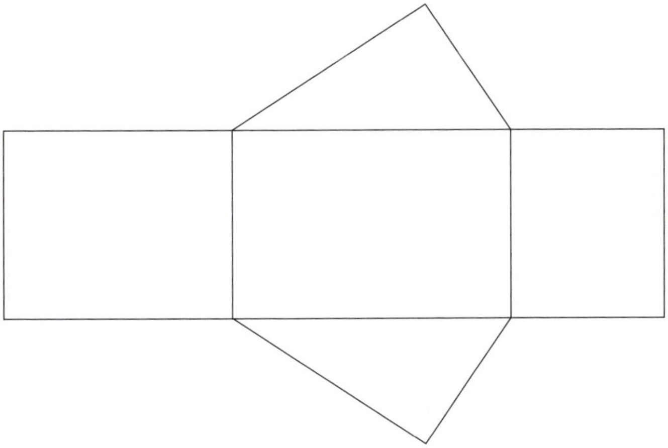

Man beginnt mit der Konstruktion des rechtwinkligen Dreiecks.

**179.**

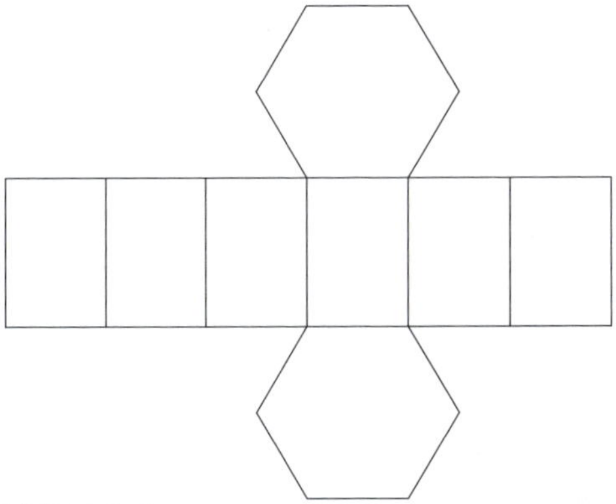

Maßstab 1 : 2

**180.**

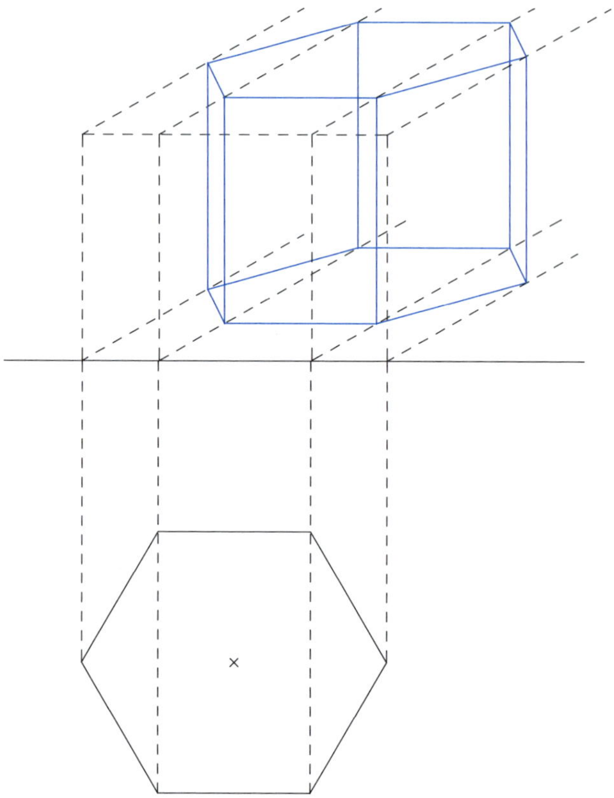

**181.**

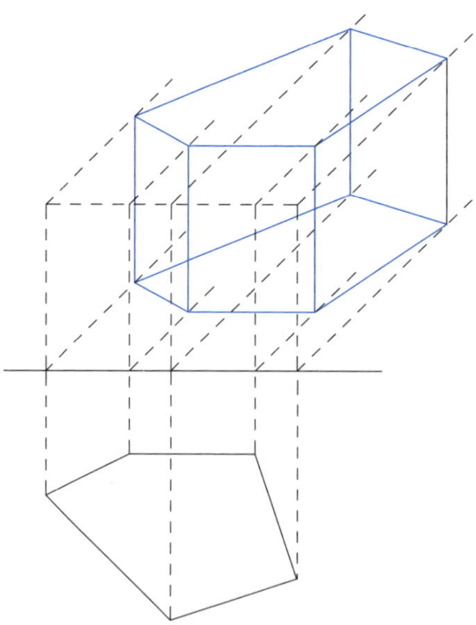

**182.** $O = 2 \cdot G + u \cdot h$

$$u = \frac{O - 2 \cdot G}{h} = \frac{630 - 168}{11}\ \text{cm} = 42\ \text{cm}$$

**183.** a) AB, BC, DC, AE, DH, CG, EF, EH, HG, FG

b) $\sphericalangle PBR = 90°$, da das Dreieck PBR bei B einen rechten Winkel besitzt. ($PB \perp$ Grundfläche ABCD)

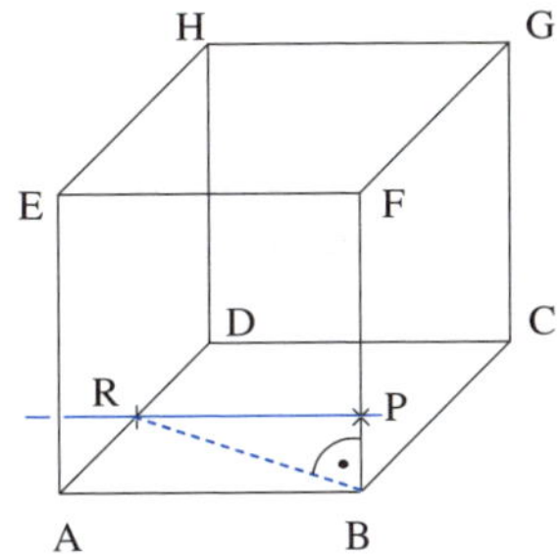


c)

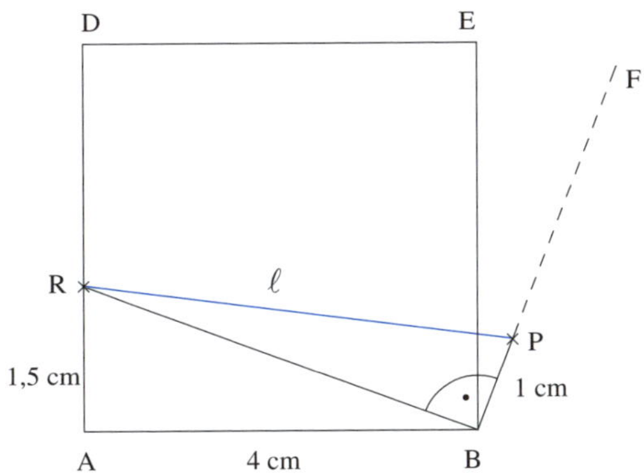


**184.** a)

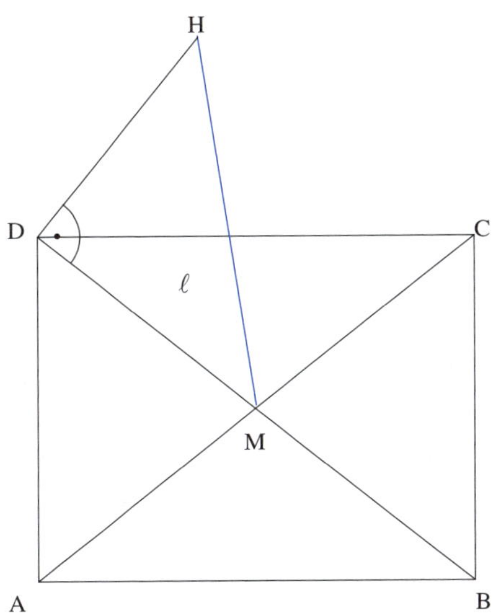

b) Geraden sind windschief, wenn sie weder parallel sind noch sich schneiden.
EF und HG sind windschief zur Geraden AD.

**185.** a) $O_Q = 2 \cdot a \cdot b + 2 \cdot a \cdot c + 2 \cdot b \cdot c = 24\ cm^2 + 24\ cm^2 + 18\ cm^2 = 66\ cm^2$

b) Konstruiert wurde die Raumdiagonale [AG] in wahrer Länge.
Alle Raumdiagonalen sind gleich lang.

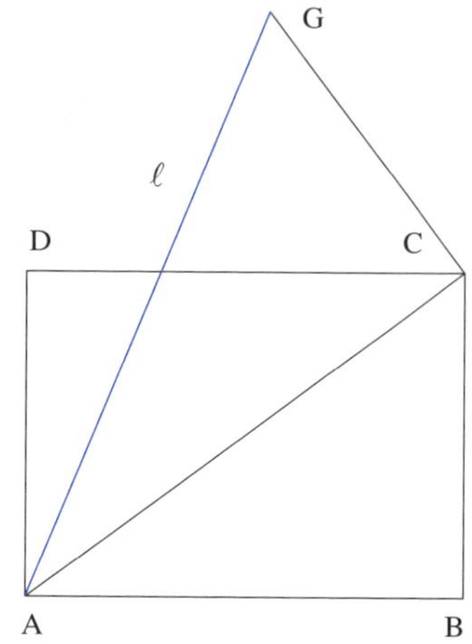


**186.** $M = u \cdot h$ mit $u = 6x$ und $h = x$

$6 \cdot x \cdot x = 294$

$x^2 = 49$

$x = 7$

Die Länge der Prismenkante x beträgt 7 cm.

**187.** a) $V = G \cdot h$

$G = \frac{V}{h} = \frac{512}{8}\ cm^2 = 64\ cm^2$

b) $O = 2 \cdot G + u \cdot h$

$O = 2 \cdot 64\ cm^2 + 40 \cdot 8\ cm^2 = 128\ cm^2 + 320\ cm^2 = 448\ cm^2$

**188.** a) Die Grundfläche ist ein gleichschenkliges Dreieck.

b) Ein n-seitiges Prisma hat n Grundkanten, n Seitenkanten und n Kanten in der Deckfläche, d. h. 3n Kanten. Da 16 nicht durch 3 teilbar ist, gibt es kein Prisma mit 16 Kanten.

c) Die Grundfläche ist eine Raute.

**189.** Gerechnet wird in dm. Dem Hund steht der Rauminhalt
$V = G \cdot h = \left(6 \cdot 6 + \frac{1}{2} \cdot 6 \cdot 2\right) \cdot 12 = 42 \cdot 12 = 504 \text{ dm}^3$ zur Verfügung.

**190.** $V = G \cdot h = \frac{1}{2} \cdot a \cdot b \cdot h = \frac{1}{2} \cdot 5 \cdot 8 \cdot 12 \text{ cm}^3 = 240 \text{ cm}^3$

**191.** a) $u = 2 \cdot \overline{AB} + 2 \cdot \overline{BC}$

$\overline{BC} = \frac{u - 2 \cdot \overline{AB}}{2}$

$\overline{BC} = \frac{10 - 6}{2} \text{ cm} = 2 \text{ cm}$

b)

Maßstab 1 : 2

**192.** a) $M = u \cdot h = (4 + 4 + 3) \cdot 5 \text{ cm}^2 = 55 \text{ cm}^2$

b) M' ist der Mittelpunkt der Strecke [AC]. $\ell$ ist die gesuchte Länge.

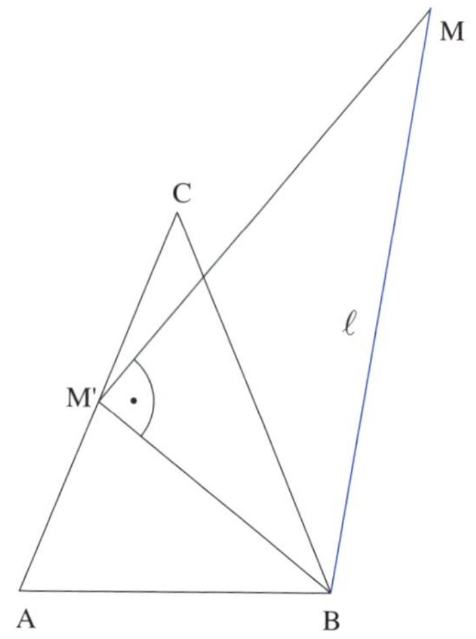


c) Zwei Geraden, die weder parallel sind noch sich schneiden, sind windschief.
Zur Geraden DE sind die Geraden AC, BC, CF windschief.

**193.** a) f, da eine quadratische Säule nicht notwendig ein Würfel ist.

b) w

c) w

d) f, da das fünfseitige Prisma 15 Kanten besitzt.

**194.** a) $V = G \cdot h \Rightarrow h = \frac{V}{G} = \frac{160}{20}\text{ cm} = 8\text{ cm}$

b) $M = u \cdot h \wedge M = O - 2 \cdot E = 240\text{ cm}^2 - 40\text{ cm}^2 = 200\text{ cm}^2$
$u = \frac{M}{h} = \frac{200}{8}\text{ cm} = 25\text{ cm}$

c) $G = \frac{1}{2} c \cdot h_c$

$c = \frac{2 \cdot G}{h_c} = \frac{40}{4} = 10\text{ cm}$

**195.** a) $V = G \cdot h$

$G = 10 \cdot 5{,}6\text{ m}^2 + \frac{1}{2} \cdot 10 \cdot 2{,}4\text{ m}^2 = 56\text{ m}^2 + 12\text{ m}^2 = 68\text{ m}^2$

$V = 68 \cdot 12\text{ m}^3 = 816\text{ m}^3$
Der umbaute Raum beträgt 816 $\text{m}^3$.

b) $G' = \frac{V'}{h} = \frac{840}{12}\ cm^2 = 70\ m^2$

$G' = 56 + \frac{1}{2} \cdot 10 \cdot h' = 70$

$5 \cdot h' = 14$

$h' = 2{,}8\ m$

Die Giebelhöhe müsste 2,8 m betragen.

**196.** a) $u = 3a + 5$

$a = \frac{u-5}{3} = 2{,}3\ cm$

$G = \frac{1}{2}(5 + 2{,}3) \cdot 2\ cm^2 = 7{,}3\ cm^2$

b) $O = 2 \cdot G + 3 \cdot a \cdot \ell + 5 \cdot \ell = 14{,}6\ cm^2 + 41{,}4\ cm^2 + 30\ cm^2 = 86\ cm^2$

c) $Gewicht = 7{,}3 \cdot 6 \cdot 11{,}34\ g = 496{,}69\ g \approx 497\ g$

d)

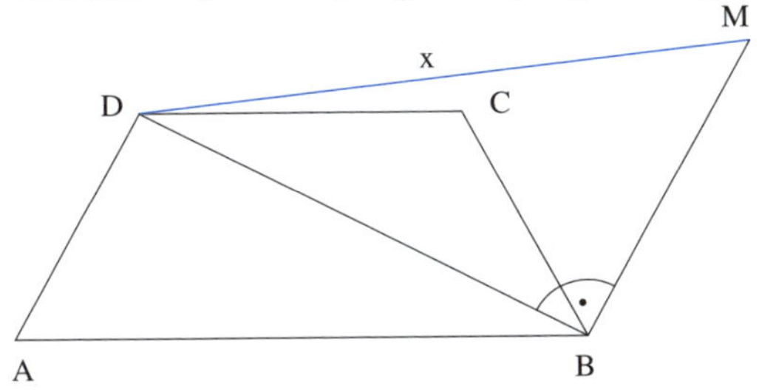


**197.** a)

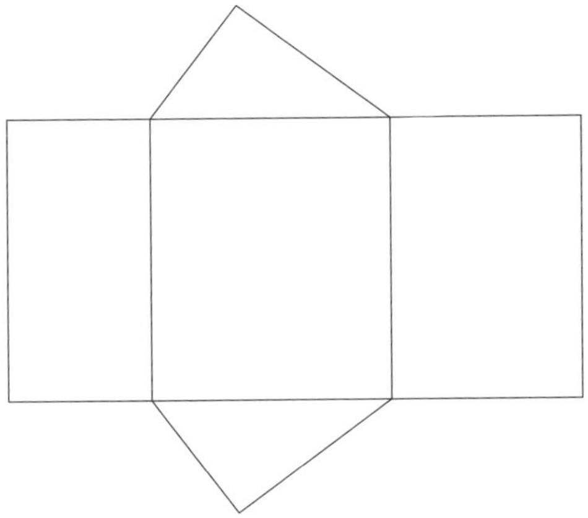

Maßstab 1 : 2

b) $c = 5\ cm$

$M = u \cdot h = (5 + 4 + 3) \cdot 6\ cm^2 = 72\ cm^2$

$G = \frac{1}{2} \cdot a \cdot b = 6\ cm^2$

$O = 2 \cdot G + M = 12\ cm^2 + 72\ cm^2 = 84\ cm^2$

c) $V = G \cdot h = 6 \cdot 6\ cm^3 = 36\ cm^3$

d)

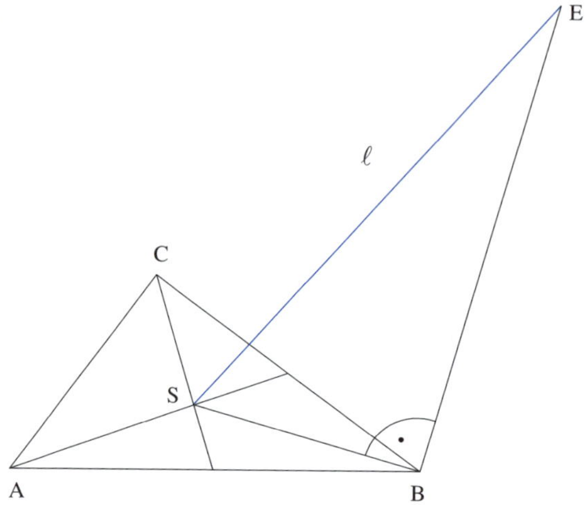


e) Die beiden Ebenen haben die Punkte A und E gemeinsam, also ist die Gerade AE die Schnittgerade.

f) Die Punkte B, C und E bilden eine Ebene, zu der die Gerade AD echt parallel ist. Alle Schnittpunkte der Geraden durch E, die die Gerade BC schneiden, liegen in dieser Ebene und können folglich die Gerade AD nicht schneiden. Es gibt keine solche Gerade.

# Ihre Meinung ist uns wichtig!

Ihre Anregungen sind uns immer willkommen. Bitte informieren Sie uns mit diesem Schein über Ihre Verbesserungsvorschläge!

| Titel-Nr. | Seite | Vorschlag |
|---|---|---|
| | | |
| | | |
| | | |
| | | |
| | | |
| | | |
| | | |
| | | |
| | | |

Bitte hier abtrennen

**Zutreffendes bitte ankreuzen!**

**Die Absenderin/der Absender ist:**

- ☐ Lehrer/in in den Klassenstufen: ______
- ☐ Fachbetreuer/in
  Fächer: ______
- ☐ Seminarlehrer/in
  Fächer: ______
- ☐ Regierungsfachberater/in
  Fächer: ______
- ☐ Oberstufenbetreuer/in
- ☐ Schulleiter/in
- ☐ Referendar/in, Termin 2. Staatsexamen: ______
- ☐ Leiter/in Lehrerbibliothek
- ☐ Leiter/in Schülerbibliothek
- ☐ Sekretariat
- ☐ Eltern
- ☐ Schüler/in, Klasse: ______
- ☐ Sonstiges: ______

**Unterrichtsfächer:** **(Bei Lehrkräften!)**

______

STARK Verlag
Postfach 1852
85318 Freising

**Kennen Sie Ihre Kundennummer?**
**Bitte hier eintragen.**

| | | | | | | |
|---|---|---|---|---|---|---|
| | | | | | | |

**Absender** **(Bitte in Druckbuchstaben!)**

**Name/Vorname**

**Straße/Nr.**

**PLZ/Ort**

**Telefon privat** **Geburtsjahr**

**E-Mail-Adresse**

**Schule/Schulstempel** **(Bitte immer angeben!)**

15-V1M

Bitte ausfüllen und im frankierten Umschlag an uns einsenden. Für Fensterkuverts geeignet.

Bitte hier abtrennen

*(Bitte blättern Sie um)*